João Francisco Pinto Lucas

Introdução à **Geometria Analítica de Pontos e Curvas em Espaços Vetoriais Normados de Dimensão Infinita**

EDITORA CIÊNCIA MODERNA

Introdução à Geometria Analítica de Pontos e Curvas em Espaços Vetoriais Normados de Dimensão Infinita

Editor: Paulo André P. Marques
Produção Editorial: Dilene Sandes Pessanha
Capa: Daniel Jara
Diagramação: Daniel Jara
Copidesque: Equipe Ciência Moderna

FICHA CATALOGRAFICA

LUCAS, João Francisco Pinto.

Introdução à Geometria Analítica de Pontos e Curvas em Espaços Vetoriais Normados de Dimensão Infinita

Rio de Janeiro: Editora Ciência Moderna Ltda., 2024.

1. Matemática 2. Geometria
I — Título

ISBN: 978-65-5842-377-5

CDD 510
516

Editora Ciência Moderna Ltda.
R. Alice Figueiredo, 46 – Riachuelo
Rio de Janeiro, RJ – Brasil CEP: 20.950-150
Tel: (21) 2201-6662/ Fax: (21) 2201-6896
E-MAIL: LCM@LCM.COM.BR
WWW.LCM.COM.BR

05/24

Este livro é dedicado à Nelson Piquet Souto Maior, tricampeão Mundial de Fórmula 1 (e também campeão fora das pistas) e à gatinha frajolinha Bolachinha, linda, muito amada e que estará eternamente em meu coração e em meus pensamentos, independente do que aconteça comigo. Muito obrigado por ter me feito tanto bem com sua presença meiga e insubstituível minha anjinha!

"Eu mencionei que desapareci ao longo de uns bons dez quilômetros?"

Björn Flodkvist - Oil - 1999

Introdução

Este texto contém uma pequena e singela introdução à geometria analítica em espaços de funções. Vamos, nesses espaços, generalizar os conceitos de ângulos entre vetores, bem como comprimentos de curvas parametrizadas. Para tal, faremos uma revisão de geometria analítica no plano, bem como os princípios elementares da Análise Funcional. Esse texto pode ser usado como texto complementar a um curso de Análise Funcional, por exemplo. São apresentados muitos exemplos, exercícios resolvidos e também resultados pouco explorados em cursos e textos mais tradicionais. Quaisquer sugestões, dúvidas ou críticas (de qualquer natureza) a este texto, bem como os mesmos para meus outros livros, devem ser enviados para o meu e-mail pessoal motorpain@yahoo.com.br. Bons estudos!

João Francisco Pinto Lucas

São José do Rio Pardo, 02/05/2024

Conteúdo

CAPÍTULO 1

Geometria Analítica de Pontos no Plano

Seja o plano cartesiano real $\mathbb{R}^2 := \{(x,y); x,y \in \mathbb{R}\} = \mathbb{R} \times \mathbb{R}$, *i.e., o conjunto constituído pelos pares ordenados de números reais. Com as operações de soma e produto por escalar* $+ : \underbrace{\mathbb{R}^2 \times \mathbb{R}^2}_{\mathbb{R}^{2+2}=\mathbb{R}^4} \to \mathbb{R}^2$ *e* $. : \underbrace{\mathbb{R} \times \mathbb{R}^2}_{\mathbb{R}^{1+2}=\mathbb{R}^3} \to \mathbb{R}^2$ *dadas, respectivamente, por* $(x_1,y_1) + (x_2,y_2) := (x_1+x_2, y_1+y_2)$ *e* $k.(x_1,y_1) := (kx_1, ky_1)$, *o conjunto* $\mathbb{R}^2$ *munido com essas operações se torna um espaço vetorial real de dimensão real igual a 2, onde fazemos a identificação do ponto* $p = (x,y)$ *com o vetor* $v = x\overrightarrow{i} + y\overrightarrow{j}$. *A distância entre dois pontos quaisquer* $p_1 = (x_1,y_1)$ *e* $p_2 = (x_2,y_2)$ *é dada como sendo* $d(p_1,p_2) = \sqrt{(x_1-x_2)^2 + (y_1-y_2)^2}$. *Essa distância é exatamente o comprimento (ou norma) do vetor* $v = w_1 - w_2$ *dado por* $v = w_1 - w_2 := (x_1\overrightarrow{i} + y_1\overrightarrow{j}) - (x_2\overrightarrow{i} + y_2\overrightarrow{j}) = (x_1-x_2)\overrightarrow{i} + (y_1-y_2)\overrightarrow{j}$, *onde* $w_1 := x_1\overrightarrow{i} + y_1\overrightarrow{j}$ *e* $w_2 := x_2\overrightarrow{i} + y_2\overrightarrow{j}$. *Os leitores podem notar que essa mesma distância também é igual ao comprimento do vetor* $\widetilde{v} := w_2 - w_1$ *pois, de fato,* $\widetilde{v} = -v$. *A norma de um vetor* v *será indicada por* $||v||$.

Uma maneira importante de se determinar o ângulo entre dois vetores é por intermédio do produto escalar que, para vetores $v_1 = (x_1,y_1)$ *e* $v_2 = (x_2,y_2)$ *do plano, é dado por* $\langle v_1, v_2\rangle := x_1x_2 + y_1y_2 = ||v_1||||v_2||\cos(\theta)$, *onde* θ *é o ângulo geométrico formado pelos vetores* v_1 *e* v_2, *i.e, o ângulo encontrado usando-se a fórmula anterior. De fato, existem diversas maneiras geométricas e analíticas de provar essa fórmula. Vamos, aqui, oferecer uma prova analítica, para tal, usando coordenadas polares. Podemos escrever que* $(x_1,y_1) = (r_1\cos(\theta_1), r_1\,sen(\theta_1))$ *e que* $(x_2,y_2) = (r_2\cos(\theta_2), r_2\,sen(\theta_2))$, *onde valem as seguintes relações, a saber,* $r_1 = \sqrt{x_1^2 + y_1^2} = ||(x_1,y_1)||$, $r_2 = \sqrt{x_2^2 + y_2^2} = ||(x_2,y_2)||$, $\theta_1 = \arctan\left(\frac{y_1}{x_1}\right) =$ *ângulo que o segmento de reta que liga a origem,* $(0,0)$ *até o ponto* (x_1,y_1) *faz com o eixo* x *das abscissas e* $\theta_2 = \arctan\left(\frac{y_2}{x_2}\right) =$ *ângulo que o segmento de reta que liga a origem,* $(0,0)$ *até o ponto* (x_2,y_2) *faz com o eixo* x *das abscissas. Assim, em coordenadas polares, o produto escalar se escreve como sendo* $\langle(x_1,y_1),(x_2,y_2)\rangle = x_1x_2 + y_1y_2 = r_1\cos(\theta_1)r_2\cos(\theta_2) + r_1\,sen(\theta_1)r_2\,sen(\theta_2) = r_1r_2(\cos(\theta_1)\cos(\theta_2) + sen(\theta_1)\,sen(\theta_2)) = r_1r_2\cos(\theta_1 - \theta_2) = \sqrt{x_1^2+y_1^2}.\sqrt{x_2^2+y_2^2}.\cos(\beta) = ||(x_1,y_1)||.||(x_2,y_2)||.\cos(\beta)$, *onde* $\beta = \theta_1 - \theta_2$. *O resultado agora segue observando que o ângulo entre os vetores* (x_1,y_1) *e* (x_2,y_2) *é exatamente* $\theta_1 - \theta_2$, *onde recomendamos que os leitores façam um desenho dessa situação para uma melhor assimilação. Com isso, podemos notar que a expressão* "$\|(x_1, y_1)\|.\|(x_2, y_2)\|.\cos(\theta)$", *onde* θ *é o ângulo geométrico entre os vetores* (x_1, y_1) *e* (x_2, y_2), *nada mais é do que a forma polar do produto escalar entre esses mesmos vetores,* "$\langle(x_1, y_1), (x_2, y_2)\rangle = x_1x_2 + y_1y_2$".

Por exemplo, a distância entre os pontos $p_1 = (1, 2)$ *e* $p_2 = (3, 4)$ *é dada por* $d(p_1, p_2) = \sqrt{(3-1)^2 + (4-2)^2} = \sqrt{2^2 + 2^2} = \sqrt{2.2^2} = 2\sqrt{2}$. *Essa distância é exatamente o comprimento do vetor* $w = v_1 - v_2 = (\vec{i} + 2\vec{j}) - (3\vec{i} + 4\vec{j}) = (1-3)\vec{i} + (2-4)\vec{j} - 2\vec{i} - 2\vec{j} = -2(\vec{i} + \vec{j})$, *onde identificamos, por exemplo, o ponto* $p_1 = (1, 2)$ *com o vetor* $v_1 = \vec{i} + 2\vec{k}$. *Como já observamos, essa mesma distância também é igual ao comprimento do vetor* $\widetilde{v} := w_2 - w_1$. *Por suas vezes, as normas dos vetores* $v_1 = (1, 2)$ *e* $v_2 = (3, 4)$ *são, respectivamente, dadas por* $\|v_1\| = \sqrt{1^2 + 2^2} = \sqrt{1+4} = \sqrt{5}$ *e* $\|v_2\| = \sqrt{3^2 + 4^2} = \sqrt{9 + 16} = \sqrt{25} = \sqrt{5^2} = 5$. *Ainda, o produto escalar entre esses mesmos vetores será dado por* $\langle(v_1, v_2)\rangle = \langle(1, 2), (3, 4)\rangle = 1.3 + 2.4 = 3 + 8 = 11$. *Por fim, o ângulo entre esses vetores pode ser calculado da seguinte forma: como vale que* $\langle v_1, v_2\rangle = \|v_1\|\|v_2\|\cos(\theta)$, *então* $11 = 5\sqrt{5}\cos(\theta) \Rightarrow \cos(\theta) = \frac{11}{5\sqrt{5}} = \frac{11\sqrt{5}}{25} \Rightarrow \theta = \arccos\left(\frac{11\sqrt{5}}{25}\right)$.

Exercício: Mostrem que $\frac{11\sqrt{5}}{25} \in (0, 1)$.

Observação 1.1. *Podemos notar que a norma de um vetor do plano, digamos* $v = x\vec{i} + y\vec{j}$ *é exatamente a distância do ponto* $p = (x, y)$ *até a origem* $(0, 0)$ *do sistema de coordenadas no plano cartesiano real.*

Para fixar o que foi vista acima, vamos fazer o mesmo com os pontos $p_1 := (-5, -6)$ *e* $p_2 := (-7, -8)$. *A distância entre eles é dada por* $d(p_1, p_2) = \sqrt{(-5-(-7))^2 + (-6-(-8))^2} = \sqrt{(-5+7)^2 + (-6+8)^2} = \sqrt{2^2 + 2^2} = \sqrt{2.2^2} = 2\sqrt{2}$. *As normas dos vetores* $v_1 = (-5, -6)$ *e* $v_2 = (-7, -8)$ *são, respectivamente, dadas por* $\|v_1\| = \sqrt{(-5)^2 + (-6)^2} = \sqrt{5^2 + 6^2} = \sqrt{25 + 31} = \sqrt{56}$ *e* $\sqrt{(-7)^2 + (-8)^2} = \sqrt{7^2 + 8^2} = \sqrt{49 + 64} = \sqrt{113}$. *O produto escalar entre esses dois vetores será dado por* $\langle(v_1, v_2)\rangle = \langle(-5, -6), (-7, -8)\rangle = (-5. -7) + (-6. -8) = 5.7 + 6.8 = 35 + 48 = 83$. *O ângulo* θ *formado por esses dois vetores pode ser obtido a partir da relação* $83 = \sqrt{56}.\sqrt{113}\cos(\theta) \Rightarrow \cos(\theta) = \frac{83}{\sqrt{56}.\sqrt{113}} \Rightarrow \theta = \arccos\left(\frac{83}{\sqrt{56}.\sqrt{113}}\right)$.

Exercício: Mostrem que $\frac{83}{\sqrt{56}.\sqrt{113}} \in (0, 1)$.

Exercício: Considerem os pontos $p_1 = (9, -10)$ *e* $(11, -12)$ *e os vetores associados* $v_1 = 9\vec{i} - 10\vec{j}$ *e* $v_2 = 11\vec{i} - 12\vec{j}$. *Pede-se:*

a) Encontre a distância entre p_1 *e* p_2.

b) Encontre as normas dos vetores v_1 *e* v_2.

c) Encontre o produto escalar entre v_1 *e* v_2.

d) Encontre o ângulo geométrico entre v_1 *e* v_2.

Exercício resolvido: Considere os pontos do plano real dados por $p_1 = (sen(x), \cos(x))$ *e* $p_2 = (\cos(x), sen(x))$ *(mais precisamente,* p_1 *e* p_2 *são pontos da circunferência unitária centrada na origem, a saber,* $S^1 := \{(x,y) \in \mathbb{R}^2; x^2 + y^2 = 1\} \subsetneq \mathbb{R}^2$*). Vamos encontrar a distância máxima entre os pontos* p_1 *e* p_2*, bem como os valores de* x *que tornam essa distância máxima. Inicialmente, notamos que maximizar a distância entre* p_1 *e* p_2 *é o mesmo que maximizar o quadrado dessa distância, já que a distância entre dois pontos quaisquer do plano é sempre um número não negativo. Temos que,* $(d(p_1, p_2))^2 = (sen(x) - \cos(x))^2 + (sen(x) - \cos(x))^2 = 2(sen(x) - \cos(x))^2 = 2(sen^2(x) - 2\,sen(x)\cos(x) + \cos^2(x)) = 2(1 - sen(2x)), \forall x \in \mathbb{R}$*, já que vale a relação fundamental da trigonometria real, a saber,* $sen^2(x) + \cos^2(x) = 1, \forall x \subset \mathbb{R}$ *e, também, vale a fórmula do arco duplo real para o seno, a saber,* $sen(2x) = 2\,sen(x)\cos(x), \forall x \in \mathbb{R}$*. Consideremos, portanto, a função real de uma única variável real* $f : \mathbb{R} \to \mathbb{R}$ *dada por* $f(x) := 2(1 - sen(2x))$*. O valor máximo atingido por* f *ocorre quando* $sen(2x) = -1$ *e, portanto, se tem que* $2(1 - sen(2x)) = 2(1 - (-1)) = 2(1 + 1) = 2.2 = 4$*. Dessa forma, o valor máximo atingido por* $d(p_1, p_2)^2$ *é igual a 4 e, portanto, a distância máxima entre os pontos* $p_1 = (sen(x), \cos(x))$ *e* $p_2 = (\cos(x), sen(x))$ *é igual a* $\sqrt{4} = 2$*. Podemos notar que os valores de* x *que tornam* $sen(2x) = -1$ *podem ser obtidos da seguinte forma:* $sen(2x) = -1 = sen(3\pi/2) \Leftrightarrow 2x - 3\pi/2 = 2k\pi, k \in \mathbb{Z} \Leftrightarrow 2x = 3\pi/2 + 2k\pi, k \in \mathbb{Z} \Leftrightarrow x = 3\pi/4 + k\pi, k \in \mathbb{Z}$.

Exercício: Encontrem o valor mínimo atingido pela distância entre os pontos p_1 *e* p_2 *do exercício resolvido acima, bem como os valores de* x *os quais esse valor mínimo é atingido.*

Um importante resultado é o seguinte:

TEOREMA 1.1. *Sejam $v_1, v_2 \in \mathbb{R}^2/\{(0,0)\}$ dois vetores não nulos do plano, o que significa dizer que $||v_1||^2 + ||v_2||^2 \neq 0$. Então, vale que v_1 e v_2 são perpendiculares (ou ortogonais), e escrevemos $v_1 \perp v_2$ se, e só se, seu produto escalar é nulo, em símbolos: $\langle v_1, v_2 \rangle = 0$.*

OBSERVAÇÃO 1.2. *Na verdade, esse resultado é válido para dois vetores não nulos quaisquer em $\mathbb{R}^n$ para $n \in \mathbb{N}$ qualquer, i.e, vale para dimensão n, sendo a prova feita independente do valor de n.*

DEMONSTRAÇÃO. ($\Rightarrow$). Para provar a implicação direta, sejam v_1, v_2 dois vetores quaisquer de $\mathbb{R}^2/\{(0,0)\}$ e vamos supor que sejam perpendiculares, i.e, que o ângulo geométrico formado por eles seja igual a $\pi/2$. Dessa forma, o cosseno do ângulo formado por eles é nulo, pois $\cos(\pi/2) = 0$ e, portanto, $\langle v_1, v_2 \rangle = ||v_1||.||v_2||.\cos(\pi/2) = ||v_1||.||v_2||.0 = 0 \Rightarrow v_1 \perp v_2$.
($\Leftarrow$). Para provar a implicação reversa, i.e, a recíproca, vamos supor que o produto escalar entre os vetores não nulos v_1 e v_2 seja nulo, em símbolos $\langle v_1, v_2 \rangle = 0$. Então, $||v_1||.||v_2||.\cos(\theta) = 0$. Como $v_1, v_2 \neq 0$, segue que $||v_1||, ||v_2|| \neq 0$ e, portanto, $\cos(\theta) = 0 \Rightarrow \theta = \pi/2 + k\pi, k \in \mathbb{Z} \Rightarrow \theta = \pi/2$, pois θ é ângulo geométrico. Como o ângulo entre os dois vetores v_1 e v_2 é de $\pi/2$, segue que eles são perpendiculares.

□

OBSERVAÇÃO 1.3. *Seja $v \in \mathbb{R}^2$ um vetor do plano, digamos $v = (x, y)$. Então, segue que $||v|| = 0 \Leftrightarrow v = 0$. De fato, temos que $||v|| = \sqrt{x^2 + y^2} = 0 \Leftrightarrow x^2 + y^2 = 0 \Leftrightarrow x = y = 0 \Leftrightarrow v = (x, y) = (0, 0) \Leftrightarrow v = 0$.*

Vamos verificar que os vetores do plano $v_1 = (1, 77)$ e $v_2 = (-77, 1)$ são perpendiculares. Para isso, de acordo com o resultado mais acima, basta verificar que o produto escalar entre eles é nulo. De fato, $\langle v_1, v_2 \rangle = \langle (1, 77), (-77, 1) \rangle = 1.(-77)+77.1 = -77+77 = 0 \Rightarrow v_1 \perp v_2$.

Exercício: Verifiquem que os vetores do plano $v_1 = (\sqrt{2}, 1)$ e $v_2 = (\sqrt{3}, -\sqrt{6})$ são perpendiculares.

Exercício resolvido: Vamos encontrar os valores de x para que os vetores do plano $v_1 = (x, 5)$ e $v_2 = (6, x^2)$ sejam perpendiculares. Temos que $\langle v_1, v_2 \rangle = \langle (x, 5), (6, x^2) \rangle = x.6+5.x^2 = 5x^2+6x = x(5x+6) \Rightarrow v_1 \perp v_2 \Leftrightarrow x(5x+6) = 0 \Leftrightarrow x = 0$ ou $5x+6 = 0 \Rightarrow x = \dfrac{-6}{5}$. Portanto, os valores de x que tornam os vetores $v_1 = (x, 5)$ e $v_2 = (6, x^2)$ perpendiculares são

$x = 0$ *e* $x = \dfrac{-6}{5}$. *No caso, para* $x = 0$, $v_1 = (0, 5)$ *e* $v_2 = (6, 0)$ *e para* $x = \dfrac{-6}{5}$, $v_1 = (-6/5, 5)$ *e* $v_2 = (6, 36/25)$.

Exercício: Verifiquem diretamente que os vetores $v_1 = (0, 5)$ *e* $v_2 = (6, 0)$ *são perpendiculares. O mesmo para os vetores* $v_1 = (-6/5, 5)$ *e* $v_2 = (6, 36/25)$.

Exercício resolvido: Vamos encontrar todos os valores de x *para que os vetores do plano* $v = (\,sen(x), \cos(x))$ *e* $w = (\cos(x), \,sen(x))$ *sejam ortogonais, em símbolos:* $v \perp w$. *Temos que,* $v \perp w \Leftrightarrow \langle v, w\rangle = 0 \Leftrightarrow \langle(\,sen(x), \cos(x)), (\cos(x), \,sen(x))\rangle = sen(x)\cos(x) + \cos(x)\,sen(x) = sen(x)\cos(x) + sen(x)\cos(x) = 2\,sen(x)\cos(x) = sen(2x) = 0 = sen(0) \Leftrightarrow 2x - 0 = 2k\pi, k \in \mathbb{Z} \Leftrightarrow 2x = 2k\pi, k \in \mathbb{Z} \Leftrightarrow x = k\pi, k \in \mathbb{Z}$. *De fato, quando* $x = k\pi, k \in \mathbb{Z} \Rightarrow sen(x) = 0$ *e* $\cos(x) = 1$ *e, portanto,* $v = (0, 1)$ *e* $w = (1, 0) \Rightarrow \langle v, w\rangle = \langle(0, 1), (1, 0)\rangle = 0.1+1.0 = 0+0 = 0$. *Em particular, provamos que* $\langle(\,sen(x), \cos(x)), (\cos(x), \,sen(x))\rangle = sen(2x), \forall x \in \mathbb{R}$.

Exercício resolvido: Vamos usar as propriedades do produto escalar para provar a fórmula de adição de arcos para o cosseno que diz que $\cos(x - y) = \cos(x)\cos(y) + sen(x)\,sen(y), \forall x, y \in \mathbb{R}$. *Consideremos os vetores do plano dados por* $v = (\,sen(x), \cos(x))$ *e* $y = (\,sen(y), \cos(y))$. *Sem perda de generalidade alguma, podemos supor que* $x > y$ *e, portanto, como os leitores podem constatar por intermédio de um desenho, segue que o ângulo entre os vetores* v *e* w *é* $\theta = x - y$. *De fato, são pontos do círculo unitário centrado na origem,* S^1 *e suas determinações ângulares são* x *para* v *e* y *para* w. *Como* $x > y$, *então o ângulo entre eles é* $x - y$. *O caso* $y > x$ *é inteiramente analógico. Usando o produto escalar entre os vetores* v *e* w, *temos que* $\langle v, w\rangle = \|v\|.\|w\|.\cos(\theta) \Rightarrow \langle(\,sen(x), \cos(x)), (\,sen(y), \cos(y))\rangle = \sqrt{sen^2(x) + \cos^2(x)}.\sqrt{sen^2(y) + \cos^2(y)}.\cos(x - y)\rangle \Rightarrow sen(x)\,sen(y) + \cos(x)\cos(y) = 1.1.\cos(x - y), \forall x, y \in \mathbb{R} \Rightarrow \cos(x - y) = \cos(x)\cos(y) + sen(x)\,sen(y), \forall x, y \in \mathbb{R}$.

OBSERVAÇÃO 1.4. *Uma outra maneira de provar as fórmulas de adição de arcos para o seno e o cosseno é se usar variáveis complexas. Mais precisamente, utilizar a função exponencial complexa e suas propriedades. Uma das vantanges em se usar o método exposto a seguir, é que as fórmulas de adição de arcos para o seno e o cosseno são demonstradas simultaneamente, assim como ocorre no item 2) das miscelâneas presentes no apêndice 4, onde fórmulas para* $\cos(3\theta)$ *e* $sen(3\theta)$ *são demonstradas de maneira simultânea, bem como para* $\cos(4\theta)$ *e* $sen(4\theta)$ *e, mais geralmente, para* $\cos(n\theta)$ *e* $sen(n\theta)$*, onde* $n \in \mathbb{N}$ *é um número natural qualquer. Temos que, pela fórmula de Euler,* $e^{(x+y)i} = \cos(x+y) + i\,sen(x+y), \forall x, y \in \mathbb{R}$*. Por outro lado, vale a propriedade de homomorfismo da exponencial complexa (veja item (2) do teorema 1.4 no apêndice 1) e, portanto, segue que* $e^{(x+y)i} = e^{xi+yi} = e^{xi}.e^{iy} = (\cos(x) + i\,sen(x)).(\cos(y) + i\,sen(y)) = (\cos(x)\cos(y) - sen(x)\,sen(y)) + i(\,sen(x)\cos(y) + \cos(x)\,sen(y)), \forall x, y \in \mathbb{R}$*. Logo, temos que* $\cos(x+y) + i\,sen(x+y) = (\cos(x)\cos(y) - sen(x)\,sen(y)) + i(\,sen(x)\cos(y) + \cos(x)\,sen(y)), \forall x, y \in \mathbb{R}$*. Como dois números complexos são iguais se, e só se, suas partes real e imaginária são iguais, segue que* $\cos(x+y) = \cos(x)\cos(y) - sen(x)\,sen(y), \forall x, y \in \mathbb{R}$ *e* $sen(x+y) = sen(x)\cos(y) + \cos(x)\,sen(y), \forall x, y \in \mathbb{R}$*.*

Exercício resolvido: Seja um número real $x \neq \frac{k\pi}{2}, k \in \mathbb{Z}$*. Vamos provar que os vetores do plano dados por* $v = (\,tg(x), \cot(x))$ *e* $w = (\cot(x),\, tg(x))$ *nunca podem ser perpndiculares. Para tal, vamos provar que seu produto escalar é sempre não nulo, qualquer que seja* $x \neq \frac{k\pi}{2}, k \in \mathbb{Z}$*. Mais do que isso, vamos provar que o produto escalar entre os vetores* v *e* w *é constante e igual a 2 qualquer que seja* $x \neq \frac{k\pi}{2}, k \in \mathbb{Z}$*. De fato, como, por definição,* $\cot(x) = \frac{1}{tg(x)}, \forall x \neq \frac{k\pi}{2}, k \in \mathbb{Z} \Rightarrow tg(x)\cot(x) = 1, \forall x \neq \frac{k\pi}{2}, k \in \mathbb{Z}$*, então* $\langle v, w\rangle = \langle(\,tg(x), \cot(x)), (\cot(x),\, tg(x))\rangle = tg(x)\cot(x) + \cot(x)\,tg(x) = 2\,tg(x)\cot(x) = 2.1 = 2, \forall x \neq \frac{k\pi}{2}, k \in \mathbb{Z}$*. Logo, o resultado segue.*

Exercício: Seja $x \neq k\pi, k \in \mathbb{Z}$*. Mostrem que os vetores do plano dados por* $v = (\,sen(x), \csc(x))$ *e* $w = (\csc(x),\, sen(x))$ *nunca podem ser perpendiculares. Lembrem-se que, por definição,* $\csc(x) := \frac{1}{sen(x)}, \forall x \neq k\pi, k \in \mathbb{Z}$*.*

Exercício: Seja $x \neq \frac{\pi}{2} + k\pi, k \in \mathbb{Z}$*. Mostrem que os vetores do plano dados por* $v = (\cos(x), \sec(x))$ *e* $w = (\cos(x), \sec(x))$ *nunca podem ser perpendiculares. Lembrem-se que, por definição,* $\sec(x) := \frac{1}{\cos(x)}, \forall x \neq \frac{\pi}{2} + k\pi, k \in \mathbb{Z}$*.*

Exercício: Seja $x \neq \frac{k\pi}{2}, k \in \mathbb{Z}$*. Mostrem que os vetores do plano dados por* $v = (\,sen(x)\sec(x), \cos(x)\csc(x))$ *e* $w = (\cos(x)\csc(x),\, sen(x)\sec(x))$ *nunca podem ser perpendiculares.*

Exercício: Seja $x \neq \frac{k\pi}{2}, k \in \mathbb{Z}$. *Mostrem que os vetores do plano dados por* $v = (sen(x)\sec(x)\,tg(x), \cos(x)\csc(x)\cot(x))$ *e* $w = (\cos(x)\csc(x)\cot(x),\ sen(x)\sec(x)\,tg(x))$ *nunca podem ser perpendiculares.*

Exercício resolvido: Vamos encontrar todos os vetores do plano $v = (1, x)$ *que fazem ângulo geométrico igual a* $\pi/3$ *com o vetor* $w = (1, 2)$. *Além disso, vamos interpretar geométricamente o resultado obtido. Sabemos que dados vetores* v *e* w, *vale que* $\langle v, w\rangle = ||v||.||w||.\cos(\theta)$, *onde* θ *é o ângulo geométrico entre* v *e* w. *Assim, sendo* $v = (1, x)$ *e* $w = (2, 1)$, *segue que* $\langle v, w\rangle = \langle(1, x), (2, 1)\rangle = 1.2 + x.1 = 2 + x, ||v|| = \sqrt{1 + x^2}, ||w|| = \sqrt{2^2 + 1^2} = \sqrt{4 + 1} = \sqrt{5}$ e $\cos(\pi/3) = \frac{1}{2}$. *A equação resultante a ser resolvida será dada por* $2 + x = \frac{\sqrt{5}.\sqrt{1 + x^2}}{2} \Rightarrow 4 + 2x = \sqrt{5}.\sqrt{1 + x^2} \Rightarrow 16 + 16x + 4x^2 = 5(1 + x^2) \Rightarrow 16 + 16x + 4x^2 = 5 + 5x^2 \Rightarrow x^2 - 16x - 9 = 0 \Rightarrow x = \frac{16 \pm \sqrt{256 + 36}}{2} = \frac{16 \pm \sqrt{292}}{2} = \frac{16 \pm \sqrt{2^2.73}}{2} = \frac{16 \pm 2\sqrt{73}}{2} = 8 \pm \sqrt{73}$. *Dessa forma, ambos,* $v_1 = (1, 8 + \sqrt{73})$ *e* $v_2 = (1, 8 - \sqrt{73})$ *fazem ângulo geométrico igual a* $\pi/3$ *com o vetor* $w = (2, 1)$. *A interpretação geométrica consiste em notar que um dos vetores (no caso,* v_1*) faz ângulo geométrico igual a* $\pi/3$ *no sentido anti-horário com o vetor* $w = (2, 1)$ *e o outro (no caso,* v_2*), faz ângulo geométrico igual a* $\pi/3$ *no sentido horário com o vetor* $w = (2, 1)$.

Recomendamos que os leitores façam os desenhos pertinentes para uma melhor assimilação desse exercício.

Exercício resolvido: Vamos caracterizar todos vetores do plano $w = (x, y)$ *que fazem ângulo igual a* $\pi/3$ *com o vetor* $v = (1, 1)$. *Para isso, vamos usar a relação* $\langle v, w\rangle = ||v||.||w||.\cos(\theta)$. *Inicialmente, temos que* $\langle v, w\rangle = \langle(1, 1), (x, y)\rangle = 1.x + 1.y = x + y$. *Ainda,* $||v|| = \sqrt{1^2 + 1^2} = \sqrt{2}$ e $||w|| = \sqrt{x^2 + y^2}$. *Por sua vez, como* $\cos(\pi/3) = \frac{1}{2}$, *temos a seguinte equação a resolver:* $x + y = \sqrt{2}.\sqrt{x^2 + y^2}.\frac{1}{2} \Leftrightarrow x + y = \frac{\sqrt{2}}{2}\sqrt{x^2 + y^2} \Leftrightarrow x + y = \frac{1}{\sqrt{2}}\sqrt{x^2 + y^2} \Leftrightarrow \sqrt{2}(x + y) = \sqrt{x^2 + y^2} \Leftrightarrow 2(x + y)^2 = x^2 + y^2 \Leftrightarrow 2(x^2 + 2xy + y^2) = x^2 + y^2 \Leftrightarrow 2x^2 + 4xy + 2y^2 = x^2 + y^2 \Leftrightarrow x^2 + 4xy + y^2 = 0 \Leftrightarrow (1).y^2 + (4x).y + (x^2) = 0 \Leftrightarrow y = \frac{-4x \pm \sqrt{16x^2 - 4x^2}}{2} \Leftrightarrow y = \frac{-4x \pm \sqrt{12x^2}}{2} \Leftrightarrow y = \frac{-4x \pm \sqrt{12x^2}}{2} \Leftrightarrow y = \frac{-4x \pm \sqrt{3.4x^2}}{2} \Leftrightarrow y = \frac{-4x \pm \sqrt{3.2^2x^2}}{2} \Leftrightarrow y = \frac{-4x \pm \sqrt{3.(2x)^2}}{2} \Leftrightarrow y = \frac{-4x \pm |2x|\sqrt{3}}{2} \Leftrightarrow y = \frac{-4x \pm 2\sqrt{3}x}{2} \Leftrightarrow y = \cancel{2}.\frac{-2x \pm \sqrt{3}}{\cancel{2}} \Leftrightarrow y = -2x \pm \sqrt{3}x \Leftrightarrow y = -x(2 \mp \sqrt{3}) \Leftrightarrow y = -x(2 \pm \sqrt{3})$. *Desse modo, os vetores do plano da forma*

$w = (x, -x(2 \pm \sqrt{3})) = x(1, -2 \pm \sqrt{3})$, *i.e, múltiplos escalares dos vetores* $v := (1, -2 + \sqrt{3})$ *e* $w := (1, -2 - \sqrt{3})$, *fazem ângulo geométrico igual a* $\pi/3$ *com o vetor* $v = (1, 1)$, *o primeiro deles no sentido anti-horário e o segundo no sentido horário.*

Assim como fizemos no exercício anterior, recomendamos que os leitores interpretem geométricamente a solução obtida acima, bem como que façam os desenhos pertinentes para uma melhor assimilação desse exercício.

Exercício: Caracterizem todos vetores do plano $w = (x, y)$ *que fazem ângulo igual a* $\pi/4$ *com o vetor* $v = (-1, 1)$.

Seja $v \in \mathbb{R}^2/\{(0,0)\}$ *um vetor não nulo do plano. Então, o vetor* $w_1 := \dfrac{v}{||v||}$ *tem norma igual a 1. Se* $k \in \mathbb{R}/\{0\}$ *é um escalar não nulo, então o vetor* $w_2 := kw_1 = k.\dfrac{v}{||v||}$ *tem norma igual a* $|k|$. *Mais geralmente, a partir do vetor não nulo* v, *podemos construir um outro vetor* w *que tem norma igual a* $s > 0$ *com mesma direção, porém sentido oposto ao de* v. *Este é o caso do vetor* $w := -s.\dfrac{v}{||v||}$.

Vejamos um exemplo concreto. Seja $v = (1, 6)$. *Vamos construir um vetor com norma igual a 10 com mesma direção, porém sentido oposto ao de* v. *Como* $||v|| = \sqrt{1^2 + 6^2} = \sqrt{1 + 36} = \sqrt{37}$, *então o vetor* $w_1 := \dfrac{v}{||v||} = \dfrac{1}{\sqrt{37}}.(1, 6)$ *tem norma igual a 1 (verifiquem). Por sua vez, o vetor* $w_2 := 10w_1 = \dfrac{10}{\sqrt{37}}.(1, 6)$ *tem norma igual a 10 (verifiquem). Finalmente, o vetor* $w := -w_2 = -10w_1 = -10.\dfrac{v}{||v||} = \dfrac{-10}{\sqrt{37}}.(1, 6) = \left(\dfrac{-10}{\sqrt{37}}, \dfrac{-60}{\sqrt{37}}\right) = \left(\dfrac{-10\sqrt{37}}{37}, \dfrac{-60\sqrt{37}}{37}\right)$ *tem norma igual a 10, mesma direção, porém sentido oposto ao do vetor* $v = (1, 6)$.

Exercício: Seja $v := (\sqrt{6}, -10)$. *Encontrem um vetor com norma igual a 5, mesma direção, porém sentido oposto ao vetor* v.

Exercício resolvido: Sob quais condições o produto escalar entre dois vetores, digamos $v, w \in \mathbb{R}^2$ *será dado por* $\langle v, w\rangle = ||v||.||w||.\, sen(\theta)$, *onde* θ *é o ângulo geométrico entre* v *e* w? *Para responder a essa pergunta, relembremos que o produto escalar entre* v *e* w *é dado por* $\langle v, w\rangle = ||v||.||w||.\cos(\theta)$ *e, portanto, temos que*

$$||v||.||w||.\,sen(\theta) = ||v||.||w||.\cos(\theta) \Leftrightarrow ||v||.||w||.\,sen(\theta) - ||v||.||w||.\cos(\theta) = 0 \Leftrightarrow$$

$$||v||.||w||.(\,sen(\theta) - \cos(\theta)) = 0 \Leftrightarrow ||v|| = 0 \; e/ou \; ||w|| = 0 \; e/ou \; sen(\theta) - \cos(\theta) = 0 \Leftrightarrow v = 0$$

$$e/ou \; w = 0 \; e/ou \; sen(\theta) = \cos(\theta) \Leftrightarrow v = 0 \; e/ou \; w = 0 \; e/ou \; \theta = \frac{\pi}{4} \; ou \; \theta = \frac{5\pi}{4}.$$

Assim, uma possível resposta que podemos oferecer é a seguinte: o produto escalar entre dois vetores $v, w \in R^2$ *será igual a* $\langle v, w\rangle = ||v||.||w||.\,sen(\theta)$ *quando* $v = 0$*, caso em que* $\langle v, w\rangle = 0$ *ou quando* $w = 0$*, caso em que, também, se tem* $\langle v, w\rangle = 0$ *ou quando* $\theta = \frac{\pi}{4}$*, caso em que* $\cos(\theta) = sen(\theta) = \cos(\pi/4) = sen(\pi/4) = \frac{\sqrt{2}}{2}$ *e, portanto,* $\langle v, w\rangle = \frac{\sqrt{2}||v||.||w||}{2}$ *ou, finalmente, quando* $\theta = \frac{5\pi}{4}$*, caso em que* $\cos(\theta) = sen(\theta) = \cos(5\pi/4) = sen(5\pi/4) = \frac{-\sqrt{2}}{2}$ *e, portanto,* $\langle v, w\rangle = -\frac{\sqrt{2}||v||.||w||}{2}$.

Observação 1.5. *Podemos notar que o exercício anterior continua válido em* $\mathbb{R}^n$ *para qualquer* $n \in \mathbb{N}$ *e a resolução do mesmo se mantém inalterada.*

Exercício resolvido: Construa dois vetores v *e* w *do plano* $\mathbb{R}^2$ *com as seguintes propriedades: a norma de* v *é igual a 2, a norma de* w *é igual a 7 e o produto escalar de* v *com* w *é igual a 5. Para tal, notamos inicialmente que, sendo* $v = (x, y)$ *e* $w = (a, b)$*, então:*

1) $||v|| = 2 \Leftrightarrow \sqrt{x^2 + y^2} = 2 \Leftrightarrow x^2 + y^2 = 4.$

2) $||w|| = 7 \Leftrightarrow \sqrt{a^2 + b^2} = 7 \Leftrightarrow a^2 + b^2 = 49.$

3) $\langle v, w\rangle = \langle (x, y), (a, b)\rangle = 5 \Leftrightarrow ax + by = 5.$

Temos, portanto, o seguinte sistema não linear com quatro incógnitas e três equações, dado por

$$\begin{cases} x^2 + y^2 = 4 \\ a^2 + b^2 = 49 \\ ax + by = 5 \end{cases}$$

Como temos mais incógnitas do que equações, podemos, por exemplo, tomar $x = 0$ *e resolver o sistema subsequente para encontrarmos os valores das demais incógnitas, já que queremos construir apenas dois vetores específicos que satisfaçam as propriedades propostas. Assim, sendo* $x = 0 \Rightarrow y^2 = 4 \Rightarrow y = \pm 2$. *Ainda, como* $x = 0$, *a equação* $ax + by = 5$ *se torna igual a equação* $by = 5$. *Mas, como* $y = \pm 2$, *então* $\pm 2b = 5 \Rightarrow b = \frac{\pm 5}{2}$. *Substituindo-se esses valores de* b *na equação* $a^2 + b^2 = 49$, *vamos obter que* $a^2 + \left(\pm\frac{5}{2}\right)^2 = 49 \Rightarrow a^2 + \frac{25}{4} = 49 \Rightarrow 4a^2 + 25 = 4.49 = 4.(50-1) = 4.50 - 4 = 200 - 4 = 196 \Rightarrow 4a^2 + 25 = 196 \Rightarrow 4a^2 = 196 - 25 = 171 \Rightarrow a^2 = \frac{171}{4} \Rightarrow a = \pm\frac{\sqrt{171}}{2}$. *Logo, obtemos que* $v = (0, \pm 2)$ *e* $w = \pm\frac{1}{2}(\sqrt{171}, 5)$.

Exercício: Verifiquem que sendo $v = (0,2)$ *e* $w = \frac{1}{2}(\sqrt{171}, 5)$, *então vale que* $||v|| = 2, ||w|| = 7$ *e* $\langle v, w\rangle = 5$. *Façam o mesmo para* $v = (0,-2)$ *e* $w = -\frac{1}{2}(\sqrt{171}, 5)$.

Observação 1.6. *Podemos notar que no caso do exercício anterior, o ângulo entre os vetores* v *e* w *já está determinado, pois sendo* $||v|| = 2, ||w|| = 7$ *e* $\langle v, w\rangle = 5$, *e como vale que* $\langle v, w\rangle = ||v||.||w||.\cos(\theta)$, *então* $5 = 2.7.\cos(\theta) = 14\cos(\theta) \Rightarrow \cos(\theta) = \frac{5}{14} \Rightarrow \theta = \arccos(5/14)$.

Exercício resolvido: Vamos mostrar que não é possível se ter dois vetores v *e* w *do plano* $\mathbb{R}^2$ *tais que* $||v|| = 6, ||w|| = 11$ *e* $\langle v, w\rangle = 77$. *De fato, sendo* θ *o ângulo geométrico formado entre* v *e* w, *então da condição* $\langle v, w\rangle = ||v||.||w||.\cos(\theta)$, *segue que* $77 = 6.11.\cos(\theta) \Rightarrow 7.11 = 6.11.\cos(\theta) \Rightarrow \cos(\theta) = \frac{7.\not{1}1}{6.\not{1}1} \Rightarrow \cos(\theta) = \frac{7}{6}$. *Porém, como* θ *é um número real, então* $\cos(\theta)$ *é um número real do intervalo fechado* $[-1,1]$ *e, portanto, não se pode ter* $\cos(\theta) = \frac{7}{6} = \frac{6+1}{6} = \frac{6}{6} + \frac{1}{6} = 1 + \frac{1}{6} > 1$.

Observação 1.7. *O valor de* θ *que torna a equação* $\cos(\theta) = \frac{7}{6}$ *é necessariamente um número complexo não real. Definimos a função cosseno complexo* $\cos(z) := \frac{e^{iz} + e^{-iz}}{2}$, *onde* $z = x + iy \in \mathbb{C}$ *é um número complexo qualquer e* $e^z = e^{x+iy} := e^x.e^{iy} = e^x(\cos(y) + i\,sen(y))$ *é a função exponencial complexa. Deixamos a cargo dos leitores, sob essas condições, a resolverem a equação complexa* $\cos(\theta) = \frac{7}{6}$. *Além disso, relembramos, também, a função seno complexo, dada por* $sen(z) := \frac{e^{iz} - e^{-iz}}{2}$, *onde* $z = x + iy \in \mathbb{C}$ *é um número complexo qualquer.*

De acordo com o que foi exposto logo acima, para que existam vetores não nulos do plano $v, w \in \mathbb{R}^2/\{(0,0)\}$ *com* $||v|| = k_1, ||w|| = k_2$ *e* $\langle v, w\rangle = k_3$ *é que* $k_1, k_2 > 0$ *e* $\frac{k_1.k_2}{k_3} \in [-1,1]$. *De fato, como* $\langle v, w\rangle = ||v||.||w||.\cos(\theta)$ *e* $\cos(\theta) \in [-1,1]$, *então devemos ter que* $[-1,1] \ni \cos(\theta) = \frac{k_1.k_2}{k_3}$.

Temos, assim, o seguinte resultado:

TEOREMA 1.2. *Dados números reais $k_1, k_2 > 0$ e k_3 quaisquer satisfazendo a condição de que $\frac{k_1.k_2}{k_3} \in [-1,1]$, então sempre existem vetores não nulos do plano $v, w \in \mathbb{R}^2/\{(0,0)\}$, tais que:*

1) $||v|| = k_1$.

2) $||w|| = k_2$.

3) $\langle v, w \rangle = k_3$.

DEMONSTRAÇÃO. De fato, sendo $v = (x, y)$ e $w = (a, b)$, então as condições do enunciado do teorema implicam que $x^2 + y^2 = k_1^2, a^2 + b^2 = k_2^2$ e $ax + by = k_3$. Temos, portanto, o sistema não linear

$$\begin{cases} x^2 + y^2 = k_1^2 \\ a^2 + b^2 = k_2^2 \\ ax + by = k_3 \end{cases}$$

Esse sistema, por sua vez, sempre possui uma solução (na verdade, infinitas), pois ele possui mais incógnitas (no caso, quatro) do que equações (no caso, três). A solução tem, portanto, grau um de liberdade, i.e, depende apenas de um parâmetro, por exemplo, x (ou qualquer outra das demais incógnitas presentes no sistema)

□

Para encerrar esse capítulo, vamos propor e resolver mais alguns exercícios.

Exercício resolvido: Vamos encontrar o vetor $v = (x, y)$ do plano, tal que, sendo $w_1 = (1,2)$ e $w_2 = (2,1)$, então $\langle v, w_1 \rangle = 1$ e $\langle v, w_2 \rangle = 2$. Temos que $\langle v, w_1 \rangle = \langle (x,y), (1,2) \rangle = x + 2y = 1$ e $\langle v, w_2 \rangle = \langle (x,y), (2,1) \rangle = 2x + y = 2$. Temos, portanto, o seguinte sistema linear de equações de ordem igual a 2:

$$\begin{cases} x + 2y = 1 \\ 2x + y = 2 \end{cases}$$

Para resolvê-lo, multiplicamos a primeira equação por 2, obtendo-se a equação $2x+4y = 2$, *multiplicamos a segunda equação por* -1, *obtendo-se a equação* $-2x-y = -2$ *e somamos essas duas últimas equações, obtendo-se a equação* $3y = 0 \Rightarrow y = 0$. *Agora, substituindo-se o valor encontrado para* y *em qualquer uma das duas equações originais, por exemplo, a primeira, vamos obter que* $2x = 2 \Rightarrow x = 1$. *Logo, o vetor procurado é dado por* $v = (x, y) = (1, 0)$.

Exercício: Encontrem o vetor $v = (x, y)$ *do plano, tal que, sendo* $w_1 = (2, 1)$ *e* $w_2 = (3, 5)$, *então* $\langle v, w_1\rangle = 0$ *e* $\langle v, w_2\rangle = -10$.

Exercício resolvido: Sejam $v = (e^x, \ln(y)), w_1 = (2, 2)$ *e* $w_2 = (1, 7)$. *Vamos mostrar que é possível (em* $\mathbb{R}$*) ocorrer que* $\langle v, w_1\rangle = 5$ *e* $\langle v, w_2\rangle = 6$. *De fato, temos que* $\langle v, w_1\rangle = \langle(e^x, \ln(y)), (2, 2)\rangle = 2e^x+2\ln(y) = 5$ *e que* $\langle v, w_1\rangle = \langle(e^x, \ln(y)), (1, 7)\rangle = e^x+7\ln(y) = 6$. *Desse modo, temos o seguinte sistema "linear" em "*e^x*" e em "*$\ln(y)$*":*

$$\begin{cases} 2e^x + 2\ln(y) = 5 \\ e^x + 7\ln(y) = 6 \end{cases}$$

Para resolvê-lo, multiplicamos a segunda equação por 2, obtendo-se a equação $2e^x + 14\ln(y) = 12$, *multiplicamos a primeira equação por* -1, *obtendo-se a equação* $-2e^x-2\ln(y) = -5$ *e a somamos, obtendo-se a equação* $12\ln(y) = 7 \Rightarrow \ln(y) = 7/12 \Rightarrow y = \exp(7/12)$. *Substituindo-se o valor* $\ln(y) = 7/12$ *em qualquer uma das equações originais, por exemplo, a segunda, vamos obter que* $e^x + 7\ln(\exp(7/12)) = 6 \Rightarrow e^x + 7.\frac{7}{12} = 6 \Rightarrow e^x + \frac{49}{12} = \frac{72}{12} \Rightarrow e^x = \frac{72}{12} - \frac{49}{12} = \frac{72-49}{12} = \frac{72-50+1}{12} = \frac{23}{12} \Rightarrow x = \ln(23/12) \Rightarrow v = (\exp(\ln(23/12)), \ln(\exp(7/12))) = (23/12, 7/12) = \frac{1}{12}(23, 7)$. *Desse modo, os valores de* x *e* y *que satisfazem o problema são dados por* $x = \ln(23/12)$ *e* $y = \exp(7/12)$. *Sendo assim, o vetor* v *é dado por* $v = (23/12, 7/12) = \frac{1}{12}(23, 7)$. *Vamos "verificar" se, de fato, ele satisfaz o problema. Temos que* $\langle(23/12, 7/12), (2, 2)\rangle = 2.\frac{23}{12} + 2.\frac{7}{12} = \cancel{2}.\frac{23}{\cancel{2}.6} + 2.\frac{7}{\cancel{2}.6} = \frac{23}{6} + \frac{7}{6} = \frac{23+7}{6} = \frac{30}{6} = \frac{5.\cancel{6}}{\cancel{6}} = 5$ *e* $\langle(23/12, 7/12), (1, 7)\rangle = \frac{23}{12} + 7.\frac{7}{12} = \frac{23}{12} + \frac{49}{12} = \frac{23+50-1}{12} = \frac{73-1}{12} = \frac{72}{12} = \frac{6.\cancel{12}}{\cancel{12}} = 6$.

Exercício: Sejam $v = (\cos(x), sen(y)), w_1 = (1, 2)$ *e* $w_2 = (2, 3)$ *vetores do plano. É possível (em* $\mathbb{R}$*) ocorrer que* $\langle v, w_1 \rangle = 4$ *e* $\langle v, w_2 \rangle = 5$*? Justifiquem. Analisem a observação 1.7 e resolvam esse problema em* $\mathbb{C}$*.*

CAPÍTULO 2

Geometria Analítica de Curvas no Plano

Uma curva no plano $\mathbb{R}^2$ *é a imagem de uma função de uma única variável real a valores vetoriais* $f : I \to \mathbb{R}^2, f(t) := (f_1(t), f_2(t))$, *onde* $I \subseteq \mathbb{R}$ *é um intervalo da reta real, e as funções reais de uma única variável real* $f_1, f_2 : I \to \mathbb{R}$ *são chamadas de funções coordenadas de* f. *Se as funções coordenadas* f_1 *e* f_2 *forem contínuas, então diremos que a função* f *é contínua. Ainda, se as funções coordenadas* f_1 *e* f_2 *forem de classe* C^1, *i.e, se forem deriváveis e suas respectivas derivadas forem contínuas, então diremos que a função* f *é derivável. Nesse caso, sendo* f_1' *e* f_2', *respectivamente, as derivadas de* f_1 *e* f_2, *então definimos a derivada da função* f *como sendo a função* $f' := (f_1', f_2')$. *Mais do que isso, se* f_1 *e* f_2 *forem de classe* C^2, *i.e, forem duas vezes deriváveis e suas derivadas segundas forem contínuas, então diremos que a função* f *é de classe* C^2 *e escreveremos* $f'' := (f_1'', f_2'')$. *De modo indutivo (e também intuitivo), definimos* f *de classe* $C^k, k \in \mathbb{N}$, *para quando as funções coordenadas* f_1 *e* f_2 *forem de classe* C^k, *i.e,* f_1 *e* f_2 *são* k *vezes deriváveis e suas respectivas derivadas de ordem igual a* k *são contínuas. A derivada de ordem igual a* k *da função* f *será dada por* $f^{(k)} = (f_1^{(k)}, f_2^{(k)})$, *onde* $f_1^{(k)}$ *e* $f_2^{(k)}$ *são, respectivamente, as derivadas de ordem igual a* k *das funções coordenadas* f_1 *e* f_2. *Prosseguindo, se as funções coordenadas* f_1 *e* f_2 *forem analíticas, i.e, funções que podem ser representadas em séries de potências (em torno de algum ponto* $t_0 \in I$*), digamos* $f_1(t) = \sum_{n=n_0}^{+\infty} a_n(t-t_0)^n$ *e* $f_2(t) = \sum_{n=n_0}^{+\infty} b_n(t-t_0)^n$, *onde* $a_n := \frac{f_1^{(n)}(t_0)}{n!}$ *e* $b_n := \frac{f_2^{(n)}(t_0)}{n!}$, $\forall n \in \mathbb{N}$, *então diremos que a função* f *é analítica. Nesse caso, cada uma das funções coordenadas possuem séries de potências convergentes em dados intervalos da reta real, digamos* I_1 *e* I_2. *Aqui, vamos supor que* $I_1 \cap I_2 \neq \emptyset$ *e, mais do que isso, que a intersecção* $I_1 \cap I_2$ *seja um intervalo, digamos,* I *e, então, diremos que a função* f *é analítica em* I. *Desse modo, falaremos em curvas contínuas, deriváveis, de classe* C^k, *analíticas, etc, conforme for o caso.*

OBSERVAÇÃO 2.1. *Podemos notar que uma condição necessária, porém não suficiente, para que uma função* f *seja analítica, é que ela seja infinitamente derivável. Existem sim, funções que são infinitamente deriváveis, porém suas expansões em série de potências não as representam. O caso mais conhecido é o da função real de uma única variável real* $f : \mathbb{R} \to \mathbb{R}$ *dada por*

$$f(x) := \begin{cases} \exp(-1/x^2), x \neq 0 \\ 0, x = 0 \end{cases}$$

Essa função é contínua em toda reta real $\mathbb{R}$. *De fato, é contínua em todos os pontos não nulos, pois a função* $0 \neq x \mapsto \exp(-1/x^2)$ *é contínua, já que a mesma é composta de funções contínuas. É também contínua em* $x = 0$, *pois quando* x *tende a* 0, *então* $\frac{-1}{x^2}$ *tende a* $-\infty$ *e, portanto,* $\exp(-1/x^2)$ *tende a* $0 = f(0)$, *em símbolos:* "$\exp(-\infty)$" $= 0 = f(0)$. *Em qualquer ponto não nulo vale que* $f'(x) = \frac{\exp(-1/x^2)}{x^3}$. *Mas, em* $x = 0$ *é possível provar (usando a regra de L'Hôpital, por exemplo) que* $f'(0) = 0$, *pois* $\exp(-1/x^2)$ *tende a* 0 *mais rápido do que* x^3 *tende a* 0 *quando* x *tende a* 0 *e, mais geralmente, a derivada de qualquer ordem de* f *em* $x = 0$ *é igual a* 0 *(pelos mesmos tipos de argumentos), em símbolos:* $f^{(n)}(0) = 0, \forall n \in \mathbb{N}$. *Logo, a série de Taylor de* f *em torno do ponto* $x = 0$ *é a função identicamente nula, a qual não representa* f, *pois a mesma é sempre positiva em qualquer vizinhança de* 0, *ou seja,* $f(x) = \exp(-1/x^2) > 0, \forall x \in \mathbb{R}/\{0\}$ *e, desse modo, se a expansão em torno de* 0 *representasse a função* f, *então ela se anularia em uma vizinhança de* 0, *o que, como vimos, não ocorre.*

Como um exemplo inicial, consideremos a função de uma única variável real a valores vetoriais no plano $f : (0, +\infty) \to \mathbb{R}^2$ *dada por* $f(t) := (e^t, \ln(t))$. *Suas funções coordenadas são dadas por* $f_1(t) := e^t$ *e* $f_2(t) := \ln(t)$. *Na verdade, a função coordenada* f_1 *pode ser definida em toda a reta real, já que se trata da função exponencial real, porém o domínio maximal do logaritmo neperiano real (i.e, na base* $e = 2,71...$*) é o intervalo aberto* $(0, +\infty)$. *De fato, a função logaritmo neperiano real é a inversa da função exponencial real, a qual só assume valores* > 0, *i.e, só assume valores positivos. Dessa forma, segue que* Imf *é uma parametrização analítica da curva cuja equação cartesiana é dada por* $y = \ln(\ln(x))$, *definida para os pontos* x *da reta que satisfazem a condição de que* $\ln(x) > 0 = \ln(1) \Rightarrow x > 1$. *De fato, denotando por* $e^t = x = x(t), \ln(t) = y = y(t)$, *então* $e^t = x \Rightarrow \ln(e^t) = t = \ln(x) \Rightarrow \ln(t) = y = \ln(\ln(x)), \forall x \in (1, +\infty)$.

Agora, vamos ver alguns outros exemplos.

A aplicação $\varphi : I \to \mathbb{R}^2, \varphi(t) := (\,tg(t), \sec(t))$ *onde* I *é qualquer intervalo da reta que não contenha ponto algum da forma* $\frac{\pi}{2} + k\pi, k \in \mathbb{Z}$ *é uma parametrização analítica da hipérbole cuja equação cartesiana é dada por* $x^2 - y^2 = 1$. *De fato, a relação fundamental da trigonometria nos diz que* $sen^2(t) + \cos^2(t) = 1, \forall t \in \mathbb{R}$ *e, portanto, dividindo ambos os membros dessa relação por* $\cos^2(t)$ *para* $t \neq \frac{\pi}{2} + k\pi, k \in \mathbb{Z}$, *e lembrando que* $\sec(t) := \frac{1}{\cos(t)}, \forall t \neq \frac{\pi}{2} + k\pi, k \in \mathbb{Z}$, *então* $\frac{sen^2(t)}{\cos^2(t)} + \frac{\cos^2(t)}{\cos^2(t)} = \frac{1}{\cos^2(t)}, \forall t \neq \frac{\pi}{2} + k\pi, k \in \mathbb{Z} \Rightarrow \left(\frac{sen(t)}{\cos(t)}\right)^2 + 1 = \left(\frac{1}{\cos(t)}\right)^2, \forall t \neq \frac{\pi}{2} + k\pi, k \in \mathbb{Z} \Rightarrow tg^2(t) + 1 = \sec^2(t), \forall t \neq \frac{\pi}{2} + k\pi, k \in \mathbb{Z} \Rightarrow tg^2(t) - \sec^2(t) = 1, \forall t \neq \frac{\pi}{2} + k\pi, k \in \mathbb{Z}$. *Denotando por* $x := tg(t)$ *e* $y := \sec(t)$, *então segue que* $tg^2(t) - \sec^2(t) = x^2 - y^2 = 1, \forall t \neq \frac{\pi}{2} + k\pi, k \in \mathbb{Z}$, *i.e,* $x^2 - y^2 = 1$. *A identidade* $tg^2(t) - \sec^2(t) = 1, \forall t \neq \frac{\pi}{2} + k\pi, k \in \mathbb{Z}$ *é chamada de "segunda relação fundamental da trigonometria". De maneira "similar", a aplicação* $\varphi : I \to \mathbb{R}^2, \varphi(t) := (\cot(t), \csc(t))$, *onde* I *é qualquer intervalo da reta que não contenha ponto algum da forma* $k\pi, k \in \mathbb{Z}$ *é uma "outra" parametrização analítica da hipérbole de mesma equação dada acima. De fato, a relação fundamental da trigonometria nos diz que* $sen^2(t) + \cos^2(t) = 1, \forall t \in \mathbb{R}$ *e, portanto, dividindo ambos os membros dessa relação por* $sen^2(t)$ *para* $t \neq k\pi, k \in \mathbb{Z}$, *e lembrando que* $\cot(t) := \frac{1}{tg(t)} = \frac{1}{\frac{sen(t)}{\cos(t)}} = \frac{\cos(t)}{sen(t)}, \forall t \neq \frac{k\pi}{2}, k \in \mathbb{Z}$ *e* $\csc(t) := \frac{1}{sen(t)}, \forall t \neq k\pi, k \in \mathbb{Z}$, *então* $\frac{sen^2(t)}{sen^2(t)} + \frac{\cos^2(t)}{sen^2(t)} = \frac{1}{sen^2(t)}, \forall t \neq k\pi, k \in \mathbb{Z} \Rightarrow 1 + \left(\frac{\cos(t)}{sen(t)}\right)^2 = \left(\frac{1}{sen(t)}\right)^2, \forall t \neq k\pi, k \in \mathbb{Z} \Rightarrow \cot^2(t) + 1 = \sec^2(t), \forall t \neq k\pi, k \in \mathbb{Z} \Rightarrow \cot^2(t) - \csc^2(t) = 1, \forall t \neq k\pi, k \in \mathbb{Z}$. *Denotando por* $x := \cot(t)$ *e* $y := \csc(t)$, *então segue que* $\cot^2(t) - \csc^2(t) = x^2 - y^2 = 1, \forall t \neq k\pi, k \in \mathbb{Z}$, *i.e,* $x^2 - y^2 = 1$. *A identidade* $\cot^2(t) - \csc^2(t) = 1, \forall t \neq k\pi, k \in \mathbb{Z}$ *é chamada de "terceira relação fundamental da trigonometria".*

Observação 2.2. *Vamos descrever maneiras distintas de se parametrizar a hipérbole equilátera no plano, i.e, o conjunto dos pontos* $(x, y) \in \mathbb{R}^2$ *que satisfazem a equação* $xy = 1$.

(1) Seja I *qualquer intervalo da reta que não contenha o ponto* 0. *Então, a imagem da aplicação* $\varphi : I \to \mathbb{R}^2$ *dada por* $\varphi(t) := (t, 1/t)$ *é a hipérbole equilátera no plano. De fato, sendo* $x = x(t) := t$ *e* $y = y(t) := \frac{1}{t} \Rightarrow xy = x(t).y(t) = t.\frac{1}{t} = 1, \forall t \neq 0 \Rightarrow xy = 1$.

(2) Seja $\varphi : \mathbb{R} \to \mathbb{R}^2$ *dada por* $\varphi(t) := (e^t, e^{-t})$. *Então, sua imagem é a hipérbole equilátera no plano, pois sendo* $x = x(t) := e^t$ *e* $y = y(t) := e^{-t} \Rightarrow xy = x(t).y(t) = e^t.e^{-t} = e^{t-t} = e^0 =$

$1, \forall t \in \mathbb{R} \Rightarrow xy = 1.$

(3) Seja $\varphi : I \to \mathbb{R}^2, I \not\ni \frac{k\pi}{2}, k \in \mathbb{Z}$, *dada por* $\varphi(t) := (tg(t), \cot(t))$. *Lembrando que* $\cot(t) := \frac{1}{tg(t)}, \forall t \neq \frac{k\pi}{2}, k \in \mathbb{Z}$, *então sendo* $x = x(t) := tg(t)$ *e* $y = y(t) := \cot(t) \Rightarrow xy = x(t).y(t) = tg(t).\cot(t) = tg(t).\frac{1}{tg(t)} = 1, \forall t \neq \frac{k\pi}{2}, k \in \mathbb{Z} \Rightarrow xy = 1$. *Logo, sua imagem é a hipérbole equilátera no plano.*

(4) Seja $\varphi : I \to \mathbb{R}^2, I \not\ni k\pi, k \in \mathbb{Z}$, *dada por* $\varphi(t) := (sen(t), \csc(t))$. *Lembrando que* $\csc(t) := \frac{1}{sen(t)}, \forall t \neq k\pi, k \in \mathbb{Z}$, *então sendo* $x = x(t) := sen(t)$ *e* $y = y(t) := \csc(t) \Rightarrow xy = x(t).y(t) = sen(t).\csc(t) = sen(t).\frac{1}{sen(t)} = 1, \forall t \neq k\pi, k \in \mathbb{Z} \Rightarrow xy = 1$ *e, portanto, sua imagem é a hipérbole equilátera no plano.*

(5) Seja $\varphi : I \to \mathbb{R}^2, I \not\ni \frac{\pi}{2} + k\pi, k \in \mathbb{Z}$, *dada por* $\varphi(t) := (\cos(t), \sec(t))$. *Lembrando que* $\sec(t) := \frac{1}{\cos(t)}, \forall t \neq \frac{\pi}{2} + k\pi, k \in \mathbb{Z}$, *então sendo* $x = x(t) := \cos(t)$ *e* $y = y(t) := \sec(t) \Rightarrow xy = x(t).y(t) = \cos(t).\sec(t) = \cos(t).\frac{1}{\cos(t)} = 1, \forall t \neq \frac{\pi}{2} + k\pi, k \in \mathbb{Z} \Rightarrow xy = 1$ *e, portanto, sua imagem é a hipérbole equilátera no plano.*

Seja um intervalo da reta $I \not\ni \pi/2 + k\pi, k \in \mathbb{Z}$. *A aplicação* $\varphi : I \to \mathbb{R}^2, \varphi(t) := (tg(t), sen(t))$ *é uma parametrização analítica da curva cuja equação cartesiana é dada por* $(xy)^2 + y^2 - x^2 = 0$. *De fato, denotando por* $tg(t) = x = x(t)$, $sen(t) = y = y(t)$, *então* $tg(t) = \frac{sen(t)}{\cos(t)} = x \Rightarrow sen(t) = x\cos(t) \Rightarrow sen^2(t) = x^2\cos^2(t) = x^2(1 - sen^2(t)) \Rightarrow y^2 = x^2(1 - y^2) = x^2 - x^2y^2 = x^2 - (xy)^2 \Rightarrow (xy)^2 + y^2 - x^2 = 0$. *De modo "similar", sendo um intervalo da reta* $I \not\ni \pi/2 + k\pi, k \in \mathbb{Z}$, *então a aplicação* $\varphi : I \to \mathbb{R}^2, \varphi(t) := (tg(t), \cos(t))$ *é uma parametrização analítica da curva cuja equação cartesiana é dada por* $(xy)^2 + y^2 - 1 = 0$. *De fato, denotando por* $tg(t) = x = x(t), \cos(t) = y = y(t)$, *então* $tg(t) = \frac{sen(t)}{\cos(t)} = x \Rightarrow sen(t) = x\cos(t) \Rightarrow sen^2(t) = x^2\cos^2(t) \Rightarrow 1 - \cos^2(t) = x^2\cos^2(t) \Rightarrow 1 - y^2 = x^2y^2 \Rightarrow (xy)^2 + y^2 - 1 = 0.$

Exercício resolvido: Seja um intervalo da reta $I \not\ni \pi/2 + k\pi, k \in \mathbb{Z}$ *e consideremos a aplicação* $\varphi : I \to \mathbb{R}^2$ *dada componentemente por* $(tg(t), \cos(2t))$. *Vamos encontrar a expressão cartesiana explícita da curva que* $Img\varphi$ *determina no plano e concluir de que se trata ser uma curva algébrica. Para tal, sejam* $x = x(t) := tg(t)$ *e* $y = y(t) := \cos(2t)$. *Inicialmente, notamos que* $y = \cos(2t) = 2\cos^2(t) - 1 \Leftrightarrow 2\cos^2(t) = y + 1 \Leftrightarrow \cos^2(t) = \frac{y+1}{2}$. *Ainda,*

$tg(x) = x \Leftrightarrow \dfrac{sen(t)}{\cos(t)} = x \Leftrightarrow sen(t) = x\cos(t) \Leftrightarrow sen^2(t) = x^2\cos^2(t) \Leftrightarrow x^2\cos^2(t)+\cos^2(t)-1 = 0 \Leftrightarrow (1+x^2)\cos^2(t)-1 = 0 \Leftrightarrow (1+x^2)\dfrac{(y+1)}{2}-1 = 0 \Leftrightarrow (1+x^2)(y+1)-2 = 0 \Leftrightarrow (1+x^2)(y+1) = 2 \Leftrightarrow y+1 = \dfrac{2}{1+x^2} \Leftrightarrow y = \dfrac{2}{1+x^2}-1 = \dfrac{2}{1+x^2}-\dfrac{(1+x^2)}{1+x^2} = \dfrac{2-1-x^2}{1+x^2} = \dfrac{1-x^2}{1+x^2} \Leftrightarrow y = y(x) = \dfrac{1-x^2}{1+x^2}$.

Podemos, portanto, observar que, apesar de que a aplicação φ não está definida em toda a reta, a curva algébrica que ela determina, $y = y(x) = \dfrac{1-x^2}{1+x^2}$ está definida em toda a reta, já que $1 + x^2$ nunca se anula em $\mathbb{R}$. Mais do que isso, a imagem da aplicação φ é o gráfico da função real de uma única variável real $y = y(x) := \dfrac{1-x^2}{1+x^2}$.

Observação 2.3. *Podemos "conjecturar" o seguinte: Seja $\varphi : I \to \mathbb{R}^2$ uma aplicação onde I é um intervalo da reta convenientemente escolhido. Vamos supor que $\varphi(t) := (f(t), g(t))$, onde as funções f e g são trigonométricas, i.e, funções do tipo $sen(t), \cos(2t)$, $tg(3t)$, etc. Então, $Img\varphi$ é uma curva algébrica no plano, i.e, curvas representadas por equações do tipo $x^2 + xy - y^2 = 0, x^3 + y^3 - 1 = 0, 4x^{3/2} + 6y^{5/6} + 5xy + 6 = 0$, etc. Isso significa que equações algébricas envolvem polinômios e/ou radicais. Por exemplo, a curva do primeiro exemplo, a saber, a imagem da aplicação $f : (0, +\infty) \to \mathbb{R}^2$ dada por $f(t) := (e^t, \ln(t))$ não é algébrica, já que ela é dada por $y = \ln(\ln(x)), \forall x \in (1, +\infty)$. De fato, ela não é solução de nenhuma equação $Q(x, y) = 0$, onde $Q = Q(x, y)$ é uma função real de duas variáveis reais envolvendo polinômios (em duas variáveis reais), radicais, bem como um número finito de operações aritméticas. Não confundir "curva algébrica" com "função algébrica" . De fato, uma função algébrica é qualquer função que pode ser escrita por meio de polinômios, radicais e um número finito de operações aritméticas. Assim sendo, se f e g são funções algébricas reais de uma única variável real, então certamente a imagem da aplicação $h : I \to \mathbb{R}^2$ dada componentemente por $h(t) := (f(t), g(t))$ é algébrica. Porém, a recíproca não é verdadeira. Pode ser, perfeitamente, ocorrer que, ambas, f e g sejam transcendentes e, mesmo assim, a imagem da aplicação $h = h(t) := (f(t), g(t))$ seja uma curva algébrica. De fato, vimos nos exemplos anteriores que, por exemplo, a curva descrita pela imagem da aplicação $\varphi(t) := (tg(t), \cos(2t))$ é algébrica (e, mais do que isso, é globalmente gráfico de função) e as funções tangente real e cosseno real são transcendentes. Como veremos em exemplos posteriores, curvas do tipo $\varphi(t) := (e^{at+b}, e^{ct+d})$, onde a, b, c, d são constantes reais não nulas, descrevem curvas algébricas no plano, porém a função exponencial é transcendente. Uma pergunta que cabe aqui nesse momento é a seguinte: Sejam f e g duas funções reais de uma única variável real. Suponhamos que f seja algébrica e que g seja transcendente. O que* *podemos dizer sobre a curva descrita pela imagem da aplicação $h = h(t) := (f(t), g(t))$? Pode ser algébrica? Pode ser transcendente? É necessariamente algébrica? É necessariamente transcendente? O autor deste presente texto não sabe a resposta para essa pergunta. Qualquer ideia entrar em contato pelo e-mail fornecido no começo do texto! Para aguçar ainda mais as ideias, vejam o exemplo da parametrização racional do círculo S^1, fornecido um pouco mais adiante!*

Exercício: Seja um intervalo da reta $I \not\ni k\pi, k \in \mathbb{Z}$. Considerem a aplicação $\varphi : I \to \mathbb{R}^2, \varphi(t) := (\,tg(t),\, sen(2t))$. Mostrem que se trata de uma aplicação analítica e encontrem explicitamente a equação cartesiana da curva que ela representa no plano. Concluam que se trata de uma curva algébrica, como as dos exemplos dados acima. Lembrem-se: $sen(2t) = 2\, sen(t) \cos(t), \forall t \in \mathbb{R}$.

Exercício: Considerem a aplicação $\varphi : \mathbb{R} \to \mathbb{R}^2, \varphi(t) := (\cos(t),\, sen(2t))$. Mostrem que se trata de uma aplicação analítica e encontrem explicitamente a equação cartesiana da curva que ela representa no plano. Concluam que se trata de uma curva algébrica, como as dos exemplos dados acima. Lembrem-se: $sen(2t) = 2\, sen(t) \cos(t), \forall t \in \mathbb{R}$.

Exercício: Considerem a aplicação $\varphi : \mathbb{R} \to \mathbb{R}^2, \varphi(t) := (\,sen(t), \cos(2t))$. Mostrem que se trata de uma aplicação analítica e encontrem explicitamente a equação cartesiana da curva que ela representa no plano. Concluam que se trata de uma curva algébrica, como as dos exemplos dados acima. Lembrem-se: $\cos(2t) = \cos^2(t) - sen^2(t) = 2\cos^2(t) - 1 = 1 - 2\, sen^2(t), \forall t \in \mathbb{R}$.

Exercício: Considerem a aplicação $\varphi : \mathbb{R} \to \mathbb{R}^2, \varphi(t) := (\,sen(t),\, sen(2t))$. Mostrem que se trata de uma aplicação analítica e encontrem explicitamente a equação cartesiana da curva que ela representa no plano. Concluam que se trata de uma curva algébrica, como as dos exemplos dados acima. Lembrem-se: $sen(2t) = 2\, sen(t) \cos(t), \forall t \in \mathbb{R}$.

Exercício: Considerem a aplicação $\varphi : \mathbb{R} \to \mathbb{R}^2, \varphi(t) := (\cos(t), \cos(2t))$. Mostrem que se trata de uma aplicação analítica e encontrem explicitamente a equação cartesiana da curva que ela representa no plano. Concluam que se trata de uma curva algébrica, como as dos exemplos dados acima. Lembrem-se: $\cos(2t) = \cos^2(t) - sen^2(t) = 2\cos^2(t) - 1 =$

$1 - 2\,sen^2(t), \forall t \in \mathbb{R}$.

Exercício resolvido: Consideremos a aplicação $\varphi : \mathbb{R} \to \mathbb{R}^2$ *dada componentemente por* $\varphi(t) := (\cos^4(t),\, sen^4(t))$. *Vamos encontrar explicitamente a equação cartesiana da curva representada por* $Img(\varphi)$ *e concluir de que se trata de uma curva algébrica. Temos que* $x = x(t) := \cos^4(t), y = y(t) := sen^4(t) \Rightarrow \sqrt{x} + \sqrt{y} = \sqrt{\cos^4(t)} + \sqrt{sen^4(t)} = |\cos^2(t)| + |sen^2(t)| = \cos^2(t) + sen^2(t) = 1, \forall t \in \mathbb{R} \Rightarrow \sqrt{x} + \sqrt{y} = 1 \Rightarrow \sqrt{y} = 1 - \sqrt{x} \Rightarrow y = y(x) = (1 - \sqrt{x})^2$. *Em particular, esta curva é gráfico de função no plano.*

Exercício resolvido: Consideremos a aplicação $\varphi : \mathbb{R} \to \mathbb{R}^2$ *dada componentemente por* $\varphi(t) := (\cos^8(t),\, sen^4(t))$. *Vamos encontrar explicitamente a equação cartesiana da curva representada por* $Img(\varphi)$ *e concluir de que se trata de uma curva algébrica. Temos que* $x = x(t) := \cos^8(t), y = y(t) := sen^4(t) \Rightarrow \sqrt[4]{x} + \sqrt{y} = \sqrt[4]{\cos^8(t)} + \sqrt{sen^4(t)} = |\cos^2(t)| + |sen^2(t)| = \cos^2(t) + sen^2(t) = 1, \forall t \in \mathbb{R} \Rightarrow \sqrt[4]{x} + \sqrt{y} = 1 \Rightarrow \sqrt{y} = 1 - \sqrt[4]{x} \Rightarrow y = y(x) = (1 - \sqrt[4]{x})^2$. *Em particular, esta curva é gráfico de função no plano.*

Exercício: Considerem a aplicação $\varphi : \mathbb{R} \to \mathbb{R}^2$ *dada componentemente por* $\varphi(t) := (\cos^8(t),\, sen^8(t))$. *Encontrem explicitamente a equação cartesiana da curva que* $Img(\varphi)$ *representa no plano e constatem de que se trata de uma curva algébrica. Ela é gráfico de função no plano? Justifiquem.*

Exercício: Considerem a aplicação $\varphi : \mathbb{R} \to \mathbb{R}^2$ *dada componentemente por* $\varphi(t) := (\cos^4(t),\, sen^2(t))$. *Encontrem explicitamente a equação cartesiana da curva que* $Img(\varphi)$ *representa no plano e constatem de que se trata de uma curva algébrica. Ela é gráfico de função no plano? Justifiquem.*

Exercício: Considerem a aplicação $\varphi : \mathbb{R} \to \mathbb{R}^2$ *dada componentemente por* $\varphi(t) := (\cos^6(t),\, sen^6(t))$. *Encontrem explicitamente a equação cartesiana da curva que* $Img(\varphi)$ *representa no plano e constatem de que se trata de uma curva algébrica. Ela é gráfico de função no plano? Justifiquem.*

Exercício: Considerem a aplicação $\varphi : \mathbb{R} \longrightarrow \mathbb{R}^2$ dada componentemente por $\varphi(t) := (\cos^6(t), sen^8(t))$. Encontrem explicitamente a equação cartesiana da curva que $Img(\varphi)$ representa no plano e constatem de que se trata de uma curva algébrica. Ela é gráfico de função no plano? Justifiquem.

Exercício: Considerem a aplicação $\varphi : \mathbb{R} \longrightarrow \mathbb{R}^2$ dada componentemente por $\varphi(t) := (\cos^9(t), sen^3(t))$. Encontrem explicitamente a equação cartesiana da curva que $Img(\varphi)$ representa no plano e constatem de que se trata de uma curva algébrica. Ela é gráfico de função no plano? Justifiquem.

Vamos, agora, descrever a chamada <u>*parametrização racional do círculo S^1*</u>*. Para isso, relembremos as identidades trigonométricas dadas por*

$$\cos(s) = \frac{1 - tg^2(s/2)}{1 + tg^2(s/2)},\ sen(s) = \frac{2\,tg(s/2)}{1 + tg^2(s/2)},\ \forall s \neq \frac{\pi}{4} + \frac{k\pi}{2}, k \in \mathbb{Z}.$$

Vamos demonstrá-las. Faremos inicialmente o caso do cosseno e depois o caso do seno. Temos que, dado qualquer $s \neq \frac{\pi}{4} + \frac{k\pi}{2}, k \in \mathbb{Z}$, então

$$\frac{1 - tg^2(s/2)}{1 + tg^2(s/2)} = \frac{1 - \left(\frac{sen(s/2)}{\cos(s/2)}\right)^2}{1 + \left(\frac{sen(s/2)}{\cos(s/2)}\right)^2} = \frac{1 - \frac{sen^2(s/2)}{\cos^2(s/2)}}{1 + \frac{sen^2(s/2)}{\cos^2(s/2)}} = \frac{\cos^2(s/2) - sen^2(s/2)}{\cos^2(s/2) + sen^2(s/2)} = \frac{\cos\left(\not{2}.\frac{s}{\not{2}}\right)}{1} = \cos(s).$$

Ainda, novamente, dado qualquer $s \neq \frac{\pi}{4} + \frac{k\pi}{2}, k \in \mathbb{Z}$, então

$$\frac{2\,tg(s/2)}{1 + tg^2(s/2)} = \frac{\frac{2\,sen(s/2)}{\cos(s/2)}}{1 + \left(\frac{sen(s/2)}{\cos(s/2)}\right)^2} = \frac{\frac{2\,sen(s/2)}{\cos(s/2)}}{1 + \frac{sen^2(s/2)}{\cos^2(s/2)}} = \frac{\frac{2\,sen(s/2)}{\cos(s/2)}}{\frac{\cos^2(s/2) + sen^2(s/2)}{\cos^2(s/2)}} = \frac{\frac{2\,sen(s/2)}{\cos(s/2)}}{\frac{1}{\cos^2(s/2)}} =$$

$$\frac{2\,sen(s/2)}{\cos(s/2)}.\cos^2(s/2) = 2\,sen(s/2)\cos(s/2) = sen\left(\not{2}.\frac{s}{\not{2}}\right) = sen(s).$$

Agora, precisamos usar o fato de que a função tangente real, $\frac{\pi}{2} + k\pi \neq s \mapsto tg(s) \in \mathbb{R}$ é sobrejetiva, e vamos denotar por $tg(s/2) = t \in \mathbb{R}$. Antes, vamos provar tal fato. Nesse momento, convidamos os leitores a consultarem um de meus livros, a saber, "Introdução ao Cálculo Numérico em Uma Única Variável Complexa via o Princípio da Conservação das Propriedades Funcionais", o qual é a referência de número [5] nas referências bibliográficas ao final do texto, para que fiquem a par de uma interessante diferença entre o caso real e o caso complexo em questão da função tangente. Ao passo que a função tangente *real é sobrejetiva, i.e, ela assume qualquer valor real, a função tangente complexa não é sobrejetiva pois, por exemplo, ela nunca pode assumir os valores* $\pm i$. *A tangente complexa é dada por* $tg(z) = \dfrac{sen(z)}{\cos(z)}, z \neq \pi/2 + k\pi$, *onde* $sen(z) := \dfrac{e^{iz} - e^{-iz}}{2i}$ e $\cos(z) := \dfrac{e^{iz} + e^{-iz}}{2}$ *e, portanto,* $tg(z) = \dfrac{e^{iz} - e^{-iz}}{e^{iz} + e^{iz}} = \dfrac{e^{2iz} - 1}{e^{2iz} + 1}, \forall z \neq \pi/2 + k\pi, k \in \mathbb{Z}$ *(aqui estamos usando o fato de que as funções seno e cosseno complexos tem os mesmos zeros que suas contrapartes reais e algumas propriedades elementares da função exponencial complexa, onde os leitores, para verificarem esses fatos, podem novamente olhar a referência citada acima ou mesmo consultarem o teorema 1.4 do apêndice 1 desse presente texto). Vamos, então, à demonstração da sobrejetividade da função tangente real. Seja* $y \in \mathbb{R}$ *um número real qualquer. Queremos provar que existe um número real* $x \neq \pi/2 + k\pi, k \in \mathbb{Z}$ *de tal modo que* $tg(x) = y$. *Temos que,* $tg(x) = y \Leftrightarrow \dfrac{sen(x)}{\cos(x)} = y \Leftrightarrow sen(x) = y\cos(x) \Leftrightarrow sen^2(x) = y^2\cos^2(x) \Leftrightarrow 1 - \cos^2(x) = y^2\cos^2(x) \Leftrightarrow y^2\cos^2(x) + \cos^2(x) = 1 \Leftrightarrow (y^2+1)\cos^2(x) = 1 \Leftrightarrow \cos^2(x) = \dfrac{1}{1+y^2} \Leftrightarrow \cos(x) = \dfrac{\pm 1}{\sqrt{1+y^2}}$. *Agora, mostremos que* $\left|\dfrac{\pm 1}{\sqrt{1+y^2}}\right| = \dfrac{1}{\sqrt{1+y^2}} \in [0,1], \forall y \in \mathbb{R}$ *e, portanto, existe* $x \in \mathbb{R}$ *tal que* $\cos(x) = \dfrac{1}{\sqrt{1+y^2}}$, *já que a função cosseno real assume qualquer valor do intervalo fechado* $[-1,1]$. *De fato, temos que* $1 \leq 1 + y^2, \forall y \in \mathbb{R} \Rightarrow 0 < \dfrac{1}{1+y^2} \leq 1, \forall y \in \mathbb{R} \Rightarrow 0 = \sqrt{0} < \sqrt{\dfrac{1}{1+y^2}} = \dfrac{1}{\sqrt{1+y^2}} \leq \sqrt{1} = 1, \forall y \in \mathbb{R} \Rightarrow 0 < \dfrac{1}{\sqrt{1+y^2}} \leq 1, \forall y \in \mathbb{R}$. *Logo, a função tangente real é sobrejetiva. Agora, a aplicação* $\varphi : (-\infty, +\infty) \to \mathbb{R}^2, \varphi(t) := \left(\dfrac{t^2-1}{1+t^2}, \dfrac{2t}{1+t^2}\right)$ *é chamada de parametrização racional do círculo. De fato, ela tem como imagem o círculo de centro na origem e raio igual a 1, já que, sendo* $x = x(t) := \dfrac{t^2-1}{1+t^2}$ e $y = y(t) := \dfrac{2t}{1+t^2}$, *então,* $x^2 + y^2 = x^2(t) + y^2(t) = \left(\dfrac{t^2-1}{1+t^2}\right)^2 + \left(\dfrac{2t}{1+t^2}\right)^2 = \dfrac{1}{(1+t^2)^2}(t^4 - 2t^2 + 1 + 4t^2) = \dfrac{1}{1+t^2}(t^4 + 2t^2 + 1) = \dfrac{1}{(1+t^2)^2}(1+t^2)^2 = 1, \forall t \in \mathbb{R} \Rightarrow x^2 + y^2 = 1$. *Essa parametrização desempenha um papel importante na teoria de números, já que "serve" para se descrever os pontos "racionais" do círculo* S^1. *Essas idéias estão presentes na teoria usada pelo grandioso matemático inglês Andrew John Wiles para sua demonstração da veracidade do último teorema de Fermat. Para mais informações sobre a caracterização dos pontos racionais de* S^1, *convidamos os leitores a consultarem a referência de número [7], presente nas referências bibliográficas ao final do texto.*

Exercício resolvido: Consideremos a aplicação $\varphi : \mathbb{R} \to \mathbb{R}^2$ *dada por* $\varphi(t) := (e^{2t}, e^t + 3)$. *Vamos provar que a imagem de* φ, $Im\varphi$ *é uma curva algébrica no plano. De fato, sejam* $x = x(t) := e^{2t}$ e $y = y(t) := e^t + 3 \Rightarrow \sqrt{x} = e^t$ e $y - 3 = e^t \Rightarrow \sqrt{x} = y - 3 \Rightarrow y = y(x) = \sqrt{x} + 3$. *Em particular, essa curva é gráfico de função.*

Exercício resolvido: Consideremos a aplicação $\varphi : \mathbb{R} \to \mathbb{R}^2$ *dada por* $\varphi(t) := (2e^{3t}, e^{5t} + 6)$. *Vamos provar que a imagem de* φ, $Im\varphi$ *é uma curva algébrica no plano. De fato, sejam* $x = x(t) := 2e^{3t}$ e $y = y(t) := e^{5t} + 6 \Rightarrow e^{3t} = \frac{x}{2}$ e $e^{5t} = y - 6 \Rightarrow e^t = \sqrt[3]{\frac{x}{2}} = \sqrt[5]{y-6} \Rightarrow y - 6 = \sqrt[3]{\left(\frac{x}{2}\right)^5} \Rightarrow y = y(x) = \sqrt[3]{\left(\frac{x}{2}\right)^5} + 6$. *Em particular, essa curva é gráfico de função.*

Exercício: Considerem a aplicação $\varphi : \mathbb{R} \to \mathbb{R}^2$ *dada por* $\varphi(t) := (k_1 + k_2 e^{k_3 t + k_4}, s_1 + s_2 e^{s_3 t + s_4})$, *onde* $k_j, s_j \in \mathbb{R}/\{0\}$ *são constantes reais não nulas,* $\forall j \in \{1, 2, 3, 4\} \subsetneq \mathbb{N}$. *Provem que a imagem de* φ, $Im\varphi$ *é uma curva algébrica no plano. Além disso, constatem que essa curva é gráfico de função.*

Exercício interdisciplinar parcialmente resolvido: (Equações diferenciais ordinárias e curvas planares parametrizadas). A imagem da aplicação $\varphi : \mathbb{R} \to \mathbb{R}^2$ *dada por* $\varphi(t) = (x(t), y(t)) = (c_1 e^t + c_2 e^{3t}, -c_1 e^t + c_2 e^{3t})$, *onde* $c_1, c_2 \in \mathbb{R}$ *são constantes reais quaisquer, constitui a solução mais geral possível para o sistema linear planar de equações diferenciais ordinárias dado por*

$$\begin{cases} x' = 2x + y \\ y' = x + 2y \end{cases}$$

A constatação desse fato fica a cargo dos leitores. Vamos, agora, encontrar a expressão cartesiana explícita dessa curva no plano. Temos que, sendo $x = x(t) = c_1 e^t + c_2 e^{3t}$ e $y = y(t) = -c_1 e^t + c_2 e^{3t}$, *então* $x + y = 2c_2 e^{3t}$ e $x - y = 2c_1 e^t \Rightarrow \frac{x+y}{2c_2} = e^{3t}$ e $\frac{x-y}{2c_1} = e^t \Rightarrow \frac{x+y}{2c_2} = (e^t)^3 = \left(\frac{x-y}{2c_1}\right)^3 \Rightarrow \frac{x+y}{\not{2}c_2} = \frac{(x-y)^3}{\not{8}c_1^3} \Rightarrow \frac{x+y}{c_2} = \frac{(x-y)^3}{4c_1^3} \Rightarrow 4c_1^3(x+y) = c_2(x-y)^3 \Rightarrow c_2(x-y)^3 - 4c_1^3(x+y) = 0$. *Temos, portanto, uma equação cúbica a dois parâmetros reais nas variáveis reais dependentes* x e y.

O segmento de reta que liga o vetor (ou ponto, segundo a nossa convenção) v *ao vetor* w *é dado pela imagem da aplicação* $\varphi : [0, 1] \to \mathbb{R}^2$ *onde* $\varphi(t) := tv + (1 - t)w$. *É mais* *comum se dizer que o segmento de reta que liga os pontos v e w é dado por $tv + (1-t)w$, onde $t \in [0,1]$. Dessa forma, sendo $v = (a,b)$ e $w = (c,d)$, a imagem da aplicação $f : \mathbb{R} \to \mathbb{R}^2$ dada por $f(t) := tv + (1-t)w = t(a,b) + (1-t)(c,d) = (at, bt) + ((1-t)c, (1-t)d) = (at, bt) + (c - ct, d - dt) = (at - ct + c, bt - dt + d) = ((a-c)t + c, (b-d)t + d)$ é o segmento de reta que liga o ponto (a,b) ao ponto (c,d) no plano. Por exemplo, o segmento de reta que liga os vetores (ou pontos) $(7,7)$ e $(1,2)$ é a imagem da função $f : [0,1] \to \mathbb{R}^2$ dada por $f(t) := ((7-1)t + 1, (7-2)t + 2) = (6t + 1, 5t + 2)$. Uma expressão como esta é denominada forma paramétrica da reta no plano. Podemos encontrar a expressão cartesiana explícita para Imf procedendo da seguinte forma: sejam $x = x(t) = 6t + 1$ e $y = y(t) = 5t + 2$. Agora, devemos "eliminar" o "parâmetro" t dessas duas últimas equações para obter uma relação $y = y(x)$ entre x e y. Temos que, $5x = 30t + 5$ e $6y = 30t + 12$ e, portanto, $5x - 6y = -7 \Rightarrow 5x - 6y + 7 = 0$, a qual é chamada de equação geral da reta no plano. Dessa última relação, obtemos que $6y = 5x + 7 \Rightarrow y = y(x) = \dfrac{5x+7}{6}$, a qual é chamada de equação reduzida da reta no plano.*

Existe uma maneira alternativa (porém equivalente) de se parametrizar segmentos de reta no plano, a saber, por intermédio das funções trigonométricas. Vamos começar com um caso particular. Consideremos a função $f : \mathbb{R} \to \mathbb{R}^2$ dada por $f(t) := (\cos^2(t), sen^2(t))$. Sejam $x = x(t) := \cos^2(t)$ e $y = y(t) := sen^2(t)$. Então, $x + y = sen^2(t) + \cos^2(t) = 1, \forall t \in \mathbb{R}^2$. Isso, de fato, define um segmento de reta, pois sendo $sen(t), \cos(t) \in [-1,1], \forall t \in \mathbb{R}$, então $x = x(t) = \cos^2(t), y = y(t) = sen^2(t) \in [0,1], \forall t \in \mathbb{R}$ e, portanto, a relação $x + y = 1$ implica que $y = 1 - x$, e sendo $x \in [0,1] \Rightarrow -x \in [-1,0] \Rightarrow 1 - x \in [0,1]$. Desse modo, temos um segmento de reta que liga os pontos $(0,1)$ e $(1,0)$. Recomendamos que os leitores façam um desenho dessa situação. Pensando agora na equação geral da reta, a saber, $ax + by + c = 0$, podemos parametrizar um segmento de reta da seguinte forma: Seja a função $f : \mathbb{R} \to \mathbb{R}^2$ dada por $f(t) := \left(\dfrac{-c\cos^2(t)}{a}, \dfrac{-c\, sen^2(t)}{b}\right)$. Assim, temos que $ax + by = a.\dfrac{-c\cos^2(t)}{a} + b.\dfrac{-c\, sen^2(t)}{b} = -c\cos^2(t) - c\, sen^2(t) = -c(\cos^2(t) + sen^2(t)) = -c.1 = -c, \forall t \in \mathbb{R} \Rightarrow ax + by = -c \Rightarrow ax + by + c = 0$. Agora, vamos mostrar que, de fato, se tem um segmento de reta. Sem perda de generalidade, vamos supor que $a > 0, c < 0 \Rightarrow -c > 0$. Temos que $sen(t), \cos(t) \in [0,1], \forall t \in \mathbb{R}$ e, assim, segue que $0 \leq \cos^2(t), sen^2(t) \leq 1, \forall t \in \mathbb{R} \Rightarrow 0 \leq \cos^2(t), sen^2(t) \leq -c, \forall t \in \mathbb{R} \Rightarrow 0 \leq a\cos^2(t), \forall t \in \mathbb{R}$ e $0 \leq b\, sen^2(t), \forall t \in \mathbb{R}$. Logo, temos que $0 \leq ax = a.\dfrac{-c\cos^2(t)}{a} = -c\cos^2(t) \leq -c, \forall t \in \mathbb{R}$ e

$0 \leq by = b.\dfrac{-c\,sen^2(t)}{b} = -c\,sen^2(t) \leq -c, \forall t \in \mathbb{R} \Rightarrow 0 \leq ax + by \leq -2c \Rightarrow c \leq ax + by \leq -c.$ *Podemos notar que, quando* $x = 0$, *i.e, para quando* $\cos^2(t) = 0$ *(valor mínimo atingido por* $\cos^2(t)$*), então temos que* $by = c \Rightarrow y = \dfrac{c}{b}$ *e, também, que quando* $x = \dfrac{-c}{a}$, *i.e, para quando* $\cos^2(t) = 1$ *(valor máximo atingido para* $\cos^2(t)$*), então temos que* $-c + by = c \Rightarrow by = 2c \Rightarrow y = \dfrac{2c}{b}$. *Temos, portanto, um segmento de reta que liga os pontos* $\left(0, \dfrac{c}{b}\right)$ *e* $\left(\dfrac{-c}{a}, \dfrac{2c}{b}\right)$. *Recomendamos que os leitores façam desenhos dessas situações.*

Exercício resolvido: Mostre que a imagem da função $f : \mathbb{R} \to \mathbb{R}^2$ *dada por* $f(t) := (2\cos^2(t), 3\,sen^2(t))$ *é um segmento de reta, indicando quais são os pontos extremos que ela os liga. Temos, desse modo, que sendo*

$$x = x(t) = 2\cos^2(t) \quad , \quad y = y(t) = 3\,sen^2(t) \Rightarrow \frac{x}{2} + \frac{y}{3} = \not{2}\frac{\cos^2(t)}{\not{2}} + \not{3}\frac{sen^2(t)}{\not{3}} = \cos^2(t) + sen^2(t) = 1, \forall t \in \mathbb{R}$$

e, portanto, temos a seguinte equação: $\dfrac{x}{2} + \dfrac{y}{3} = 1 \Rightarrow 3x + 2y = 6 \Rightarrow y = \dfrac{6 - 3x}{2} = \dfrac{3(2 - x)}{2}$. *Quando* $x = 0 \Rightarrow y = 3$ *e quando* $x = 1 \Rightarrow y = \dfrac{3}{2}$. *Portanto,* $Imgf$ *é o segmento de reta unindo os pontos* $(0, 3)$ *e* $\left(1, \dfrac{3}{2}\right)$.

Exercício: Mostrem que a imagem da função $f : \mathbb{R} \to \mathbb{R}^2$ *dada componentemente por* $f(t) := (-10\cos^2(t), 11\,sen^2(t))$ *é um segmento de reta, indicando quais são os pontos extremos que ela os liga.*

A seguir, teremos uma série de exercícios resolvidos e propostos envolvendo direta ou indiretamente retas e segmentos de reta.

Exercício resolvido: Mostremos que os três pontos do plano dados por $p_1 = (1, 6)$, $p_2 = (2, 5)$ *e* $p_3 = (3, 4)$ *estão alinhados, i.e, pertencem à mesma reta em* $\mathbb{R}^2$. *Uma possível maneira de se resolver esse problema é a seguinte: encontramos a equação da reta que passa por dois dos pontos dados, por exemplo, dos pontos* p_1 *e* p_2 *e depois verificamos se o ponto* p_3 *satisfaz a equação da reta ou não. Se ele satisfaz, então os três pontos estão alinhados, i.e, sobre a mesma reta. Se ele não satisfaz, então eles não estão alinhados (e, portanto, são vértices de um triângulo do plano). A equação reduzida da reta é dada por* $f(x) := ax + b$, *de modo que devemos encontrar o valor das constantes reais* $a \neq 0$ *e* b.

Temos que, $f(1) = a + b = 6$ *e* $f(2) = 2a + b = 5$ *e, portanto, temos o seguinte sistema linear de ordem igual a dois de equações:*

$$\begin{cases} a + b = 6 \\ 2a + b = 5 \end{cases}$$

Para resolvê-lo, multiplicamos a primeira equação por 2, obtendo-se a equação $2a+2b = 12$, *multiplicamos a segunda equação por* -1, *obtendo-se a equação* $-2a - b = -5$ *e a somamos, obtendo-se* $b = 7$. *Substituindo-se o valor encontrado para* b *em qualquer uma das equações originais, por exemplo, a primeira, vamos obter que* $a + 7 = 6 \Rightarrow a = -1 \Rightarrow f(x) = 7 - x$. *O ponto* $p_3 = (3, 4)$ *satisfaz a equação da reta, pois* $f(3) = 7 - 3 = 4$ *e, portanto,* p_1, p_2 *e* p_3 *estão alinhados.*

Exercício: Mostrem que os três pontos do plano dados por $p_1 = (1, 11), p_2 = (6, 36)$ *e* $p_3 = (8, 46)$ *estão alinhados, i.e, pertencem à mesma reta em* $\mathbb{R}^2$.

Exercício parcialmente resolvido: Vamos encontrar o valor de k *para que os três pontos do plano dados por* $p_1 = (2, 19), p_2 = (4, 33)$ *e* $p_3 = (6, k)$ *estejam alinhados, i.e, pertençam à mesma reta no plano. Deixamos a cargo dos leitores verificarem que a equação reduzida da reta que passa pelos pontos* $p_1 = (2, 19)$ *e* $p_2 = (4, 33)$ *é dada por* $f(x) = 7x+5$. *Desse modo, para que o ponto* $p_3 = (6, k)$ *esteja na mesma reta que contém os pontos* p_1 *e* p_2, *então ele deve satisfazer a equação dessa reta, ou seja,* $f(6) = k$. *Porém,* $f(6) = 7.6+5 = 42+5 = 47$. *Portanto, devemos ter que* $k = 47$, *e o ponto* p_3 *se torna* $p_3 = (6, 47)$.

Exercício: Encontrem o valor de k *para que os três pontos do plano dados por* $p_1 = (1, 23), p_2 = (3, 47)$ *e* $p_3 = (5, k)$ *estejam alinhados, i.e, pertençam a mesma reta no plano.*

Exercício parcialmente resolvido: Vamos mostrar que é impossível que os três pontos $p_1 = (1, 12), p_2 = (-1, -2)$ *e* $p_3 = (2, k^2 + 20)$ *estejam alinhados no plano. Deixamos a cargo dos leitores verificarem que a equação reduzida da reta que passa pelos pontos* $p_1 = (1, 12)$ *e* $p_2 = (-1, -2)$ *é dada por* $f(x) = 7x + 5$. *Desse modo, para que o ponto* $p_3 = (2, k^2 + 20)$ *esteja na mesma reta que contém os pontos* p_1 *e* p_2, *então ele deve satisfazer a equação dessa reta, ou seja,* $f(2) = k^2 + 20$. *Porém,* $f(2) = 7.2 + 5 = 14 + 5 = 19$ *e, portanto,* $f(2) = k^2 + 20 \Leftrightarrow k^2 + 20 = 19 \Leftrightarrow k^2 = -1 \Leftrightarrow k = \pm i \notin \mathbb{R}$. *Dessa forma, como não existe* k

real que satisfaça a última equação, então os pontos dados nunca podem estar alinhados no plano, i.e, nunca podem pertencer à mesma reta.

Exercício: Mostrem que é impossível que os três pontos $p_1 = (1, 9), p_2 = (-1, 5)$ *e* $p_3 = (0, \cos(k))$ *estejam alinhados no plano. Dica: Lembrem-se que se* $k \in \mathbb{R} \Rightarrow \cos(k) \in [-1, 1]$.

Exercício resolvido: Consideremos os três pontos do plano dados por $p_1 = (1, 2), p_2 = (4, 3)$ *e* $p_3 = (5, 6)$. *Pedem-se:*

a) Mostre que são vértices de um triângulo no plano.

b) Calcule o perímetro desse triângulo.

c) Diga se esse triângulo é escaleno (i.e, com os três lados com medidas distintas e, consequentemente, com os três ângulos internos com magnitudes distintas), isósceles (i.e, com dois lados com medidas iguais e, consequentemente, com dois ângulos internos de mesma magnitude) ou equilátero (i.e, com os três lados com mesma medida e, consequentemente, com os três ângulos internos de mesma magnitude).

d) Calcule o maior ângulo interno desse triângulo.

e) Determine a natureza desse triângulo, i.e, diga se ele é acutângulo (i.e, possuem os três ângulos internos com magnitude menor do que $\pi/2$*), retângulo (i.e, possuem um ângulo interno reto, ou seja, com magnitude igual a* $\pi/2$*), ou obtusângulo (i.e, possui um ângulo interno - e sempre exatamente um - com magnitude maior do que* $\pi/2$*).*

f) Calcule o maior ângulo externo desse triângulo.

g) Calcule a área desse triângulo.

h) Calcule a altura desse triângulo. (Considere que a base desse triângulo é o seu lado de maior comprimento).

Solução: a) Para tal, basta mostrar que p_1, p_2 *e* p_3 *não estão alinhados, i.e, que não pertencem à mesma reta. Uma das maneiras de verificar isso é a seguinte: encontrar a equação cartesiana da reta que passa pelos pontos* p_1 *e* p_2*, por exemplo, e mostrar que* p_3 *não pertence a essa reta, i.e, que* p_3 *não satisfaz a equação da mesma. Seja* $f : \mathbb{R} \to \mathbb{R}, f(x) := ax + b$ *a equação da reta procurada. Devemos encontrar os valores das constantes* a *e* b*. Como a reta passa pelos pontos* $p_1 = (1, 2)$ *e* $p_2 = (4, 3)$*, então segue que* $f(1) = a + b = 2$ *e* $f(4) = 4a + b = 3$ *e, portanto, temos o seguinte sistema linear real de ordem igual a 2 para resolver:*

$$\begin{cases} a + b = 2 \\ 4a + b = 3 \end{cases}$$

Multiplicando-se a primeira equação por -1 *e a somando com a segunda, vamos obter que* $3a = 1 \Rightarrow a = \frac{1}{3}$*. Ainda, substituindo-se este valor encontrado para* a *em qualquer uma das duas equações, por exemplo, a primeira, vamos encontrar que* $b = 2 - \frac{1}{3} = \frac{6}{3} - \frac{1}{3} = \frac{6-1}{3} = \frac{5}{3} \Rightarrow b = \frac{5}{3}$*. Logo, a equação cartesiana dessa reta é dada por* $f(x) = \frac{x}{3} + \frac{5}{3} = \frac{1}{3}(x + 5)$*. Mostremos que* $p_3 \notin Imf$*, i.e, que* $p_3 = (5, 6)$ *não satisfaz a equação da reta. Para isso, devemos mostrar que* $f(5) \neq 6$*. De fato,* $f(5) = \frac{10}{3} = \frac{9+1}{3} = \frac{9}{3} + \frac{1}{3} = 3 + \frac{1}{3} \neq 6$*. Dessa forma, como os pontos* p_1, p_2 *e* p_3 *não estão alinhados no plano, então eles são vértices de um triângulo no plano.*

b) Sejam, $d(p_1, p_2)$ = *distância do ponto* p_1 *até o ponto* p_2*,* $d(p_1, p_3)$ = *distância do ponto* p_1 *até o ponto* p_3 *e* $d(p_2, p_3)$ = *distância do ponto* p_2 *até o ponto* p_3*. Então, o perímetro do triângulo cujos vértices são os pontos* p_1, p_2 *e* p_3 *será dado por* $P = d(p_1, p_2) + d(p_1, p_3) + d(p_2, p_3)$*. Temos que,* $d(p_1, p_2) = \sqrt{(4-1)^2 + (3-2)^2} = \sqrt{3^2 + 1^2} = \sqrt{9+1} = \sqrt{10}$*. Ainda,* $d(p_1, p_3) = \sqrt{(5-1)^2 + (6-2)^2} = \sqrt{4^2 + 4^2} = \sqrt{2.4^2} = 4\sqrt{2}$*. Por fim,* $d(p_2, p_3) = \sqrt{(5-4)^2 + (6-3)^2} = \sqrt{1^2 + 3^2} = \sqrt{1+9} = \sqrt{10}$*. Desse modo, o perímetro desse triângulo será dado por* $P = 4\sqrt{2} + 2\sqrt{10} = 2\sqrt{2}(2 + \sqrt{5})$*.*

c) Este triângulo é isósceles, pois possui dois lados de mesmo comprimento, a saber, medindo $\sqrt{10}$*.*

d) O maior ângulo interno de um triângulo sempre se opõe ao maior lado (recomendamos que os leitores façam um desenho para constatar esse fato). Como os lados medem $\sqrt{10}$, $\sqrt{10}$ *e* $4\sqrt{2}$, *então devemos aplicar o Teorema dos Cossenos para o ângulo* θ *que se opõe ao maior lado. Afirmamos que é o lado que mede* $4\sqrt{2}$. *De fato, sejam* $x := 4\sqrt{2}$ *e* $y := \sqrt{10}$. *Como* x *e* y *são números reais positivos, basta comparar os seus quadrados. Temos que* $x^2 = (4\sqrt{2})^2 = 16.2 = 32 > y^2 = (\sqrt{10})^2$. *Assim, segue que* $(4\sqrt{2})^2 = (\sqrt{10})^2 + (\sqrt{10})^2 - 2.\sqrt{10}.\sqrt{10}.\cos(\theta) \Rightarrow 32 = 10 + 10 - 2.10.\cos(\theta) \Rightarrow 32 = 20 - 20\cos(\theta) \Rightarrow 12 = -20\cos(\theta) \Rightarrow \cos(\theta) = \dfrac{-12}{20} = \dfrac{-3.\cancel{4}}{\cancel{4}.5} = \dfrac{-3}{5} \Rightarrow \theta = \arccos(-3/5)$. *Os ângulos internos de um triângulo são, necessariamente, situados no intervalo aberto* $(0, \pi)$, *já que os mesmos são números reais positivos cuja soma é igual a* π. *Na intersecção do primeiro quadrante do plano cartesiano real com o círculo trigonométrico, i.e, para ângulos* $\theta \in (0, \pi/2)$, *tem-se que* $\cos(\theta) \in (0, 1)$. *Já na intersecção do segundo quadrante do plano cartesiano real com o círculo trigonométrico, i.e, para ângulos* $\theta \in (\pi/2, \pi)$, *tem-se que* $\cos(\theta) \in (-1, 0)$. *Como* $\cos(\theta) = \dfrac{-3}{5} < 0$, *segue que* $\theta = \arccos(-3/5) \in (\pi/2, \pi)$, *o que significa que este triângulo é obtusângulo (i.e, possui um, e somente um, ângulo entre* $\pi/2$ *e* π*).*

e) Trata-se de um triângulo obtusângulo, pois possui um (e sempre somente um) ângulo obtuso, i.e, compreendido entre $\pi/2$ *e* π.

f) O maior ângulo externo de um triângulo é suplementado pelo menor ângulo interno desse triângulo o qual, por sua vez, se opõe ao menor lado. Recomendamos que os leitores façam desenhos para verificarem esses fatos. Lembrando que dois ângulos são ditos suplementares quando sua soma é igual a π. *Seja* γ *o menor ângulo desse triângulo. Como esse triângulo é isósceles, então ele possui dois ângulos internos com magnitude igual a* γ, *ambos se opondo aos lados de medidas iguais a* $\sqrt{10}$. *Vamos usar o teorema dos cossenos. Temos que* $(\sqrt{10})^2 = (\sqrt{10})^2 + (4\sqrt{2})^2 - 2\sqrt{10}.4\sqrt{2}\cos(\gamma) \Leftrightarrow \cancel{1}0 = \cancel{1}0 + 32 - 8.2.\sqrt{5}.\cos(\gamma) \Leftrightarrow -32 = -16\sqrt{5}\cos(\gamma) \Leftrightarrow 2 = \sqrt{5}\cos(\gamma) \Leftrightarrow \cos(\gamma) = \dfrac{2}{\sqrt{5}}$. *Seja* β *o ângulo externo que suplementa* γ, *i.e,* $\gamma + \beta = \pi$. *Então, usando a expressão para o cosseno de uma diferença, segue que* $\cos(\beta) = \cos(\pi - \gamma) = \cos(\pi)\cos(\theta) + sen(\pi)\,sen(\theta) = -1.\dfrac{2}{\sqrt{5}} + 0.\,sen(\theta) = \dfrac{-2}{\sqrt{5}} + 0 = \dfrac{-2}{\sqrt{5}} = \dfrac{-2\sqrt{5}}{5} \Leftrightarrow \beta = \arccos(-2/\sqrt{5})$. *Como o cosseno desse ângulo é negativo, concluímos, assim como fizemos no item anterior que, de fato, trata-se de um ângulo compreendido entre* $\pi/2$

e π.

g) Vamos fazer esse item de três maneiras distintas (porém equivalentes). Isso acarreta em um bom modo para verificarmos, não somente que fizemos o item presente de forma correta, mas também que os itens anteriores estão certos, pois no atual item vamos utilizar direta ou indiretamente os itens feitos anteriormente. Inicialmente lembramos que a área de um triângulo é a metade do produto do comprimento da base pelo comprimento da altura relativa à essa base. Convidamos os leitores a fazerem um desenho e provarem o seguinte resultado: a área de um triângulo pode ser calculada como sendo a metade do produto dos comprimentos de dois lados adjacentes pelo seno do ângulo compreendido entre eles. O primeiro modo segue: vimos que o maior ângulo interno desse triângulo e tal que $\theta = \arccos(-3/5)$. *Devemos, agora, calcular o seno desse ângulo. Vamos utilizar a relação fundamental da trigonometria que diz que* $sen^2(x) + \cos^2(x) = 1, forall x \in \mathbb{R}$. *Temos que* $sen^2(\theta) = 1-\cos^2(\theta) = 1-\left(\frac{-3}{5}\right)^2 = 1-\frac{9}{25} = \frac{25}{25}-\frac{9}{25} = \frac{16}{25} = \left(\frac{4}{5}\right)^2 \Rightarrow sen(\theta) = \pm\frac{4}{5}$. *Mas como* θ *é um ângulo compreendido entre* $\pi/2$ *e* π, *i.e, compreendido entre a intersecção do segundo quadrante do plano cartesiano com o círculo trigonométrico, então* $sen(\theta) > 0$ *e, portanto,* $sen(\theta) = \frac{4}{5}$. *Pela fórmula anteriormente mencionada, a área A desse triângulo será dada por* $A = \sqrt{10}.\sqrt{10}.\frac{1}{2}.\frac{4}{5} = \not{1}0.\frac{4}{\not{1}0} = 4$. *O segundo modo é substancialmente analógico. Sendo* γ *a magnitude dos outros dois ângulos internos desse triângulo, e sendo* $\cos(\gamma) = \frac{2}{\sqrt{5}}$, *então* $sen^2(\gamma) = 1 - \left(\frac{2}{\sqrt{5}}\right)^2 = 1 - \frac{4}{5} = \frac{5}{5} - \frac{4}{5} = \frac{1}{5} \Rightarrow sen(\gamma) = \pm\frac{1}{\sqrt{5}} \Rightarrow sen(\gamma) = \frac{1}{\sqrt{5}}$, *pois* γ *está compreendido entre* $\pi/2$ *e* π. *Assim, a área A será dada por* $A = \frac{1}{2}.\sqrt{10}.4\sqrt{2}.\frac{1}{\sqrt{5}} = 4$. *Por fim, o terceiro modo é o seguinte: como o triângulo é isósceles, então a sua altura divide a base exatamente ao meio; temos, portanto, um triângulo retângulo cuja base mede* $2\sqrt{2}$, *a hipotenusa mede* $\sqrt{10}$ *e altura será denotada por h. Usando o teorema de pitágoras , temos que* $(\sqrt{10})^2 = (2\sqrt{2})^2 + h^2 \Rightarrow 10 = 8 + h^2 \Rightarrow h^2 = 2 \Rightarrow h = \sqrt{2}$. *Logo,* $A = \frac{1}{2}.4\sqrt{2}.\sqrt{2} = \frac{1}{\not{2}}.4.\not{2} = 4$.

h) No item anterior vimos que a altura do triângulo referente ao maior lado é dada por $\sqrt{2}$. *Uma outra maneira de encontrá-la é a seguinte: já vimos que a área desse triângulo é dada por* $A = 4$. *Mas sabemos que o maior lado mede* $4\sqrt{2}$. *Sendo a área do triângulo igual a* $A = 4\sqrt{2}.h.\frac{1}{2} = 2\sqrt{2}h$, *então segue que* $2\sqrt{2}h = 4 \Rightarrow h = \frac{2}{\sqrt{2}} = \sqrt{2}$.

Exercício: Considerem os três pontos do plano dados por $p_1 = (2,5), p_2 = (3,7)$ *e* $p_3 = (5,11)$. *Pedem-se:*

a) Mostrem que são vértices de um triângulo no plano.

b) Calculem o perímetro desse triângulo.

c) Digam se esse triângulo é escaleno (i.e, com os três lados com medidas distintas e, consequentemente, com os três ângulos internos com magnitudes distintas), isósceles (i.e, com dois lados com medidas iguais e, consequentemente, com dois ângulos internos de mesma magnitude) ou equilátero (i.e, com os três lados com mesma medida e, consequentemente, com os três ângulos internos de mesma magnitude).

d) Calculem o maior ângulo interno desse triângulo.

e) Determinem a natureza desse triângulo, i.e, diga se ele é acutângulo (i.e, possuem os três ângulos internos com magnitude menor do que $\pi/2$*), retângulo (i.e, possuem um ângulo interno reto, ou seja, com magnitude igual a* $\pi/2$*), ou obtusângulo (i.e, possui um ângulo interno - e exatamente um - com magnitude maior do que* $\pi/2$*).*

f) Calculem o maior ângulo externo desse triângulo.

g) Calculem a área desse triângulo.

h) Calculem a altura desse triângulo. (Considerem que a base desse triângulo é o seu lado de maior comprimento).

Exercício resolvido: Uma formiga sai do ponto $(5,7)$ *e segue em linha reta até o ponto* $(6,6)$ *com velocidade constante de* $0,1$ *metros por segundo. Pergunta-se: em quanto tempo ela realiza o percurso? Recomenda-se que os leitores façam um desenho da situação.*

Solução: A distância (em metros) percorrida pela formiga é igual a distância (em linha reta) entre os pontos $(5,7)$ *e* $(6,6)$ *que é dada por* $\sqrt{(6-5)^2+(7-6)^2} = \sqrt{1^2+1^2} = \sqrt{1+1} = \sqrt{2}$. *Se a formiga percorre* $0,1$ *metros por segundo, então ela percorre* 1 *metro a cada* 10 *segundos e, portanto, percorre* $\sqrt{2}$ *metros a cada* $10\sqrt{2}$ *segundos. Usando a aproximação* $\sqrt{2} \approx 1,41$, *então segue que o percurso é feito em* $10.1,41 = 14,1$ *segundos. Podemos aproximar e dizer que a formiga realiza essa trajetória em aproximadamente* 14 *segundos.*

Exercício: Uma mosca sai do ponto $(7,5)$ *e segue em linha reta até o ponto* $(8,8)$ *com velocidade constante de* 5 *metros por segundo. Pergunta-se: em quanto tempo ela realiza o percurso? Recomenda-se que os leitores façam um desenho da situação.*

Exercício resolvido: Um peixe nada em linha reta do ponto $p_1 = (0,7)$ *até o ponto* $p_2 = (6k,0)$ *com velocidade constante de* 1 *metro por segundo. Se ele fez o percurso todo em* 10 *segundos encontre o valor da constante real* k. *Para resolver esse problema, inicialmente notamos que a distância percorrida pelo peixe é dada pela distância entre os pontos* $p_1 = (0,7)$ *e* $p_2 = (6k,0)$ *que, por sua vez, é dada por* $d(p_1,p_2) = d((0,7,),(6k,0)) = \sqrt{(6k)^2+7^2} = \sqrt{36k^2+49}$. *Agora, se em* 1 *segundo o peixe nada* 1 *metro, então como sua velocidade é constante, em* 10 *segundos ele vai nadar* 10 *metros. Logo, devemos ter que* k *deve satisfazer a equação* $\sqrt{36k^2+49} = 10 \Leftrightarrow 36k^2+49 = 100 \Leftrightarrow 36k^2 = 51 \Leftrightarrow k^2 = \dfrac{51}{36} \Leftrightarrow k = \pm\dfrac{\sqrt{51}}{6}$. *Dessa forma, o ponto* p_2 *se torna* $p_2 = (\pm\sqrt{51},0)$ *e, assim, notamos que existem duas possibilidades para esse problema.*

Exercício: Uma águia voa em linha reta do ponto $p_1 = (8,0)$ *até o ponto* $p_2 = (1,10k)$ *com velocidade constante de* 2 *metros por segundo. Se ela fez o percurso todo em* 5 *segundos encontre o valor da constante real* k. *Para esse exercício, em particular, vamos fornecer a resposta, a saber,* $k = \pm\dfrac{\sqrt{51}}{10}$.

Exercício resolvido: Vamos calcular o ângulo entre as retas, gráficos no plano das funções reais de uma única variável real $f,g:\mathbb{R}\to\mathbb{R}$, *dadas por* $f(x) := 2x+7$ *e* $g(x) := 3x+5$. *Inicialmente, notamos que podemos parametrizar essas retas da seguinte maneira, a saber:* $\varphi(t) := (t,2t+7), \forall t\in\mathbb{R}$ *para* f *e* $\gamma(t) := (t,3t+5), \forall t\in\mathbb{R}$ *para* g. *Para resolver o exercício, podemos escolher dois vetores quaisquer, um em cada uma dessas duas retas, e calcular seu produto interno. De fato, sendo, por exemplo,* $\varphi(0) = (0,7)$ *e* $\varphi(1) = (1,9)$, *de modo que podemos montar o vetor* $v := \varphi(1) - \varphi(0) = (1,9) - (0,7) = (1,2)$. *Este vetor* v *está sobre a reta a qual é gráfico da função* f. *Ainda, sendo, por exemplo,* $\gamma(0) = (0,5)$ *e* $\gamma(1) = (1,8)$, *então podemos formar o vetor* $w := \gamma(1) - \gamma(0) = (1,8) - (0,5) = (1,3)$. *Este vetor* w *está sobre a reta a qual é gráfico da função* g. *Agora, devemos encontrar o ângulo entre os vetores* $v = (1,2)$ *e* $w = (1,3)$. *Para tal, vamos o usar o fato já estudado de que* $\langle v, w\rangle = \|v\|.\|w\|.\cos(\theta)$, *onde* θ *é o ângulo geométrico entre* v *e* w. *Inicialmente, temos que,* $\langle v, w\rangle = \langle(1,2),(1,3)\rangle = 1.1 + 2.3 = 1 + 6 = 7$. *Ainda,* $\|v\| = \|(1,2)\| \sqrt{1^2+2^2} = \sqrt{1+4} = \sqrt{5}$ *e* $\|w\| = \|(1,3)\| \sqrt{1^2+3^2} = \sqrt{1+9} = \sqrt{10}$. *Logo,* $7 = \sqrt{5}.\sqrt{10}.\cos(\theta) = \sqrt{5}.\sqrt{5}.\sqrt{2}.\cos(\theta) = \sqrt{5}^2\sqrt{2}.\cos(\theta) = 5\sqrt{2}\cos(\theta) \Rightarrow \cos(\theta) = \dfrac{7}{5\sqrt{2}} \Rightarrow \theta = \arccos\left(\dfrac{7}{5\sqrt{2}}\right)$. *No entanto, é mais comum para esse tipo de problema se usar a tangente do ângulo em questão, e não o cosseno do mesmo. Para calculá-lo, lembramos as relações* $tg(t) = \dfrac{sen(t)}{\cos(t)}, \forall t \neq \dfrac{\pi}{2} + k\pi, k \in \mathbb{Z}$ *e* $sen^2(t) + \cos^2(t) = 1, \forall t \in \mathbb{R}$. *Vamos obter que:* $sen^2(\theta) = 1 - \cos^2(\theta) = 1 - \left(\dfrac{7}{5\sqrt{2}}\right)^2 = 1 - \dfrac{49}{50} = \dfrac{50}{50} - \dfrac{49}{50} = \dfrac{50-49}{50} = \dfrac{1}{50} \Rightarrow sen(\theta) = \pm\dfrac{1}{\sqrt{50}} = \pm\dfrac{1}{\sqrt{5^2.2}} = \pm\dfrac{1}{5\sqrt{2}}$. *Porém, notamos o seguinte: o ângulo entre duas retas ou é um ângulo agudo, i.e, está no primeiro quadrante do círculo trigonométrico, caso onde o cosseno é positivo, ou está no segundo quadrante do círculo trigonétrico, caso onde o cosseno é negativo. Como encontramos um cosseno positivo, então esse ângulo* $\theta \in (0, \pi/2)$ *e, portanto, encontramos que* $sen(\theta) = \dfrac{1}{5\sqrt{2}}$. *Logo,* $tg(\theta) = \dfrac{sen(\theta)}{\cos(\theta)} = \dfrac{1}{5\sqrt{2}}.\dfrac{5\sqrt{2}}{7} = \dfrac{1}{7} \Rightarrow \theta = \arctan\left(\dfrac{1}{7}\right)$.

Exercício: Calculem o ângulo entre as retas, gráficos no plano das funções reais de uma única variável real $f, g : \mathbb{R} \to \mathbb{R}$, *dadas por* $f(x) := 7x + 2$ *e* $g(x) := 5x + 3$.

Agora, vamos entrar no assunto final desse capítulo, a saber, comprimentos de curvas no plano. Seja $f : I \to \mathbb{R}^2, f(t) := (f_1(t), f_2(t))$ *uma função vetorial planar definida e de classe, pelo menos,* C^1 *no intervalo* I *da reta real* $\mathbb{R}$. *Já sabemos que a imagem de* f, $Imgf$ *é uma curva no plano* $\mathbb{R}^2$. *O intervalo* I, *a priori, pode ser de qualquer natureza: aberto, fechado, semiaberto, limitado, não limitado, etc. Definimos o comprimento da imagem de* f, $Imgf$ *como sendo*

$$C(Imgf) := \int_I \|f'(t)\|dt,$$

onde $f'(t) = (f_1'(t), f_2'(t))$ *e, portanto,* $\|f'(t)\| = \|(f_1'(t), f_2'(t))\| = \sqrt{(f_1'(t))^2 + (f_2'(t))^2}$.

Para verificar que essa definição é, de fato, "compatível" com nossa intuição, vamos inicialmente calcular o comprimento de um segmento de reta de duas maneiras, a saber, usando geometria analítica elementar e usando a definição acima. Consideremos o segmento de reta que une os pontos (ou vetores) $v = (1,1)$ *e* $w = (2,3)$ *no plano. Este segmento é a imagem da aplicação* $f : [0,1] \to \mathbb{R}^2$ *dada por* $f(t) := tv + (1-t)w = t(1,1) + (1-t)(2,3) = (t,t) + (2(1-t), 3(1-t)) = (t,t) + (2-2t, 3-3t) = (t+2-2t, t+3-3t) = (2-t, 3-2t)$. *Desse modo,* $f'(t) = ((2-t)', (3-2t)') = (-1,-2,)$ *e, portanto,* $C(Img\varphi) = \int_0^1 \sqrt{(-1)^2 + (-2)^2}dt = \int_0^1 \sqrt{(1)^2 + (2)^2}dt = \int_0^1 \sqrt{1+4}dt = \int_0^1 \sqrt{5}dt = (\sqrt{5}t)|_0^1 = \sqrt{5}(t)|_0^1 = \sqrt{5}(1-0) = \sqrt{5}.1 = \sqrt{5}$. *Podemos, agora, notar que o comprimento do segmento em questão também pode ser calculado da seguinte forma: é dado pela distância entre seus pontos extremos, a saber,* $P = (1,1)$ *e* $Q = (2,3)$ *que é* $d(P,Q) = \sqrt{(2-1)^2 + (3-1)^2} = \sqrt{1^2 + 2^2} = \sqrt{1+4} = \sqrt{5}$. *Assim, os resultados "batem".*

Exercício: Considerem os pontos (ou vetores) do plano dados por $v = (1,2)$ *e* $w = (2,1)$. *Pede-se:*

a) Parametrizem o segmento de reta que liga os pontos v *e* w.

b) Calculem o comprimento desse segmento de duas maneiras, a saber:
1) Usando a definição de comprimento de curva no plano.
2) Calculando a distância entre seus pontos extremos.

Como mais uma constatação de que nossa definição de comprimento de curvas é "compatível" com os casos mais conhecidos de curvas, vamos mostrar que o comprimento de uma circunferência de raio igual a R *é dado por* $2\pi R$. *De fato, inicialmente, notamos que podemos parametrizar a circunferência de centro, na origem, por exemplo, e raio igual a* R *como sendo a imagem da aplicação* $\varphi : [0, 2\pi] \to \mathbb{R}^2$ *dada por* $\varphi(t) := (R\cos(t), R\,sen(t))$. *Para tal, sejam* $x = x(t) := R\cos(t)$ *e* $y = y(t) := R\,sen(t)$. *Logo,* $x^2 + y^2 = (R\cos(t))^2 + (R\,sen(t))^2 = R^2\cos^2(t) + R^2 sen^2(t) = R^2\underbrace{(\cos^2(t) + sen^2(t))}_{=1, \forall t \in \mathbb{R}} = R^2.1 = R^2$. *Segundo nossa definição, o comprimento da imagem de* φ *será dado por* $C(Img(\varphi)) = \int_0^{2\pi} ||\varphi'(t)||dt = \int_0^{2\pi} ||(-R\,sen(t), R\cos(t))||dt = \int_0^{2\pi} \sqrt{R^2 sen^2(t) + R^2\cos^2(t)}dt =$

$\int_0^{2\pi} \sqrt{R^2(\underbrace{sen^2(t) + \cos^2(t)}_{=1, \forall t \in \mathbb{R}})}dt = \int_0^{2\pi} \sqrt{R^2}dt = \int_0^{2\pi} |R|dt = \int_0^{2\pi} Rdt = (Rt)|_0^{2\pi} = R(t)|_0^{2\pi} = R(2\pi - 0) = 2\pi R.$

Observação 2.4. *Os leitores podem comparar a diferença de dificuldade em se calcular o comprimento de uma circunferência de raio igual a* R *usando-se a parametrização* $\varphi(t) := (R\cos(t), R\,sen(t)), t \in [0, 2\pi]$ *com o modo de se usar a fórmula* $4\int_0^R \sqrt{1 + (f'(t))^2}dt$*, onde o gráfico da função* $f = f(t) := \sqrt{R^2 - t^2}$ *corresponde a um quarto da circunferência de centro na origem,* $(0, 0)$ *e raio igual a* R*, situada no primeiro quadrante do plano cartesiano, e conclua que o primeiro modo é bem mais simples e direto. Lembrem-se, dada uma função real de uma única variável real definida e integrável em um intervalo da reta, digamos,* $f = f(x), \forall x \in I$*, então podemos parametrizá-la da seguinte forma, a saber,* $\varphi(t) := (t, f(t)), \forall t \in \widetilde{I}$*. Assim, segundo nossa definição, o comprimento da imagem de* φ*, será dado por:* $C(Img(\varphi)) = \int_{\widetilde{I}} ||\varphi'(t)||dt = \int_{\widetilde{I}} ||(1, f'(t))||dt = \int_{\widetilde{I}} \sqrt{1 + (f'(t))^2}dt.$

Exercício: Calculem o comprimento da parábola $f = f(x) := x^2$ *no intervalo fechado* $[0, 1]$*. Vocês podem tanto parametrizá-la ou usar a fórmula para o comprimento de gráfico de função. Nesse caso, ao contrário do caso da circunferência, a dificuldade é a mesma.*

CAPÍTULO 3

Geometria Analítica de Pontos em Dimensão Infinita

Consideremos a aplicação $f : \mathbb{C} \times \mathbb{C} = \mathbb{C}^2 \to \mathbb{R}$ dada por $f(z, w) := |z - w| = \sqrt{Re^2(z - w) + Im^2(z - w)}$. Essa aplicação mede a distância entre dois números complexos no plano complexo $\mathbb{C}$. Vamos provar que ela satisfaz as seguintes propriedades, a saber:

(1) $f(z, w) \geq 0, \forall z, w \in \mathbb{C}$.

(2) $f(z, z) = 0, \forall z \in \mathbb{C}$.

(3) $f(z, w) = 0 \Leftrightarrow z = w$.

(4) $f(z, w) = f(w, z), \forall z, w \in \mathbb{C}$.

(5) $f(z, p) \leq f(z, w) + f(w, p), \forall z, w, p \in \mathbb{C}$.

De fato, para provar (1), notamos que $f(z, w) := |z - w| := \sqrt{\underbrace{Re^2(z - w)}_{\geq 0} + \underbrace{Im^2(z - w)}_{\geq 0}} \geq 0, \forall z, w \in \mathbb{C}$. Já para provar (2), notamos que $f(z, z) := |z - z| = |0| = 0, \forall z \in \mathbb{C}$. Ainda, para provar (3), observamos que $f(z, w) := |z - w| = 0 \Leftrightarrow f^2(z, w) = |z - w|^2 = 0 \Leftrightarrow \underbrace{Re^2(z - w)}_{\geq 0} + \underbrace{Im^2(z - w)}_{\geq 0} = 0 \Leftrightarrow Re^2(z - w) = Im^2(z - w) = 0 \Leftrightarrow Re(z - w) = Im(z - w) = 0 \Leftrightarrow z - w = 0 + i0 = 0 \Leftrightarrow z = w$. Continuando, para provar (4), notamos que $f(z, w) := |z - w| = | - (w - z)| = | - 1|.|w - z| = 1.|w - z| = |w - z| =: f(w, z), \forall z, w \in \mathbb{C}$. Por fim, para provar (5), observamos que $f(z, p) := |z - p| = |(z - w) + (w - p)| \leq \underbrace{|z - w|}_{= f(z,w)} + \underbrace{|w - p|}_{= f(w,p)} = f(z, w) + f(w, p), \forall z, w, p \in \mathbb{C}$.

O caso real pode ser obtido, por exemplo, por restrição.

Seja M um conjunto não vazio. Uma métrica em M é uma aplicação $d : M \times M \to \mathbb{R}$ que generaliza a distância entre números reais ou complexos e, portanto, deve satisfazer *as seguintes condições:*

(1) (Não negatividade). $d(x, y) \geq 0, \forall x, y \in M$.

(2) (Não degenerescência). $d(x, x) = 0, \forall x \in M$.

(3) (Separação de pontos). $d(x, y) = 0 \Leftrightarrow x = y$.

(4) (Simetria). $d(x, y) = d(y, x), \forall x, y \in M$.

(5) (Desigualdade triangular). $d(x, z) \leq d(x, y) + d(y, z), \forall x, y, z \in M$.

O próximo resultado nos mostra que podemos reduzir a lista de condições para ser métrica, desde que algumas propriedades em específico sejam satisfeitas.

Teorema 3.1. *Seja* $d : M \times M = M^2 \to \mathbb{R}$ *uma aplicação. Então,* d *é uma métrica em* M *se, e só se, as seguintes condições são satisfeitas, a saber:*

(a) $d(x, y) = 0 \Leftrightarrow x = y$.

(b) $d(y, z) \leq d(x, y) + d(x, z), \forall x, y, z \in M$.

Demonstração. A necessidade dessas duas condições decorrem do fato de que elas fazem parte da lista de condições para ser uma métrica em um dado conjunto. Para provar a suficiência, vamos supor que valem as condições (a) e (b) do enunciado do teorema, e provar que valem as demais condições para d ser uma métrica em M, i.e, que valem que $d(x, y) \geq 0, \forall x, y \in M$ e que $d(x, y) = d(y, x), \forall x, y \in M$. Para tal, inicialmente, seja $y = z$. Então, segue que $0 = d(y, y) \leq d(x, y) + d(x, y) = 2d(x, y), \forall x, y \in M \Rightarrow d(x, y) \geq 0, \forall x, y \in M$. Agora, se $z = x$, então tem-se que $d(y, x) \leq d(x, y) + \underbrace{d(x, x)}_{=0} = d(x, y) + 0 = d(x, y), \forall x, y \in M$. Como x e y são elementos arbitrários de M, então podemos "trocar" os "papéis" entre eles na última desigualdade e se obter que $d(x, y) \leq d(y, x), \forall x, y \in M$. Desse modo, as desigualdades simultâneas $d(x, y) \leq d(y, x), \forall x, y \in M$ e $d(y, x) \leq d(x, y), \forall x, y \in M$, implicam que $d(x, y) = d(y, x), \forall x, y \in M$. Logo, as condições de não negatividade e de simetria para d em M completam a lista de condições para ser métrica. □

TEOREMA 3.2. *(Desigualdade triangular reversa). Seja* $d : M \times M = M^2 \to [0, +\infty)$ *uma métrica em* M*. Então, vale que* $|d(x,z) - d(y,z)| \leq d(x,y), \forall x, y, z \in M$.

DEMONSTRAÇÃO. Vale que $d(x,z) \leq d(x,y) + d(y,z), \forall x, y, z \in M \Rightarrow d(x,z) - d(y,z) \leq d(x,y), \forall x, y, z \in M$. Ainda, vale que $d(y,z) \leq \underbrace{d(y,x)}_{=d(x,y)} + d(x,z), \forall x, y, z \in M \Rightarrow -d(x,y) \leq d(x,z) - d(y,z), \forall x, y, z \in M$. Logo, temos que $-d(x,y) \leq d(x,z) - d(y,z) \leq d(x,y), \forall x, y, z \in M \Rightarrow |d(x,z) - d(y,z)| \leq d(x,y), \forall x, y, z \in M$.

□

TEOREMA 3.3. *(Desigualdade quadrangular para métricas). Se* $d : M \times M = M^2 \to [0, +\infty)$ *é uma métrica em* M*, então vale que*

$$|d(x,y) - d(u,v)| \leq d(x,u) + d(y,v), \forall x, y, u, v \in M.$$

DEMONSTRAÇÃO. A prova consiste em se aplicar duas vezes a desigualdade triangular de modo conveniente. Inicialmente, temos que $d(x,y) \leq d(x,u) + \underbrace{d(u,y)}_{=d(y,u)} = d(x,u) + d(y,u), \forall x, y, u \in M$. Ainda, vale que $d(y,u) \leq d(y,v) + \underbrace{d(v,u)}_{d(u,v)} = d(y,v) + d(u,v), \forall y, u, v \in M$. Logo, segue que $d(x,y) \leq d(x,u) + d(y,u) \leq d(x,u) + d(y,v) + d(u,v), \forall x, y, u, v \in M \Rightarrow d(x,y) - d(u,v) \leq d(x,u) + d(y,v), \forall x, y, u, v \in M$. Agora, "trocando os papéis" entre "$d(x,y)$" e "$d(u,v)$", temos que $d(u,v) \leq \underbrace{d(u,x)}_{=d(x,u)} + d(x,v) = d(x,u) + d(x,v), \forall x, u, v \in M$. Ainda, vale que $d(x,v) \leq d(x,y) + d(y,v), \forall x, y, v \in M$. Logo, segue que $d(u,v) \leq d(x,u) + d(x,v) < d(x,u) + d(x,y) + d(y,v), \forall x, y, u, v \in M \Rightarrow d(u,v) - d(x,y) = -(d(x,y) - d(u,v)) \leq d(x,u) + d(y,v), \forall x, y, u, v \in M$. Portanto, como vale que $\pm(d(x,y) - d(u,v)) \leq d(x,u) + d(y,v), \forall x, y, u, v \in M \Rightarrow |d(x,y) - d(u,v)| \leq d(x,u) + d(y,v), \forall x, y, u, v \in M$.

□

Exercício: Interpretem geométricamente esse último resultado.

Vamos, agora, oferecer um exemplo de métrica (distância) em $\mathbb{R}$ *e* $\mathbb{C}$*. Começaremos com o caso real, i.e, em* $\mathbb{R}$*. Seja* $f : I \to \mathbb{R}$*, onde* I *é um intervalo da reta, uma função injetiva, i.e,* $f(x) = f(y) \Leftrightarrow x = y$*. Por sua vez, o intervalo* I *pode ser de qualquer natureza, a saber, desde a própria reta real* $\mathbb{R}$*, vista como o intervalo* $(-\infty, +\infty)$*, até intervalos limitados, sejam eles abertos ou fechados, ou mesmo intervalos semiabertos, cobrindo casos do tipo* $I := (-\infty, a)$*,* $I := (b, +\infty)$ *ou mesmo* $I := (-\infty, a]$ *ou* $I := [b, +\infty)$*. A "natureza" do intervalo*

I vai depender da função injetiva $f : I \to \mathbb{R}$. *Assim, seja* $d : I \times I = I^2 \to \mathbb{R}$ *dada por* $d(x,y) := |f(x) - f(y)|$. *Então, d é uma métrica em I. De fato, mostremos que vale que* $d(x,y) = 0 \Leftrightarrow x = y$ *e que* $d(x,z) \leq d(x,y) + d(y,z), \forall x,y,z \in I$. *Inicialmente, temos que* $d(x,y) = 0 \Leftrightarrow |f(x) - f(y)| = 0 \Leftrightarrow f(x) - f(y) = 0 \Leftrightarrow f(x) = f(y) \Leftrightarrow x = y$, *já que a função f é injetiva. Ainda,* $d(x,z) = |f(x) - f(z)| = |(f(x) - f(y)) + (f(y) - f(z))| \leq \underbrace{|f(x) - f(y)|}_{=d(x,y)} + \underbrace{|f(y) - f(z)|}_{=d(y,z)} = d(x,y) + d(y,z), \forall x,y,z \in I$. *Logo, d é uma métrica em I. Por exemplo, seja* $f : \mathbb{R} \to (-\pi/2, \pi/2)$ *dada por* $f(x) := \arctan(x)$. *Essa função é a função arcotangente real e está definida em toda a reta real e é injetiva (mais do que isso, é bijetiva, pois é a inversa da função tangente real restrita ao intervalo aberto* $(-\pi/2, \pi/2)$). *Logo, a aplicação* $d : \mathbb{R}\times\mathbb{R} = \mathbb{R}^2 \to [0,+\infty)$ *dada por* $d(x,y) := |\arctan(x) - \arctan(y)|$ *é uma métrica em* $\mathbb{R}$. *Como um exemplo, vamos calcular a distância entre os pontos* $x = \sqrt{3}$ *e* $y = \dfrac{\sqrt{3}}{3}$ *segundo essa métrica. Temos que* $d(\sqrt{3}, \sqrt{3}/3) = |\arctan(\sqrt{3}) - \arctan(\sqrt{3}/3)| = \left|\dfrac{\pi}{3} - \dfrac{\pi}{6}\right| = \left|\dfrac{2\pi}{6} - \dfrac{\pi}{6}\right| = \left|\dfrac{\pi}{6}\right| = \dfrac{\pi}{6}$. *Ainda, notamos que essa métrica, em particular, é limitada, pois como a função arcotangente real é limitada, já que* $\arctan(x) \in (-\pi/2, \pi/2), \forall x \in \mathbb{R} \Rightarrow |\arctan(x)| \in [0, \pi/2), \forall x \in \mathbb{R} \Rightarrow d(x,y) = |\arctan(x) - \arctan(y)| \leq |\arctan(x)| + |-\arctan(y)| = |\arctan(x)| + |\arctan(y)| < \dfrac{\pi}{2} + \dfrac{\pi}{2} = \pi, \forall x,y \in \mathbb{R}$. *Logo, segundo essa métrica, não se podem ter pontos* $x,y \in \mathbb{R}$ *cuja distância seja* $\geq \pi$. *Mais geralmente, se a função f for limitada, digamos,* $|f(x)| \leq M, \forall x \in I$, *então a métrica* $d = d(x,y) := |f(x) - f(y)|$ *é limitada, pois* $d(x,y) = |f(x) - f(y)| \leq |f(x)| + |-f(y)| \leq |f(x)| + |f(y)| \leq M + M = 2M, \forall x,y \in I$ *e, portanto, segundo essa métrica, não se podem ter pontos* $x,y \in \mathbb{R}$ *cuja distância seja* $> 2M$.

Exercício: Considerem a métrica dada acima, i.e, $d : \mathbb{R}\times\mathbb{R} = \mathbb{R}^2 \to [0,+\infty)$ *dada por* $d(x,y) := |\arctan(x) - \arctan(y)|$. *Calculem a distância entre os pontos* $x = 1$ *e* $y = \dfrac{\sqrt{3}}{3}$. *Calculem, também, a distância entre os pontos* $x = 1$ *e* $y = \sqrt{3}$. *Ainda, encontrem dois pontos* $x,y \in \mathbb{R}$ *cuja distância, segundo essa mesma métrica, seja igual a* $\dfrac{\pi}{6}$, *bem como dois pontos* $x,y \in \mathbb{R}$ *cuja distância, também segundo essa mesma métrica, seja igual a* $\dfrac{2}{3}$.

Como mais um exemplo, consideremos a função $f : [0,+\infty) \to \mathbb{R}$ *dada por* $f(x) := \sqrt{x}$. *Essa função é a função raiz quadrada real e notamos que ela está definida somente em pontos do intervalo semiaberto à direita* $[0,+\infty)$, *além de ser injetiva, pois trata-se de uma função estritamente crescente, i.e,* $y > x \Rightarrow \sqrt{y} > \sqrt{x}$ *(a recíproca também é verdadeira, i.e,* $\sqrt{y} \geq \sqrt{x} \Rightarrow y \geq x$). *Dessa forma, a aplicação* $d : [0,+\infty) \times [0,+\infty) = [0,+\infty)^2 \to [0,+\infty)$

dada por $d(x,y) := |\sqrt{x} - \sqrt{y}|$ *é uma métrica em* $[0,+\infty)$. *Como um exemplo, vamos, então, calcular a distância entre os pontos* $x = 25$ *e* $y = 50$ *segundo essa métrica. Temos que,* $d(25,50) = |\sqrt{25} - \sqrt{50}| = |5 - \sqrt{2.5^2}| = |5 - 5\sqrt{2}| = 5\sqrt{2} - 5 = 5(\sqrt{2} - 1)$. *Podemos constatar que essa métrica, em particular, assume qualquer valor* $k \in [0,+\infty)$. *De fato, mostremos que dado qualquer número* $k \in [0,+\infty)$, *então existem dois números* $x, y \in [0,+\infty)$ *tais que* $d(x,y) = k$. *Para tal, sejam, por exemplo,* $x := k^2$ *e* $y := (2k)^2$. *Assim,* $x = k^2, y = (2k)^2 \in [0,+\infty)$ *e* $d(x,y) = d(k^2,(2k)^2) = |\sqrt{k^2} - \sqrt{(2k)^2}| = ||k| - |2k|| = |k - 2k| = |-k| = |k| = k$, *já que* $t \geq 0 \Rightarrow |t| = t$.

Exercício: Considerem a métrica dada acima, i.e, $d : [0,+\infty) \times [0,+\infty) = [0,+\infty)^2 \to [0,+\infty)$, *onde* $d(x,y) := |\sqrt{x} - \sqrt{y}|$. *Calculem a distância entre os pontos* $x = 16$ *e* $y = 256$. *Calculem, também, a distância entre os pontos* $x = 8$ *e* $y = 24$. *Ainda, encontrem dois pontos* $x, y \in [0,+\infty)$ *cuja distância, também em relação a essa métrica, seja igual a* 55.

Vamos para mais um exemplo. Seja a função $f : \mathbb{R} \to \mathbb{R}$ *dada por* $f(x) := e^x$. *Essa função é a função exponencial real e ela está definida em toda a reta real, além de ser injetiva, pois é crescente. Logo, a aplicação* $d : \mathbb{R} \times \mathbb{R} = \mathbb{R}^2 \to [0,+\infty)$ *dada por* $d(x,y) := |e^x - e^y|$ *é uma métrica em* $\mathbb{R}$. *Vamos calcular a distância entre os pontos* $x = -1$ *e* $y = 1$ *com respeito à essa métrica. Temos que* $d(-1,1) = |e^{-1} - e^1| = |-(e^1 - e^{-1})| = |e^1 - e^{-1}| = e^1 - e^{-1} = 2.\left(\dfrac{e^1 - e^{-1}}{2}\right) = 2\sinh(1)$. *De modo inteiramente analógico, segue que* $d(-2,2) = 2\sinh(2)$ *e, mais geralmente,* $d(t,t) = 2\sinh(t), \forall t \in \mathbb{R}$. *Ainda, a distância entre os pontos* $x = 2$ *e* $y = 3$ *será dada por* $d(x,y) = |e^2 - e^{-3}| = e^2 - e^{-3} = e^2 - \dfrac{1}{e^3} = \dfrac{e^0}{e^3} - \dfrac{1}{e^3} = \dfrac{e^0 - 1}{e^3}$. *Por fim, a distância entre os pontos* $x = \ln(2)$ *e* $y = \ln(3)$ *será dada por* $d(\ln(2),\ln(3)) = |e^{\ln(2)} - e^{\ln(3)}| = |2 - 3| = |-1| = 1$. *Essa métrica, em particular, assume qualquer valor* $k \in [0,+\infty)$. *Por ser métrica, ela assume o valor* 0 *sempre que* $x = y$. *Mostremos, agora, que ela assume qualquer valor* $k > 0$. *De fato, dados* $x := \ln(k)$ *e* $y := \ln(2k) \Rightarrow d(\ln(k),\ln(2k)) = |e^{\ln(k)} - e^{\ln(2k)}| = |k - 2k| = |-k| = |k| - k$.

Exercício: Considerem a métrica dada acima, i.e, a aplicação $d : \mathbb{R} \times \mathbb{R} = \mathbb{R}^2 \to [0,+\infty)$ *dada por* $d(x,y) := |e^x - e^y|$. *Calculem a distância entre os pontos* $x = 1/2$ *e* $y = 1/3$. *Calculem, também, a distância entre os pontos* $x = 3$ *e* $y = 5$, *bem como a distância entre os pontos* $x = \ln(22)$ *e* $y = \ln(10)$. *Ainda, encontrem dois pontos* $x, y \in \mathbb{R}$ *cuja distância seja igual a* 10.

Vamos, agora, para o último exemplo referente ao caso real dessa métrica. Seja $f : (0,+\infty) \to \mathbb{R}$ *dada por* $f(x) := \ln(x)$. *Essa função é a função logaritmo real e é bijetiva, por ser inversa da função* $h : \mathbb{R} \to (0,+\infty)$ *dada por* $h(x) := e^x$. *Dessa forma, a aplicação* $d : (0,+\infty) \times (0,+\infty) = (0,+\infty)^2 \to \mathbb{R}$ *dada por* $d(x,y) := |\ln(x) - \ln(y)|$ *é uma métrica em* $(0,+\infty)$. *Assim, por exemplo, a distância entre os pontos* $x = \sqrt{2}$ *e* $y = 8$ *é dada por* $d(\sqrt{2},8) = |\ln(\sqrt{2}) - \ln(8)| = |\ln(2^{1/2}) - \ln(2^3)| = \left|\frac{1}{2}\ln(2) - 3\ln(2)\right| = \left|\frac{1}{2}\ln(2) - \frac{6}{2}\ln(2)\right| = \left|\frac{(1-6)}{2}\ln(2)\right| = \left|\frac{-5}{2}\ln(2)\right| = \frac{5\ln(2)}{2}$. *Ainda, a distância entre os pontos* $x = 7$ *e* $y = 10$ *é dada por* $d(7,10) = |\ln(7) - \ln(10)| = |-(\ln(10) - \ln(7))| = |\ln(10) - \ln(7)| = \ln(10) - \ln(7) = \ln\left(\frac{10}{7}\right)$. *Por fim, a distância entre os pontos* $x = e^2$ *e* $y = e^3$ *será dada por* $d(e^2,e^3) = |\ln(e^2) - \ln(e^3)| = |2-3| = |-1| = 1$. *Essa métrica, por sua vez, assume qualquer valor* $k \in [0,+\infty)$. *De fato, dados* $x := e^k$ *e* $y := e^{2k} \Rightarrow d(e^k,e^{2k}) = |\ln(e^k) - \ln(e^{2k})| = |k-2k| = |-k| = |k| = k$.

Exercício: Considerem a métrica dada acima, i.e, a aplicação $d : (0,+\infty) \times (0,+\infty) = (0,+\infty)^2 \to [0,+\infty)$ *onde* $d(x,y) := |\ln(x) - \ln(y)|$. *Calculem a distância entre os pontos* $x = 1/3$ *e* $y = 1/4$. *Calculem, também, a distância entre os pontos* $x = 4$ *e* $y = 6$, *bem como a distância entre os pontos* $x = e^{22}$ *e* $y = e^{10}$. *Ainda, encontrem dois pontos* $x, y \in \mathbb{R}$ *cuja distância seja igual a* $4\sqrt{2}$.

Observação 3.1. *Podemos notar que, dados* $x, y \in (0,+\infty)$, *então*

$$d(x,y) := |\ln(x) - \ln(y)| = \left|\ln\left(\frac{x}{y}\right)\right| = \begin{cases} \ln\left(\frac{x}{y}\right), x \geq y \\ \ln\left(\frac{y}{x}\right), x < y \end{cases}$$

De fato, $\left|\ln\left(\frac{x}{y}\right)\right| = \ln\left(\frac{x}{y}\right)$, *se* $\ln\left(\frac{x}{y}\right) \geq 0 = \ln(1) \Leftrightarrow \frac{x}{y} \geq 1 \Leftrightarrow x \geq y$. *Ainda,* $\left|\ln\left(\frac{x}{y}\right)\right| = -\ln\left(\frac{x}{y}\right) = \ln\left(\frac{x}{y}\right)^{-1} = \ln\left(\frac{y}{x}\right)$, *se* $\ln\left(\frac{x}{y}\right) < 0 = \ln(1) \Leftrightarrow \frac{x}{y} < 1 \Leftrightarrow x < y$.

Como exemplos, $d(11,7) = \ln\left(\frac{11}{7}\right)$ *e* $d(101,107) = \ln\left(\frac{107}{101}\right)$.

Exercício: Usando as fórmulas dadas acima, calculem a distância entre os pontos $x = 100$ *e* $y = 105$, *bem como a distância entre os pontos* $x = 99$ *e* $y = 66$. *Simplifiquem ao máximo possível as respostas dadas.*

Observação 3.2. *Se f é uma função real de clase C^1 em um intervalo I da reta real, e ela e sua derivada, f' são injetivas em I, então a aplicação $d : I \times I = I^2 \to \mathbb{R}$ dada por $d(x,y) := |f(x) - f(y)| + |(f(x) - f(y))'| = |f(x) - f(y)| + |f'(x) - f'(y)|$ é uma métrica em I, e a verificação desse fato fica como exercício para que os leitores completem. Mais geralmente, se f é uma função real de classe C^n em um intervalo I da reta real, e ela e suas derivadas $f', f'', ..., f^{(n)}$ são injetivas em I, então a aplicação $d : I \times I = I^2 \to \mathbb{R}$ dada por $d(x,y) := |f(x) - f(y)| + |(f(x) - f(y))'| + |(f(x) - f(y))''| + ... + |(f(x) - f(y))^{(n)}| = |f(x) - f(y)| + |f'(x) - f'(y)| + |f''(x) - f''(y)| + ... + |f^{(n)}(x) - f^{(n)}(y)|$ é uma métrica em I, e a verificação desse fato fica como exercício para que os leitores completem.*

Exercício: Calculem a distância entre os pontos $x = \ln(2)$ e $y = \ln(7)$ segundo a métrica $d : \mathbb{R} \times \mathbb{R} = \mathbb{R}^2 \to [0, +\infty)$ dada por $d(x,y) := |e^{2x} - e^{2y}| + |(e^{2x} - e^{2y})'|$.

Passemos ao caso complexo para essa métrica. Dada uma função complexa de uma única variável complexa $f = f(z)$ definida e injetiva em algum aberto do plano, então a aplicação $d : \mathbb{C} \times \mathbb{C} = \mathbb{C}^2 \to \mathbb{R}$ dada por $d(z,w) := |f(z) - f(w)|$ determina uma métrica em $\mathbb{C}$ e a prova desse fato é substancialmente analógica ao caso real feito acima. Como um exemplo, consideremos a função afim complexa de uma única variável complexa dada por $f(z) := az + b$, onde $a, b \in \mathbb{C}/\{0\}$ são constantes complexas não nulas, i.e, $|a|^2 + |b|^2 \neq 0$. Vamos provar que essa função é injetiva. De fato, $f(z) = f(w) \Leftrightarrow az + b = aw + b \Leftrightarrow az - aw = a(z - w) = 0 \Leftrightarrow z - w = 0 \Leftrightarrow z = w$, já que, por hipótese, $a \neq 0$. Desse modo, a aplicação $d(z,w) := |az + b - (aw + b)| = |az + b - aw - b| = |az - aw| = |a(z - w)| = |a|.|z - w|$ determina uma métrica em $\mathbb{C}$. Como um exemplo, seja $f(z) := 2z + i$ e determinemos a distância entre os pontos $z = i$ e $w = 1 + i$ segundo a métrica $d(z,w) := |2|.|z - w| = 2|z - w|$. Temos que $d(i, 1 + i) = 2.|i - (1 + i)| = 2.|i - 1 - i| = 2.|-1| = 2.1 = 2$. Ainda, vamos calcular a distância entre os pontos $z = 1 + i$ e $w = 1 - i$ segundo essa mesma métrica. Temos que $d(1 + i, 1 - i) = 2.|1 + i - (1 - i)| = 2.|\not{1} + i - \not{1} + i| = 2.|2i| = 2.|2|.|i| = 2.2.1 = 4$. Para encerrar, novamente em relação à mesma métrica, vamos determinar a distância entre os pontos $z = 2 + 3i$ e $w = 5 + 6i$. Temos que $d(2 + 3i, 5 + 6i) = 2.|2 + 3i - (5 + 6i)| = 2.|2 + 3i - 5 - 6i| = 2.|-3 - 3i| = 2.|-3(1 + i)| = 2.|-3|.|1 + i| = 2.3.\sqrt{1^2 + 1^2} = 6\sqrt{2}$.

Exercício: Considerem a função complexa de uma única variável complexa dada por $f = f(z) := 7iz + 2$. *Mostrem que ela determina a métrica* $d(z,w) = 7|z - w|$ *e calculem a distância entre os pontos* $z = 7 + 6i$ *e* $w = 6 + 7i$. *Calculem, também, a distância entre os pontos* $z = 2 - i$ *e* $w = 1 + 3i$.

Seja M *o conjunto constituído pelas funções reais definidas e contínuas no intervalo fechado* $[0,1]$ *da reta. Em* M, *podemos considerar a aplicação* $d : M \times M = M^2 \to \mathbb{R}$ *dada por* $d(f,g) := \int_0^1 |f(t) - g(t)|dt$, *pois toda função contínua é integrável. Mostremos que ela define uma métrica em* M *onde, nesse caso, como uma interpretação geométrica, a distância entre duas funções em* M *é exatamente a área total compreendida entre os gráficos dessas duas funções. De fato,* $d(f,g) = 0 \Leftrightarrow \int_0^1 \underbrace{|f(t) - g(t)|}_{\geq 0} dt = 0 \Leftrightarrow |f(t) - g(t)| = 0, \forall t \in [0,1] \Leftrightarrow f(t) - g(t) = 0, \forall t \in [0,1] \Leftrightarrow f(t) = g(t), \forall t \in [0,1] \Leftrightarrow f \equiv g$. *Ainda, temos que* $d(f,h) = \int_0^1 |f(t) - h(t)|dt = \int_0^1 \underbrace{|(f(t) - g(t)) + (g(t) - h(t))|}_{\leq |f(t)-g(t)|+|g(t)-h(t)|} dt \leq \int_0^1 |f(t) - g(t)| + |g(t) - h(t)|dt =$
$\underbrace{\int_0^1 |f(t) - g(t)|dt}_{=d(f,g)} + \underbrace{\int_0^1 |g(t) - h(t)|dt}_{=d(g,h)} = d(f,g) + d(g,h), \forall f,g,h \in M.$

Como um exemplo, vamos calcular a distância entre as funções $f, g \in M$ *dadas por* $f(t) := e^{2t}$ *e* $g(t) := e^t$ *segundo a distância dada acima. Inicialmente, notamos que* $e^{2t} - e^t \geq 0, \forall t \in [0,+\infty)$ *e, portanto,* $|e^{2t} - e^t| = e^{2t} - e^t, \forall t \in [0,+\infty)$. *De fato, podemos escrever que:* $e^{2t} - e^t = \underbrace{e^t}_{\geq 0}(e^t - 1) \geq 0 \Leftrightarrow e^t - 1 \geq 0 \Leftrightarrow e^t \geq 1 = e^0 \Leftrightarrow t \geq 0$. *Assim, temos que, como um abuso de linguagem e também de notação,* $d(f,g) =$ "$d(e^{2t}, e^t)$" $= \int_0^1 |e^{2t} - e^t|dt = \int_0^1 e^{2t} - e^t dt = \left(\frac{1}{2}e^{2t} - e^t\right)\Big|_0^1 = \left(\frac{1}{2}e^2 - e - \left(\frac{1}{2} - 1\right)\right) = \frac{1}{2}e^2 - e + \frac{1}{2} = \frac{e^2 - 2e + 1}{2} = \frac{e(e-2)+1}{2}.$

Seja M *o conjunto constituído pelas funções reais definidas e contínuas no intervalo fechado* $[0,1]$ *da reta. Em* M, *podemos considerar a aplicação* $d : M \times M = M^2 \to \mathbb{R}$ *dada por* $d(f,g) := \max_{t\in[0,1]} |f(t) - g(t)|$, *pois toda função definida e contínua em um subconjunto compacto possui um máximo (e também um mínimo). Vamos provar que ela define uma métrica em* M *onde, nesse caso, como uma interpretação geométrica, a distância entre duas funções em* M *é exatamente a maior distância vertical entre os gráficos dessas duas funções. Temos que* $d(f,g) = 0 \Leftrightarrow \max_{t\in[0,1]} |f(t) - g(t)| = 0 \Leftrightarrow |f(t) - g(t)| = 0, \forall t \in [0,1] \Leftrightarrow f(t) - g(t) = 0, \forall t \in [0,1] \Leftrightarrow f(t) = g(t), \forall t \in [0,1] \Leftrightarrow f \equiv g$. *Ainda,* $d(f,h) :=$

$\max_{t\in[0,1]} |f(t) - h(t)| = \max_{t\in[0,1]} \underbrace{|(f(t) - g(t)) + (g(t) - h(t))|}_{\le |f(t)-g(t)|+|g(t)-h(t)|} \le \max_{t\in[0,1]}(|f(t) - g(t)| + |g(t) - h(t)|) \le \underbrace{\max_{t\in[0,1]} |f(t) - g(t)|}_{=d(f,g)} + \underbrace{\max_{t\in[0,1]} |g(t) - h(t)|}_{=d(g,h)} = d(f, g) + d(g, h), \forall f, g, h \in M.$

Como um exemplo, vamos calcular a distância entre as funções $f, g \in M$ *dadas por* $f(t) := t^2 + t$ *e* $g(t) := t - 1$ *segundo a distância dada acima. Inicialmente, notamos que* $f(t) - g(t) = t^2 + t - (t - 1) = t^2 + t - t + 1 = t^2 + 1 \ge 0, \forall t \in [0, 1] \Rightarrow |t^2 + 1| = t^2 + 1, \forall t \in [0, 1]$. *Ainda,* $0 \le t \le 1 \Rightarrow 0 \le t^2 \le 1 \Rightarrow 1 \le t^2 + 1 \le 2$. *Assim, reunindo essas informações, obtemos que* $\max_{t\in[0,1]} |f(t) - g(t)| = \max_{t\in[0,1]} |t^2 + 1| = \max_{t\in[0,1]} t^2 + 1 = 2$.

Exercício: Calculem a distância entre as funções $f, g \in M$ *dadas por* $f(t) := t^3 + 2t + 5$ *e* $g(t) := 2t$ *segundo a métrica dada acima.*

Observação 3.3. *Podemos "adaptar" a métrica dada acima se considerarmos o conjunto* M *como sendo constituído por funções reais definidas e limitadas (não necessariamente contínuas) no intervalo aberto* $(0, 1)$. *A métrica se torna, portanto, a aplicação* $d : M \times M = M^2 \to \mathbb{R}$ *dada por* $d(f, g) := \sup_{t\in(0,1)} |f(t) - g(t)|$, *pois toda função limitada (tanto inferiormente quanto superiormente) possui um supremo (e também um ínfimo) em um dado intervalo da reta (escolhido convenientemente).*

Exercício: Calculem a distância entre as funções $f, g \in M$ *dadas por* $f(t) := sen\left(\frac{1}{t}\right)+t+1$ *e* $g(t) := t + 1$ *segundo a métrica dada acima.*

Exercício: Calculem a distância entre as funções $f, g \in M$ *dadas por* $f(t) := t^2 + t$ *e* $g(t) := t$ *segundo a métrica dada acima.*

Exemplo 3.1. *(Construindo novas métricas). Vamos oferecer cinco exemplos concretos de como se construir novas métricas e, consequentemente, novos espaços métricos a partir de uma dada métrica ou de dadas métricas.*

(1) Sejam (M, d_1) *e* (M, d_2) *dois espaços métricos. O conjunto* M *é o mesmo para os dois espaços métricos, porém, possivelmente, mudam-se as métricas tomadas. Então,* $(M, d) = (M, d_1 + d_2)$ *é um espaço métrico, onde* $d = d_1 + d_2 : M \times M = M^2 \to [0, +\infty)$ *é dada por* $d(x, y) := d_1(x, y) + d_2(x, y)$. *Em particular, se* (M, d_1) *e* (M, d_2) *são espaços métricos completos, então* (M, d) *é completo, já que se* $\{x_n\}_{n\in\mathbb{N}} \subset (M, d_1)$ *é uma sequência*

de Cauchy em (M, d_1) *e* $\{y_n\}_{n\in\mathbb{N}} \subset (M, d_2)$ *é uma sequência de Cauchy em* (M, d_2)*, então* $\{x_n\}_{n\in\mathbb{N}} + \{y_n\}_{n\in\mathbb{N}} := \{x_n + y_n\}_{n\in\mathbb{N}} \subset (M, d_1 + d_2)$ *é uma sequência de Cauchy em* $(M, d_1 + d_2)$*. Pergunta aos leitores: A recíproca é verdadeira? Em outras palavras, se* $\{x_n + y_n\}_{n\in\mathbb{N}}$ *é uma sequência de Cauchy, então é verdade que* $\{x_n\}_{n\in\mathbb{N}}$ *e* $\{y_n\}_{n\in\mathbb{N}}$ *são sequências de Cauchy? Se sim, ofereçam uma prova, se não, ofereçam um contraexemplo.*

Agora, mostremos que, de fato, $d = d_1 + d_2$ *descreve uma métrica em* M*. Para tal, devemos provar duas condições, a saber, que* $d(x, y) = 0 \Leftrightarrow x = y$ *e que* $d(x, z) \leq d(x, y) + d(x, z), \forall x, y, z \in M$*. De fato,* $d(x, y) = 0 \Leftrightarrow \underbrace{d_1(x, y)}_{\geq 0, \forall x,y \in M} + \underbrace{d_2(x, y)}_{\geq 0, \forall x,y \in M} = 0 \Leftrightarrow \underbrace{d_1(x, y) = 0}_{\Leftrightarrow x=y}$ *e* $\underbrace{d_2(x, y) = 0}_{\Leftrightarrow x=y} \Leftrightarrow x = y$*. Ainda,* $d(x, z) = d_1(x, z) + d_2(x, z) \leq d_1(x, y) + d_1(y, z) + d_2(x, y) + d_2(y, z) = \underbrace{(d_1(x, y) + d_2(x, y))}_{d(x,y)} + \underbrace{(d_1(y, z) + d_2(y, z))}_{d(y,z)} = d(x, y) + d(y, z), \forall x, y, z \in M$.

Como uma importante observação, podemos notar que se (M, d_1) *e* (M, d_2) *são espaços métricos limitados, então o espaço métrico* $(M, d_1 + d_2)$ *é limitado. De fato, se* $\exists k_1 > 0; d_1(x, y) \leq k_1, \forall x, y \in M$ *e se* $\exists k_2 > 0; d_1(x, y) \leq k_2, \forall x, y \in M \Rightarrow \exists k := k_1 + k_2 > 0; d(x, y) := d_1(x, y) + d_2(x, y) \leq k = k_1 + k_2, \forall x, y \in M$*. Isso significa, portanto, que se pelo menos um dos espaços métricos* $(M, d_1), (M, d_2)$ *não forem limitados, então o espaço métrico* $(M, d_1 + d_2)$ *não pode ser limitado. Pergunta aos leitores: Se o espaço métrico* $(M, d_1 + d_2)$ *for limitado, então é verdade que os espaços métricos* (M, d_1) *e* (M, d_2) *são, os dois, limitados? Se sim, ofereçam uma prova. Se não, ofereçam um contraexemplo.*

(2) Seja (M, d) *um espaço métrico qualquer (limitado ou não limitado). Então,* $(M, \widetilde{d})$ *é um espaço métrico limitado, onde* $\widetilde{d} : M \times M = M^2 \to [0, +\infty)$ *é dada por* $\widetilde{d}(x, y) := \dfrac{d(x, y)}{1 + d(x, y)}$ *e, desse modo, a partir de um espaço métrico (possivelmente não limitado), conseguimos construir um espaço métrico limitado. Para tal, devemos verificar as seguintes condições, a saber:*

(a) $\widetilde{d}(x, y) = 0 \Leftrightarrow x = y$.

(b) $\widetilde{d}(x, z) \leq \widetilde{d}(x, y) + \widetilde{d}(y, z), \forall x, y, z \in M$.

(c) $\exists k > 0; \widetilde{d}(x, y) \leq k, \forall x, y \in M$.

Vamos prová-las. Temos que:

$$(a)\ \widetilde{d}(x,y) = 0 \Leftrightarrow \underbrace{\frac{d(x,y)}{1+d(x,y)}}_{\geq 1, \forall x,y \in M} = 0 \Leftrightarrow d(x,y) = 0 \Leftrightarrow x = y.$$

(b) Os detalhes desse item são deixados como exercício para que os leitores o completem. Como dicas, mostrem que a função real de uma única variável real $h : [0,+\infty) \to \mathbb{R}$ *dada por* $h(t) := \dfrac{t}{1+t}$ *é uma função crescente, i.e, mostrem que se* $t_2 > t_1 \Rightarrow h(t_2) > h(t_1)$, *para tal, escrevendo* $h(t) = \dfrac{t}{1+t} = 1 - \dfrac{1}{1+t}$ *(ou mesmo mostrem que* $h'(t) > 0, \forall t \in [0,+\infty)$*) e usem o fato de que* d *sendo métrica então, por definição, ela satisfaz a desigualdade triangular. Em outras palavras, como vale que* $d(x,z) \leq d(x,y) + d(y,z), \forall x,y,z \in M$, *e sendo* h *uma função crescente, então* $h(d(x,z)) \leq h(d(x,y)) + h(d(y,z)), \forall x,y,z \in M$.

(c) Como vale que $0 \leq d(x,y) \leq 1 + d(x,y), \forall x,y \in M$, *então dividindo ambos os membros da última desigualdade pelo número real* ≥ 1 *dado por* $1 + d(x,y)$, *segue que* $0 \leq \dfrac{d(x,y)}{1+d(x,y)} \leq 1, \forall x,y \in M$. *Logo,* $\exists k > 0$ *com* $k < 1$ *de tal modo que* $\widetilde{d}(x,y) \leq k < 1, \forall x,y \in M$. *Podemos notar que o espaço métrico* $(M,\widetilde{d}) = \left(M, \dfrac{d}{1+d}\right)$ *é limitado, mesmo que o espaço métrico* (M,d) *não o seja. Pergunta para os leitores: Se* (M,d) *for um espaço métrico completo, então* $(M,\widetilde{d})$ *também é um espaço métrico completo? Se sim, forneçam uma prova. Se não, forneçam um contraexemplo. A recíproca é verdadeira? Em outras palavras, se o espaço métrico* $(M,\widetilde{d})$ *é completo, então o espaço métrico* (M,d) *é completo? Novamente, se sim, forneçam uma prova. Se não, forneçam um contraexemplo.*

(3) Uma outra maneira de se construir um espaço métrico limitado a partir do espaço métrico (M,d), *é a de se considerar, em* M, *a métrica* $\widetilde{d} : M \times M = M^2 \to [0,+\infty)$ *dada por* $\min\{1, d(x,y)\}$. *Deixamos a verificação de que* $\widetilde{d}$ *é uma métrica limitada para que os leitores a façam. Como uma sugestão, usem o fato de que* $\min\{x,y\} = \dfrac{x+y-|x-y|}{2}, \forall x,y \in \mathbb{R}$. *De fato, inicialmente, suponhamos que* $\min\{x,y\} = x$ *e mostremos que* $\dfrac{x+y-|x-y|}{2} = x$. *De fato, se* $x < y \Rightarrow x - y < 0 \Rightarrow |x-y| = -(x-y) = y - x \Rightarrow \dfrac{x+y-|x-y|}{2} = \dfrac{x+y-(y-x)|}{2} = \dfrac{x+y-y+x}{2} = \dfrac{\not{2}x}{\not{2}} = x$. *Ainda, suponhamos que* $\min\{x,y\} = y$ *e mostremos que* $\dfrac{x+y-|x-y|}{2} = y$. *De fato, se* $y < x \Rightarrow x - y > 0 \Rightarrow |x-y| = x - y \Rightarrow$

$$\frac{x+y-|x-y|}{2} = \frac{x+y-(x-y)}{2} = \frac{x+y-x+y}{2} = \frac{\not{2}y}{\not{2}} = y.$$

(4) Sejam (M_1, d_1) *e* (M_2, d_2) *dois espaços métricos quaisquer. Então,* $(M_1 \times M_2, d)$ *é um espaço métrico, onde* $d : (M_1 \times M_2) \times (M_1 \times M_2) = (M_1 \times M_2)^2 \to [0, +\infty)$ *é dada por* $d((x_1, y_1), (x_2, y_2)) := \sqrt{(d_1(x_1, x_2))^2 + (d_2(y_1, y_2))^2}$. *Em particular, vale que* (M_1, d_1) *e* (M_2, d_2) *são completos se, e só se,* $(M_1 \times M_2, d)$ *é completo, pois* $\{x_n\}_{n \in \mathbb{N}} \subset (M_1, d_1)$ *é uma sequência de Cauchy em* (M_1, d_1) *e* $\{y_n\}_{n \in \mathbb{N}} \subset (M_2, d_2)$ *é uma sequência de Cauchy em* (M_2, d_2) *se, e só se,* $\{(x_n, y_n)\}_{n \in \mathbb{N}} \subset (M_1 \times M_2, d)$ *é uma sequência de Cauchy em* $(M_1 \times M_2, d)$. *Ainda, se* (M_1, d_1) *e* (M_2, d_2) *são espaços métricos limitados, então* $(M_1 \times M_2, d)$ *é um espaço métrico limitado (vamos provar isso logo adiante). Pergunta aos leitores: A recíproca é verdadeira? Ou seja, se* $(M_1 \times M_2, d)$ *é um espaço métrico limitado, então* (M_1, d_1) *e* (M_2, d_2) *são espaços métricos limitados? Se sim, ofereçam uma prova. Se não, ofereçam um contraexemplo. Com isso, concluímos que se, pelo menos, um dos dois espaços métricos em questão,* $(M_1, d_1), (M_2, d_2)$ *não for limitado, então o espaço métrico* $(M_1 \times M_2, d)$ *não pode ser limitado.*

Para completar os detalhes restantes, mostremos que $d((x_1, y_1), (x_2, y_2)) = 0 \Leftrightarrow (x_1, y_1) = (x_2, y_2)$ *(i.e, se, e só se,* $x_1 = x_2$ *e* $y_1 = y_2$*) e que, se* (M_1, d_1) *e* (M_2, d_2) *são espaços métricos limitados, então* $(M_1 \times M_2, d)$ *é um espaço métrico limitado, sendo a desigualdade triangular, a saber,* $d((x_1, y_1), (x_3, y_3)) \leq d((x_1, y_1), (x_2, y_2)) + d((x_2, y_2), (x_3, y_3)), \forall (x_1, y_1), (x_2, y_2), (x_3, y_3) \in M_1 \times M_2$ *deixada como exercício a cargo dos leitores. Temos que* $d((x_1, y_1), (x_2, y_2)) = 0 \Leftrightarrow \sqrt{(d_1(x_1, x_2))^2 + (d_2(y_1, y_2))^2} = 0 \Leftrightarrow \underbrace{(d_1(x_1, x_2))^2}_{\geq 0} + \underbrace{(d_2(y_1, y_2))^2}_{\geq 0} = 0 \Leftrightarrow d_1(x_1, x_2) = 0$ *e* $d_2(y_1, y_2) = 0 \Leftrightarrow x_1 = x_2$ *e* $y_1 = y_2 \Leftrightarrow (x_1, y_1) = (x_2, y_2)$. *Se* (M_1, d_1) *e* (M_2, d_2) *são espaços métricos limitados então, por definição, existem* $k_1, k_2 > 0$ *de tal modo que* $d_1(x_1, x_2) \leq k_1, \forall x_1, x_2 \in M_1$ *e* $d_2(y_1, y_2) \leq k_2, \forall y_1, y_2 \in M_2$ *e, portanto,* $d((x_1, y_1), (x_2, y_2)) := \sqrt{(d_1(x_1, x_2))^2 + (d_2(y_1, y_2))^2} \leq \sqrt{k_1^2 + k_2^2}, \forall (x_1, y_1), (x_2, y_2) \in M_1 \times M_2$. *Logo,* $\exists k := \sqrt{k_1^2 + k_2^2} > 0; d((x_1, y_1), (x_2, y_2)) \leq k = \sqrt{k_1^2 + k_2^2}, \forall (x_1, y_1), (x_2, y_2) \in M_1 \times M_2$.

(5) Seja $d : M \times M \to [0, +\infty)$ *uma métrica em* M. *Seja* $h : [0, +\infty) \to [0, +\infty)$ *uma função real de uma única variável real estritamente crescente em* $[0, +\infty)$, *i.e, se* $t_1, t_2 \in [0, +\infty)$ *são tais que* $t_1 > t_2$, *então vale que* $h(t_1) > h(t_2)$. *Vamos supor que a função* h *fixa a origem da reta real, i.e, que* $h(0) = 0$ *e que vale que a função real de uma única variável real* $g : (0, +\infty) \to [0, +\infty)$ *dada por* $g(t) := \dfrac{h(t)}{t}$ *seja decrescente. Então, valem as*

seguintes condições:

a) A função h é subaditiva, ou seja, $h(t_1 + t_2) \leq h(t_1) + h(t_2), \forall t_1, t_2 \in (0, +\infty)$.

b) A função composta $h \circ d : M \times M \to [0, +\infty)$ *dada por* $h(d(x, y))$ *é uma métrica em* M.

A verificação dos itens a) e b) fica a cargo dos leitores. Como um exemplo, notamos que a função raiz quadrada real $h : [0, +\infty) \to [0, +\infty)$ *dada por* $h(t) := \sqrt{t}$ *satisfaz as seguintes condições:* $h(0) = \sqrt{0} = 0$ *e* $\dfrac{h(t)}{t} = \dfrac{\sqrt{t}}{t} = \dfrac{1}{\sqrt{t}}$ *é decrescente, pois se* $t_1 > t_2 \Rightarrow \sqrt{t_1} > \sqrt{t_2} \Rightarrow \dfrac{1}{\sqrt{t_1}} < \dfrac{1}{\sqrt{t_2}}$. *Assim, se* $d : M \times M \to [0, +\infty)$ *é uma métrica em* M, *então a aplicação* $h \circ d : M \times M \to [0, +\infty)$ *dada por* $h(d(x, y)) := \sqrt{d(x, y)}$ *é uma métrica em* M. *Concretamente, a aplicação* $d : \mathbb{R} \times \mathbb{R} = \mathbb{R}^2 \to [0, +\infty)$ *dada por* $d(x, y) := |x - y|$ *é uma métrica em* $\mathbb{R}$ *e, portanto, a aplicação* $\widetilde{d} : \mathbb{R} \times \mathbb{R} = \mathbb{R}^2 \to [0, +\infty)$ *dada por* $\widetilde{d}(x, y) := \sqrt{|x - y|}$ *é, também, uma outra métrica em* $\mathbb{R}$. *Como uma observação,* d *é uma métrica limitada se, e só se,* $\sqrt{d}$ *é uma métrica limitada. Aqui cabe uma pergunta aos leitores: Isso vale em geral? Ou seja, se* d *é uma métrica e* h *é uma função nas condições descritas acima, então é verdade que* d *é limitada se, e só se,* $h \circ d$ *é limitada? Se sim, ofereçam uma prova. Se não, ofereçam um contraexemplo. E em relação a completude? Se* (M, d) *é um espaço métrico completo, então é verdade que* $(M, h \circ d)$ *é completo? A recíproca é verdadeira? Se sim, ofereçam uma prova. Se não, ofereçam um contraexemplo.*

Exemplo 3.2. *Usando alguns dos itens dados acima e alguns exemplos já estudados anteriormente, podemos dizer diretamente que a aplicação* $d : \mathbb{R} \times \mathbb{R} = \mathbb{R}^2 \to [0, +\infty)$ *dada por* $d(x, y) := \dfrac{\sqrt{|e^x - e^y|}}{\sqrt{1 + |e^x - e^y|}} + \dfrac{|\sqrt{|\arctan(x) - \arctan(y)|}}{\sqrt{1 + |\arctan(x) - \arctan(y)|}}$ *é uma métrica em* $\mathbb{R}$.

Exercício: A função real de duas variáveis reais $f : \mathbb{R}^2 \to \mathbb{R}$ *dada por* $f(x, y) := \sqrt{x^2 + y^2}$ *define uma métrica em* $\mathbb{R}$? *Justifiquem.*

Exercício: Encontrem o "maior" subconjunto A *do plano* $\mathbb{R}^2$ *de tal forma que a aplicação* $d : A \times A = A^2 \to \mathbb{R}$ *dada por* $d(x, y) := |x^2 - y^2|$ *seja uma métrica (em A).*

Exercício: Pergunta: Uma métrica precisa, necessariamente, estar definida em um subconjunto conexo? Justifiquem.

Exercício parcialmente resolvido: Seja $\{z_n\}_{n\in\mathbb{N}} \subsetneq \mathbb{C}$ *uma sequência de números complexos e vamos supor que* $\exists \lim_{n\to+\infty} f(z_n) = f(z), \forall f : \mathbb{C} \to \mathbb{C}$ *contínua. Então, vamos mostrar que vale que* $\exists \lim_{n\to+\infty} z_n = z$. *Antes, vamos observar que esse resultado é uma espécie de "recíproca" do seguinte fato conhecido que diz que se* $\{z_n\}_{n\in\mathbb{N}} \subsetneq \mathbb{C}$ *é uma sequência de números complexos que converge para um número complexo* $z \in \mathbb{C}$, *em símbolos,* $\exists \lim_{n\to+\infty} z_n = z$ *e se* $f : \mathbb{C} \to \mathbb{C}$ *é uma função contínua qualquer, então* $\exists \lim_{n\to+\infty} f(z_n) = f(\lim_{n\to+\infty} z_n) = f(z)$. *Agora, notamos o seguinte: o fato de que* $\exists \lim_{n\to+\infty} f(z_n) = f(z), \forall f : \mathbb{C} \to \mathbb{C}$ *contínua, nos permite, perfeitamente, escolher uma função muito em específico, para resolver nosso problema. De fato, o conjunto constituído por todas as funções complexas de uma única variável complexa contínua* $f : \mathbb{C} \to \mathbb{C}$ *contém um subconjunto em especial, a saber, o subconjunto constituído por todas as funções contínuas, bijetivas e com inversa, também, contínua, i.e, contém o subconjunto constituído pelos homeomorfismos complexos. Assim, seja* $f : \mathbb{C} \to \mathbb{C}$ *uma função como essa. Logo, temos que, sendo* $f^{-1} : \mathbb{C} \to \mathbb{C}$ *uma função contínua, e valendo que* $\exists \lim_{n\to+\infty} f(z_n) = f(z)$, *então segue que* $\exists f^{-1}(\lim_{n\to+\infty} f(z_n)) = f^{-1}(f(z)) = z$. *Mas, novamente por continuidade de* $f^{-1} : \mathbb{C} \to \mathbb{C}$, *segue que* $f^{-1}(\lim_{n\to+\infty} f(z_n)) = \lim_{n\to+\infty}(f^{-1}(f(z_n)) = \lim_{n\to+\infty} z_n = z$. *Assim, notamos que precisamos usar um dado resultado em matemática para poder provar a sua própria "recíproca". Agora, a pergunta que fica a cargo dos leitores ocorre exatamente aqui, a saber: Esse resultado continua verdadeiro ao se trocar o domínio da função* f *de* $\mathbb{C}$ *para um espaço métrico* M *qualquer. Mais precisamente: Seja* $\{z_n\}_{n\in\mathbb{N}} \subsetneq M$ *uma sequência de elementos de um espaço métrico* M *e suponham que* $\exists \lim_{n\to+\infty} f(z_n) = f(z), \forall f : M \to \mathbb{C}$ *contínua. Então, mostrem que vale que* $\exists \lim_{n\to+\infty} z_n = z$. *Os leitores devem notar que a prova a qual oferecemos para o caso em que* $M = \mathbb{C}$, *em geral, não é válida para esse caso. De fato, nem sempre vai existir uma bijeção entre o espaço métrico* M *e o plano complexo* $\mathbb{C}$ *e, desse modo, os leitores devem fornecer uma prova alternativa.*

Seja V *um espaço vetorial (de dimensão finita ou infinita). Uma função* $\|.\| : V \to \mathbb{R}$ *que generaliza a noção de comprimento de vetores no plano* $\mathbb{R}^2$ *e no espaço* $\mathbb{R}^3$, *é uma aplicação que deve satisfazer os seguintes axiomas e é chamada de uma norma em* V.

(Não negatividade.) $||x|| \geq 0, \forall x \in V$.

(Não degenerescência.)

$$||x|| = 0 \Leftrightarrow x = 0_V.$$

(Não negatividade homogênea.)

$$||\lambda x|| = |\lambda| ||x||, \forall \lambda \in \mathbb{C}, \forall x \in V.$$

(Primeira desigualdade de triângulo).

$$||x + y|| \leq ||x|| + ||y||, \forall x, y \in V.$$

Entretanto, essa lista de axiomas pode ser reduzida da seguinte forma:

$||x|| = 0 \Rightarrow x = 0$.

$||\lambda x|| = |\lambda| ||x||, \forall \lambda \in \mathbb{C}, \forall x \in V$.

$||x + y|| \leq ||x|| + ||y||, \forall x, y \in V$.

De fato, as condições $||0_V|| = 0$ *e* $||x|| \geq 0, \forall x \in V$, *podem ser derivadas dessas, pois* $||0_V|| = ||2.0_V|| = |2|.||0_V|| \Rightarrow 0 = ||0_V|| - ||0_V|| = 2||0_V|| - ||0_V|| = ||0_V|| \Rightarrow ||0_V|| = 0$ *e, além disso,* $0 = ||0_V|| = ||x - x|| \leq ||x|| + || - x|| = ||x|| + || - 1.x|| = ||x|| + | - 1|.||x|| = ||x|| + 1.||x|| = ||x|| + ||x|| = 2||x||, \forall x \in V \to 2||x|| \geq 0, \forall x \in V \to ||x|| \geq 0, \forall x \in V$. *Ocorre, entretanto, que esse conjunto de axiomas não é bom na prática, pois o que é feito é usar a positividade para provar a desigualdade triangular e não o contrário, já que, tipicamente, ao se tentar provar a desigualdade triangular em diversas situações práticas chegamos em* $||x + y||^2 \leq (||x|| + ||y||)^2$, $\forall x, y \in V$, *e só podemos extrair a raiz quadrada positiva em ambos os membros de modo a se obter a desigualdade triangular se soubermos a positividade não degenerada da função. Logo, é melhor usar os cincos axiomas propostos como usual. Mas notamos que com três axiomas conseguimos, pelo menos teoricamente, se chegar nos dois demais faltantes (mas na prática, em geral, não).*

Teorema 3.4. *(Propriedades adicionais da função norma). Seja V um espaço vetorial com uma norma $\|.\| : V \to [0, +\infty)$. Então, valem as seguintes propriedades, a saber:*

(1) $\| - x\| = \|x\|, \forall x \in V$.

(2) (Desigualdade triangular generalizada). $\left\|\sum_{k=1}^{n} x_k\right\| \leq \sum_{k=1}^{n} \|x_k\|, \forall x_k \in V, k \in \{1, 2, ..., n\} \subsetneq \mathbb{N}$, *ou seja, em outra notação,* $\|x_1 + x_2 + ... + x_n\| \leq \|x_1\| + \|x_2\| + ... + \|x_n\|, \forall x_1, x_2, ..., x_n \in V$.

(3) (Segunda desigualdade de triângulo). $| \, \|x\| - \|y\| \, | \leq \|x \pm y\| (\leq \|x\| + \|y\|), \forall x, y \in V$.

(4) A função norma é uma função (uniformemente) contínua (em V).

Demonstração. (1) $\| - x\| = \| - 1.x\| = | - 1|.\|x\| = 1.\|x\| = \|x\|, \forall x \in V$.

(2) Faremos para o caso de três vetores, digamos, $x_1, x_2, x_3 \in V$, sendo o caso geral feito por indução (ficando a cargo dos leitores). Temos que, $\|x_1+x_2+x_3\| = \|(x_1+x_2)+x_3\| \leq \|x_1 + x_2\| + \|x_3\| \leq \|x_1\| + \|x_2\| + \|x_3\|, \forall x_1, x_2, x_3 \in V$.

(3) Faremos o caso $| \, \|x\| - \|y\| \, | \leq \|x - y\|, \forall x, y \in V$, sendo caso $| \, \|x\| - \|y\| \, | \leq \|x + y\|, \forall x, y \in V$ deixado a cargo dos leitores. Temos que $\|x\| = \|(x - y) + y\| \leq \|x-y\|+\|y\|, \forall x, y \in V \Rightarrow \|x\|-\|y\| \leq \|x-y\|, \forall x, y \in V$. Ainda, $\|y\| = \|(y-x)+x\| \leq \|y-x\|+\|x\| = \|-(x-y)\|+\|x\| = \|x-y\|+\|x\|, \forall x, y \in V \Rightarrow \|y\|-\|x\| = -(\|x\|-\|y\|) \leq \|x-y\|, \forall x, y \in V$. Desse modo, como $\|x\| - \|y\|, -(\|x\| - \|y\|) \leq \|x - y\|, \forall x, y \in V \Rightarrow | \, \|x\| - \|y\| \, | \leq \|x - y\|, \forall x, y \in V$. Para o caso $| \, \|x\| - \|y\| \, | \leq \|x + y\|, \forall x, y \in V$, escrevam $\|x\| = \|(x + y) - y\|, \forall x, y \in V$ e $\|y\| = \|(x + y) - y\|, \forall x, y \in V$, usem a desigualdade triangular e a propriedade de que $\| - v\| = \|v\|, \forall v \in V$. A prova é substancialmente analógica ao caso feito logo acima. Ainda, $\|x - y\| \leq \|x\| + \| - y\| = \|x\| + \|y\|, \forall x, y \in V$, e isso, por sua vez, completa a prova desse item.

(4) Para provar que a função norma é uniformemente contínua (em V), devemos provar que $\forall \epsilon > 0, \exists \delta = \delta(\epsilon); \forall x, y \in V, d(x, y) := \|x - y\| < \delta = \delta(\epsilon) \Rightarrow | \, \|x\| - \|y\| \, | < \epsilon$. Mas, como vale a segunda desigualdade de triângulo, i.e, $| \, \|x\| - \|y\| \, | \leq \|x - y\|, \forall x, y \in V$, então considerando $\delta = \delta(\epsilon) := \epsilon > 0 \Rightarrow \forall \epsilon > 0, \exists \delta = \delta(\epsilon) := \epsilon > 0; \forall x, y \in V, \|x - y\| < \delta = \delta(\epsilon) := \epsilon \Rightarrow | \, \|x\| - \|y\| \, | \leq \|x - y\| < \epsilon$ e, portanto, a função norma é uniformemente

contínua (em V), pois o δ considerado só depende de ϵ dado, e não dos pontos (de V) em questão. Desse modo, podemos notar que, sendo $(V, ||.||)$ um espaço vetorial normado, então dizer que a aplicação norma $||.|| : V \to [0, +\infty)$ é uniformemente contínua, significa que estamos vendo a aplicação $||.||$ como um mapeamento do espaço métrico (V, d), onde $d = d(x, y) := ||x - y||$, no subconjunto dos números reais não negativos com a métrica usual para a reta real $\mathbb{R}$. □

Observação 3.4. *Uma aplicação uniformemente contínua entre os espaços vetoriais V_1 e V_2, digamos $f : V_1 \to V_2$, transforma sequências de Cauchy de V_1 em sequências de Cauchy de V_2. Mais precisamente, se $\{x_n\}_{n\in\mathbb{N}} \subsetneqq V_1$ é uma sequência de Cauchy (em V_1), então $\{f(x_n)\}_{n\in\mathbb{N}} \subsetneqq V_2$ é uma sequência de Cauchy (de V_2). Em particular, se V_1 e V_2 são completos (i.e, se todas as sequências de Cauchy desses espaços convergem para elementos desses mesmos espaços), então existe um elemento $x \in V_1$ de tal forma que $\lim_{n\to+\infty} x_n = x$ e, consequentemente, existe $\lim_{n\to+\infty} f(x_n) = f(\lim_{n\to+\infty} x_n) = f(x) \in V_2$. Sendo a função norma (em V) $||.|| : V \to [0, +\infty)$ uma aplicação uniformemente contínua (em V), então dada uma sequencia de Cauchy em V, digamos $\{x_n\}_{n\in\mathbb{N}} \subsetneqq V$, então a sequência $\{r_n\}_{n\in\mathbb{N}} \subsetneqq [0, +\infty)$ é uma sequência de Cauchy em $[0, +\infty)$. Mas toda seequência de Cauchy de números reais (e também de números complexos) é convergente (para um número também real ou para um número também complexo). Logo, existe $r \in [0, +\infty)$ tal que $\lim_{n\to+\infty} r_n = r$.*

Podemos, agora, notar o seguinte: mesmo que se V_1 não for completo, de modo que, possivelmente, a sequência de Cauchy de V, $\{x_n\}_{n\in\mathbb{N}} \subsetneqq V$ não seja convergente (para um elemento de V), a sequência $\{r_n\}_{n\in\mathbb{N}} \subsetneqq [0, +\infty)$ é convergente, pois sendo a norma uma aplicação uniformemente contínua (em V), então ela transforma sequências de Cauchy de V em sequências de Cauchy de $[0, +\infty)$, e toda sequência de Cauchy de números reais é convergente (para um número também real). Em particular, uma sequência de Cauchy de números reais ≥ 0 tem como limite um número real ≥ 0.

Exercício: Respondam a seguinte pergunta: Uma sequencia de Cauchy em um espaço vetorial normado pode não convergir no sentido de que seu limite é igual a $+\infty$ ou se ela não converge significa que, apesar de possuir um limite, esse limite não "mora" no espaço em questão? Justifiquem.

Teorema 3.5. *Seja V um espaço vetorial (de qualquer dimensão, finita ou infinita) e consideremos uma norma em V, $||.|| : V \to [0, +\infty)$. Seja $\{x_n\}_{n\in\mathbb{N}} \subsetneqq V$ uma sequência* *de elementos de V que converge para um elemento de V, digamos $\exists \lim_{n\to+\infty} x_n = x \in V$ de tal forma que todos os elementos dessa sequência tenham comprimento igual a 1, i.e, $\|x_n\| = 1, \forall n \in \mathbb{N}$. Então, o elemento x tem norma igual a 1, em símbolos: $\|x\| = 1$. Assim, podemos dizer que a norma "preserva" o comprimento dos vetores da sequência em questão.*

Demonstração. De fato, como a norma é (uniformemente) contínua, então

$$1 = \lim_{n\to+\infty} 1 = \lim_{n\to+\infty} \|x_n\| = \|\lim_{n\to+\infty} x_n\| = \|x\|.$$

□

Observação 3.5. *Mais geralmente, pelos mesmos motivos do teorema dado acima, se os elementos da sequência em questão todos tiverem norma igual a $k \geq 0$, então se ela for convergente, segue que o limite terá a mesma norma k. Ainda, se $\{x_n\}_{n\in\mathbb{N}} \subsetneqq V, x_n \neq 0, \forall n \in \mathbb{N}$ for uma sequência convergente com limite não nulo, digamos $\exists \lim_{n\to+\infty} x_n = x \neq 0 \in V$, então a sequência normalizada, i.e, a sequência obtida a partir de $\{x_n\}_{n\in\mathbb{N}}$ com norma igual a 1, $\left\{\dfrac{x_n}{\|x_n\|}\right\}_{n\in\mathbb{N}} \subsetneqq V$ converge para um elemento também normalizado, a saber, $\dfrac{x}{\|x\|} \in V$. De fato, $\exists \lim_{n\to+\infty} \dfrac{x_n}{\|x_n\|} = \dfrac{\lim_{n\to+\infty} x_n}{\lim_{n\to+\infty}\|x_n\|} = \dfrac{x}{\|\lim_{n\to+\infty} x_n\|} = \dfrac{x}{\|x\|} \in V$.*

A seguir, daremos alguns exemplos de normas e introduziremos alguns espaços vetoriais normados de dimensão infinita que são importantes.

Seja $V := \{\{x_n\}_{n\in\mathbb{N}} \subsetneqq \mathbb{R}; \exists k = k_{x_n} \geq 0, |x_n| \leq k = k_{x_n}, \forall n \in \mathbb{N}\}$ = espaço vetorial constituído pelas sequências de números reais que são limitadas. A notação $k = k_{x_n}$ indica a constante em específico que limita a dada sequência $\{x_n\}_{n\in\mathbb{N}}$. Temos que, V é um espaço vetorial (de dimensão igual a $+\infty$), pois a soma de duas sequências limitadas e o produto de uma sequência limitada por um escalar são, ainda, sequências limitadas. Em símbolos, sendo $\{x_n\}_{n\in\mathbb{N}}, \{y_n\}_{n\in\mathbb{N}} \in V$ e $\lambda \in \mathbb{R} \Rightarrow \{x_n\}_{n\in\mathbb{N}} + \lambda\{y_n\}_{n\in\mathbb{N}} := \{x_n + \lambda y_n\}_{n\in\mathbb{N}} \in V$. De fato, $\exists_m k_1, k_2 \in \mathbb{R}; |x_n + \lambda y_n| \leq |x_n| + |\lambda||y_n| \leq k_1 + |\lambda| k_2, \forall n \in \mathbb{N}$. A norma a ser usada nesse espaço, nesse texto, é a norma do sup, a saber, $\|.\| : V \to [0, +\infty)$ dada por $\|\{x_n\}_{n\in\mathbb{N}}\| := \sup_{n\in\mathbb{N}} |x_n|$. A demonstração de que ela é uma norma (em V) fica a cargo dos leitores. Vejamos três exemplos de cálculo de normas para elementos específicos de V.

(1) Seja $\{x_n\}_{n\in\mathbb{N}} \in V$ dada por $x_n := \dfrac{1}{n}$. Essa sequência é limitada, pois é convergente, com $\lim_{n\to+\infty} \dfrac{1}{n} = 0$. Ainda, essa sequência é decrescente e vale que $\dfrac{1}{n} \leq 1, \forall n \in \mathbb{N} :=$

$\{1, 2, ...\} \Rightarrow \left|\frac{1}{n}\right| = \frac{1}{n} \leq 1, \forall n \in \mathbb{N} \Rightarrow \sup_{n\in\mathbb{N}} \left|\frac{1}{n}\right| = \sup_{n\in\mathbb{N}} \frac{1}{n} = 1 \Rightarrow \left\|\left\{\frac{1}{n}\right\}_{n\in\mathbb{N}}\right\| = 1.$

(2) Seja $\{x_n\}_{n\in\mathbb{N}} \in V$ *dada por* $x_n := \frac{n+1}{n}$. *Essa sequência é limitada, pois é convergente, com* $\lim_{n\to+\infty} \frac{n+1}{n} = 1$. *Notamos que podemos escrever que* $\frac{n+1}{n} = \frac{n}{n} + \frac{1}{n} = 1 + \frac{1}{n}, \forall n \in \mathbb{N}$ *e, portanto, podemos ver que trata-se de uma sequência decrescente. Em particular, o valor máximo que ela é para quando* $n = 1$, *onde vale que* $\frac{n+1}{n} = 1 + \frac{1}{n} = 1 + \frac{1}{1} = 1 + 1 = 2$. *Desse modo, podemos escrever que* $\left|\frac{n}{n+1}\right| = \left|1 + \frac{1}{n}\right| = 1 + \frac{1}{n} \leq 2, \forall n \in \mathbb{N} := \{1, 2, ...\} \Rightarrow$ $\left\|\left\{\frac{n+1}{n}\right\}_{n\in\mathbb{N}}\right\| = 2.$

(3) Seja $\{x_n\}_{n\in\mathbb{N}} \in V$ *dada por* $x_n := sen(n)$. *Essa sequência não é convergente, pois a função real de uma única variável real* $x \mapsto sen(x)$ *é periódica. Porém, ela é limitada, valendo que* $|sen(n)| \leq 1, \forall n \in \mathbb{N} \Rightarrow \sup_{n\in\mathbb{N}} |sen(n)| = 1 \Rightarrow \|\{sen(n)\}_{n\in\mathbb{N}}\| = 1$.

Exercício resolvido: Seja $V := \{\{x_n\}_{n\in\mathbb{N}} \subsetneq \mathbb{R}; \exists \lim_{n\to+\infty} x_n\}$ = *espaço vetorial constituído pelas sequências de números reais que são convergentes. A norma para* V *será a norma do supremo, a saber,* $\|.\| : V \to [0, +\infty]$ *dada por* $\|\{x_n\}_{n\in\mathbb{N}}\| := \sup_{n\in\mathbb{N}} |x_n|$. *A métrica associada à essa norma será* $d : V \times V = V^2 \to [0, +\infty)$ *dada por* $d(\{x_n\}_{n\in\mathbb{N}}, \{y_n\}_{n\in\mathbb{N}}) := \|\{x_n - y_n\}_{n\in\mathbb{N}}\| := \|\{x_n\}_{n\in\mathbb{N}} - \{y_n\}_{n\in\mathbb{N}}\| = \sup_{n\in\mathbb{N}} |x_n - y_n|$. *Vamos, a título de exemplo, calcular a distância, segundo a métrica dada anteriormente, das sequências* $\{x_n\}_{n\in\mathbb{N}}, \{y_n\}_{n\in\mathbb{N}} \in V$, *dadas por* $x_n := \frac{n}{1+n}$ *e* $y_n := \frac{n^2}{1+n^2}$. *Temos que,* $d(\{x_n\}_{n\in\mathbb{N}}, \{y_n\}_{n\in\mathbb{N}}) = \sup_{n\in\mathbb{N}} \left|\frac{n}{1+n} - \frac{n^2}{1+n^2}\right|$. *Para o cálculo desse supremo, podemos notar que* $\frac{n}{n+1} - \frac{n^2}{n^2+1} = \frac{n(n^2+1) - n^2(n+1)}{(n+1)(n^2+1)} = \frac{n^3+n-n^3-n^2}{(n+1)(n^2+1)} = \frac{n-n^2}{(n+1)(n^2+1)} = \frac{n(1-n)}{(n+1)(n^2+1)}, \forall n \in \mathbb{N}$. *Logo, temos que vale o seguinte:* $d(\{x_n\}_{n\in\mathbb{N}}, \{y_n\}_{n\in\mathbb{N}}) = \sup_{n\in\mathbb{N}} \frac{n|1-n|}{(n+1)(n^2+1)}$. *Porém, podemos notar que,* $1 + n > |1 - n|, \forall n \in \mathbb{N}$ *e* $n^2 + 1 > n, \forall n \in \mathbb{N} \Rightarrow \frac{|1-n|}{1+n} < 1, \forall n \in \mathbb{N}$ *e* $\frac{n}{n^2+1} < 1, \forall n \in \mathbb{N} \Rightarrow \frac{|1-n|}{(1+n)}.\frac{n}{(n^2+1)} = \frac{n|1-n|}{(1+n)(1+n^2)} < 1.1 = 1, \forall n \in \mathbb{N} \Rightarrow \sup_{n\in\mathbb{N}} \frac{n|1-n|}{(n+1)(n^2+1)} = 1 \Rightarrow d\left(\left\{\frac{n}{1+n}\right\}_{n\in\mathbb{N}}, \left\{\frac{n^2}{1+n^2}\right\}_{n\in\mathbb{N}}\right) = 1.$

Seja $V := \{f : I \to \mathbb{R},\quad contínua\}$ = *espaço vetorial constituído pelas funções reais definidas e contínuas no intervalo* I *da reta real. Temos que* V *é um espaço vetorial (de dimensão igual a* $+\infty$*), pois a soma de funções contínuas e o produto de uma função contínua por uma escalar são, ainda, funções contínuas. Em símbolos,* $f + \lambda g \in V, \forall f, g \in V, \forall \lambda \in \mathbb{R}$. *Agora, lembramos que toda função contínua é integrável. Dessa forma,* $f + \lambda g$ *é integrável,* $\forall f, g \in V, \forall \lambda \in \mathbb{R}$. *A norma que usaremos para* V *nesse texto será a aplicação* $\|.\| : V \to \mathbb{R}$ *dada por* $\|f\| := \int_I |f(t)|dt$, *onde usualmente o intervalo* I *é tomado como sendo* $I := [0,1]$. *Vamos mostrar que* $\|.\|$ *define uma norma em* V. *Temos que* $\|f\| = 0 \Leftrightarrow \int_0^1 \underbrace{|f(t)|}_{\geq 0}\, dt = 0 \Leftrightarrow |f(t)| = 0, \forall t \in [0,1] \Leftrightarrow f \equiv 0$ *em* $[0,1]$. *Ainda, dados quaisquer* $f, g \in V$ *e qualquer* $\lambda \in \mathbb{R}$, *então vale que* $\|\lambda f\| := \int_0^1 |\lambda.f(t)|dt = \int_0^1 |\lambda|.|f(t)|dt = |\lambda|.\underbrace{\int_0^1 |f(t)|\,dt}_{\|f\|} = |\lambda|.\|f\|$.

Por fim, temos que $\|f+g\| := \int_0^1 \underbrace{|f(t)+g(t)|}_{\leq |f(t)|+|g(t)|}\,dt \leq \int_0^1 |f(t)|+|g(t)|dt = \underbrace{\int_0^1 |f(t)|dt}_{=\|f\|} + \underbrace{\int_0^1 |g(t)|dt}_{=\|g\|} = \|f\| + \|g\|, \forall f, g \in V$.

Observação 3.6. *Seja* $V := \{f : [0,1] \to \mathbb{R}, \quad \text{contínua}\}$ = *espaço vetorial constituído pelas funções reais definidas e contínuas no intervalo* $[0,1]$ *da reta real. Consideremos, em* V, *a norma* $\|.\| : V \to [0,+\infty)$ *dada por* $\|f\| := \int_0^1 |f(t)|dt$. *Então, como* f *é contínua no intervalo fechado e limitado e, portanto, compacto* $[0,1]$, *então* f *atinge um máximo e um mínimo em* $[0,1]$, *i.e,* $\exists_m k_1, k_2 \in \mathbb{R}; k_1 \leq f(t) \leq k_2, \forall t \in [0,1] \Rightarrow \exists k := \max\{|k_1|, |k_2|\} \geq 0; |f(t)| \leq k, \forall t \in [0,1] \Rightarrow \|f\| := \int_0^1 |f(t)|dt \leq \int_0^1 kdt = (kt)|_0^1 = k(t)|_0^1 = k(1-0) = k.1 = k$. *Como a constante real* $k = k(f)$ *depende de* $f \Rightarrow \|f\| \leq k = k_f, \forall f \in V$. *Logo, todas as funções nesse espaço, segundo essa norma, são limitadas, i.e, todo vetor* $f \in V$, *segundo essa norma, tem comprimento finito.*

Exercício opcional: Seja $V := \{f : [0,1] \to \mathbb{R}, \quad \text{contínua}\}$ = *espaço vetorial constituído pelas funções reais definidas e contínuas no intervalo* $[0,1]$ *da reta real. Consideremos, em* V, *as normas* $\|.\|_1, \|.\|_2 : V \to [0,+\infty)$ *dadas por* $\|f\|_1 := \int_0^1 |f(t)|dt$ *e* $\|f\|_2 := \sup_{t\in[0,1]} |f(t)|$. *Provem que* $\|f\|_1 \leq \|f\|_2, \forall f \in V$.

Vejamos alguns exemplos concretos de cálculo de normas de elementos de V *a seguir.*

Vamos calcular o "comprimento" da função $f \in V$ *dada por* $f(t) := e^{7t}$ *no intervalo* $[0,1]$. *Temos que,* $\|f\| = \|[0,1] \ni t \mapsto e^{7t}\| := \int_0^1 |e^{7t}|dt = \int_0^1 e^{7t}dt = \left(\frac{1}{7}e^{7t}\right)|_0^1 = \frac{1}{7}(e^{7t})|_0^1 = \frac{1}{7}(e^7 - e^0) = \frac{1}{7}(e^7 - 1)$.

Exercício: Calcule a norma da função $f \in V$ *dada por* $f(t) := t^2 + 5$ *em* $[0,1]$, *segundo a norma dada anteriormente.*

Exercício: Encontre o valor de $k \in \mathbb{R}$ *para que a função* $f \in V$ *dada por* $f(t) := e^{kt}$ *em* $[0,1]$ *tenha norma igual a 77, segundo a norma dada anteriormente.*

Exercício resolvido: Encontre uma função em V com norma igual a 10, mesma "direção", porém com "sentido" oposto ao da função $f \in V$ *dada por* $f(t) := t + 1$, *no intervalo* $[0,1]$. *Para tal, inicialmente notamos que,* $0 \leq t \leq 1 \Rightarrow 1 \leq t + 1 \leq 2 \Rightarrow |t+1| = t+1, \forall t \in [0,1] \Rightarrow \|f\| = \|[0,1] \ni t \mapsto t+1\| := \int_0^1 |t+1|dt = \int_0^1 t+1dt = \left(\frac{t^2}{2}+t\right)|_0^1 = \frac{1}{2}+1 = \frac{1}{2}+\frac{2}{2} = \frac{1+2}{2} = \frac{3}{2} \Rightarrow \frac{f}{\|f\|} \in V$ *dada por* $\frac{f(t)}{\frac{3}{2}} = \frac{2}{3}.(t+1) = \frac{2(t+1)}{3}, \forall t \in [0,1]$ *tem norma igual a* $1 \Rightarrow \frac{10f}{\|f\|} \in V$ *dada por* $10.\frac{2(t+1)}{3} = \frac{20(t+1)}{3}, \forall t \in [0,1]$ *tem norma igual a* $10 \Rightarrow g := \frac{-10f}{\|f\|} \in V$ *dada por* $g(t) := \frac{-20(t+1)}{3}, \forall t \in [0,1]$ *tem norma igual a 10, mesma "direção", porém "sentido" oposto ao de* f *em* $[0,1]$.

Observação 3.7. *A expressão "Encontrem uma função com comprimento ou norma igual a* $k \geq 0$ *segundo àquela dada norma em V" é incorreta. De fato, sendo V um espaço vetorial, seus elementos são chamados de vetores (ou pontos, segundo a nossa convenção adotada no início desse presente texto), mesmo sendo sequências, matrizes, funções, etc. Logo, o correto a se dizer é "Encontrem um vetor com comprimento ou norma igual a* $k \geq 0$ *segundo àquela dada norma em V".*

Exercício parcialmente resolvido: Calcule a norma da função $f \in V$ *dada por* $f(t) := 2t - 1, \forall t \in [0,1]$. *Temos que,* $|2t-1| = 2t-1$, *se* $2t - 1 \geq 0$, *ou seja, se* $t \geq \frac{1}{2}$ *e* $|2t-1| = -(2t-1) = 1-2t$ *se* $2t-1 < 0$, *i.e, se* $t < \frac{1}{2}$. *Logo, temos que* $\|f\| = \|[0,1] \ni t \mapsto 2t-1\| := \int_0^1 |2t-1|dt = \int_0^{1/2} 1-2tdt + \int_{1/2}^1 2t-1dt$. *Aqui, deixamos como exercício para os leitores a resolução dessas duas últimas integrais.*

Seja $(V, \|.\|)$ *um espaço vetorial normado (não importa a dimensão, pode ser de dimensão finita ou infinita). Seja* $I := [a,b] \subsetneq \mathbb{R}$ *um intervalo fechado da reta. Para cada curva de classe* C^1 *em* I, $\varphi : I \to V$, *definimos uma possível norma para* φ, *chamada de norma* C^1, *como sendo dada por* $\|\varphi\|_1 := \|\varphi\| + \|\varphi'\|$. *Em símbolos, escrevemos que* $\varphi \in C^1([I;V])$.

Agora, provemos que, de fato, $||.||_1$ *define uma norma e, assim, conseguimos, a partir de uma norma* $||.||$ *em um espaço vetorial* V*, construir uma nova norma para as curvas em* V.

(1) Como $||\varphi||, ||\varphi'|| \geq 0 \Rightarrow ||\varphi||_1 = ||\varphi|| + ||\varphi'|| \geq 0$.

(2) Inicialmente, notamos o seguinte: se $\varphi \equiv 0 \Rightarrow \varphi' \equiv 0$ *e, portanto,* $||0||_1 = ||0|| + ||0|| = 0 + 0 = 0$. *Ainda,* $||\varphi||_1 = 0 \Rightarrow \underbrace{||\varphi||}_{\geq 0} + \underbrace{||\varphi'||}_{\geq 0} = 0 \Rightarrow ||\varphi|| = ||\varphi'|| = 0 \Rightarrow \varphi = \varphi' \equiv 0 \Rightarrow \varphi = 0$.

(3) Dado $\lambda \in \mathbb{C}$ *qualquer, tem-se que* $||\lambda\varphi||_1 = ||\lambda\varphi|| + ||(\lambda\varphi)'|| = |\lambda|||\varphi|| + ||\lambda\varphi'|| = |\lambda|||\varphi|| + |\lambda|||\varphi'|| = |\lambda|\underbrace{(||\varphi|| + ||\varphi'||)}_{||\varphi||_1} = \lambda||\varphi||_1$.

(4) Seja ψ*, também, uma curva de classe* C^1 *em* I*. Então,* $||\varphi+\psi||_1 = ||\varphi+\psi|| + ||(\varphi+\psi)'|| \leq ||\varphi|| + ||\psi|| + ||\varphi' + \psi'|| \leq ||\varphi|| + ||\psi|| + ||\varphi'|| + ||\psi'|| = \underbrace{(||\varphi|| + ||\varphi'||)}_{||\varphi||_1} + \underbrace{(||\psi|| + ||\psi'||)}_{||\psi||_1} = ||\varphi||_1 + ||\psi||_1$.

Podemos, dentro de um certo sentido, generalizar "um pouco mais" o exemplo dado acima. De fato, para cada curva de classe C^2 *em* I, $\varphi : I \to V$*, definimos uma possível norma para* φ*, chamada de norma* C^2*, como sendo dada por* $||\varphi||_2 := ||\varphi|| + ||\varphi'|| + ||\varphi''||$. *Em símbolos, escrevemos que* $\varphi \in C^2([I; V])$. *Podemos mostrar que se trata de uma norma da mesma forma como mostramos o caso* C^1 *dado acima.*

Mais geralmente ainda, para cada curva de classe C^n *em* I, $\varphi : I \to V$*, definimos uma possível norma para* φ*, chamada de norma* C^n*, como sendo dada por* $||\varphi||_n := ||\varphi|| + ||\varphi'|| + ||\varphi''|| + ... + ||\varphi^{(n)}||$. *Em símbolos, escrevemos que* $\varphi \in C^n([I; V])$. *Podemos mostrar que se trata de uma norma da mesma forma como mostramos o caso* C^1 *anteriormente.*

Exercício: Considerem as curvas de clase C^∞ *em* I, $\varphi : I \to V$*, onde* V *é um espaço vetorial normado com a norma* $||.||$*. Encontrem, pelo menos, uma curva desse tipo de modo que a série de termos positivos* $||\varphi||_\infty := ||\varphi|| + ||\varphi'|| + ||\varphi''|| + ... + ||\varphi^{(n)}|| + ...$ *seja convergente onde, nesse caso, a norma em questão é dada por* $||f|| := \int_0^1 |f(t)|dt, \forall f \in V$.

Exercício: Para cada curva de classe C^4 *em* I, $\varphi : I \to V$*, definimos uma possível norma para* φ*, chamada de norma incompleta* C^4*, como sendo dada por* $||\varphi||_4 := ||\varphi''|| + ||\varphi''''||$. *Mostrem que, de fato, isso define uma norma e calculem a norma incompleta* C^4 *de* $f : [0, 1] \to \mathbb{R}$

dada por $f(t) := e^{2t}$.

Seja $V_0 := \{f : I \to \mathbb{R}, f \in C^1\}$ = *espaço vetorial constituído pelas funções reais definidas e de classe* C^1 *no intervalo* I *da reta real. Segue que* V_0 *é um subespaço de* $V := \{f : I \to \mathbb{R},\ \ \text{contínua}\}$ = *espaço vetorial constituído pelas funções reais definidas e contínuas no intervalo* I *da reta real. De fato, inicialmente notamos que* V_0 *é um subconjunto próprio de* V*, pois toda função de classe* C^1 *é contínua, porém nem toda função contínua é de classe* C^1*. Agora, ele é subespaço, pois a soma de funções de classe* C^1 *e o produto de uma função de classe* C^1 *por um escalar são, ainda, funções de classe* C^1*. Em símbolos: Se* $f, g \in V_0$ *e* $\lambda \in \mathbb{R} \Rightarrow f + \lambda g \in V_0$ *e, em particular,* $(f + \lambda g)' = f' + \lambda g'$*. Agora, de acordo com o que foi visto acima, segue que a aplicação* $\|.\| : V_0 \to [0, +\infty)$ *dada por* $\|f\| := \int_0^1 |f(t)|dt + \int_0^1 |f'(t)|dt = \int_0^1 |f(t)| + |f'(t)|dt$ *é uma norma em* V_0*. Assim, segue uma observação e alguns exercícios:*

Observação 3.8. *Seja* $V_0 := \{f : I \to \mathbb{R}, f \in C^1\}$ = *espaço vetorial constituído pelas funções reais definidas e de classe* C^1 *no intervalo* I *da reta real. Consideremos a norma em* V_0, $\|.\| : V_0 \to [0, +\infty)$ *dada por* $\|f\| := \int_0^1 |f(t)|dt + \int_0^1 |f'(t)|dt = \int_0^1 |f(t)| + |f'(t)|dt$*. Então, temos que, como* f *e* f' *são contínuas no intervalo compacto* $[0, 1]$*, então elas são limitadas em* $[0, 1]$*, i.e,* $\exists_m k_1, k_2 \geq 0; |f(t)| \leq k_1, |f'(t)| \leq k_2, \forall t \in [0, 1] \Rightarrow |f(t)| + |f'(t)| \leq k := k_1 + k_2, \forall t \in [0, 1] \Rightarrow \|f\| = \int_0^1 |f(t)| + |f'(t)|dt \leq \int_0^1 kdt = (kt)|_0^1 = k(t)|_0^1 = k(1 - 0) = k.1 = k, \forall f \in V_0$*. Como a constante* $k = k(f)$ *depende da função* $f \in V_0$*, então podemos dizer que* $\forall f \in V_0, \exists k = k_f \geq 0; \|f\| \leq k = k_f$*, i.e, toda função em* V_0*, segundo essa norma, é limitada, o que significa, por sua vez, dizer que todo vetor* $f \in V_0$*, segundo essa norma, tem comprimento finito.*

Exercício: Calculem a norma das seguintes funções em V_0 *com respeito a norma dada acima:*

(a) $f(t) := e^{55t}, \forall t \in [0, 1]$.

(b) $f(t) := t^2 + t, \forall t \in [0, 1]$.

(c) $f(t) := e^{t/6} + 6, \forall t \in [0, 1]$.

(d) $f(t) := t^2 + t + 7, \forall t \in [0,1]$.

Exercício: Considerem a norma $||.|| : V_0 \to [0,+\infty)$ *dada por* $||f|| := \int_1^2 |f(t)|dt + \int_1^2 |f'(t)|dt = \int_1^2 |f(t)| + |f'(t)|dt$. *Calculem a norma da função* $f(t) := \ln(t), \forall t \in [1,2]$.

Exercício: Seja $V_0 := \{f : I \to \mathbb{R}, \in C^1\}$ = *espaço vetorial constituído pelas funções reais definidas e de classe* C^1 *no intervalo* I *da reta real. Pergunta: A aplicação* $||.|| : V_0 \to \mathbb{R}$ *dada por* $||f|| := \int_0^1 |f(t) + f'(t)|dt$ *define uma norma em* V_0*? Justifiquem.*

Exemplo 3.3. *(Construindo novas normas). Se* $(V, ||.||_V)$ *e* $(W, ||.||_W)$ *são dois espaços vetoriais normados sobre o mesmo corpo de escalares* $\mathbb{K}$ *(podendo ser* $\mathbb{R}$ *ou* $\mathbb{C}$*), então o produto cartesiano* $V \times W$ *pode ter estrutura de espaço vetorial, se as operações de soma de elementos de* $V \times W$ *e de produto de um elemento de* $V \times W$ *por um escalar do corpo forem definidas da seguinte forma, a saber:* $+ : (V \times W) \times (V \times W) = (V \times W)^2 \to V \times W$ *dada por* $(x_1, y_1) + (x_2, y_2) := (x_1 + x_2, y_1 + y_2)$ e $. : \mathbb{K} \times (V \times W) \to V \times W$ *dada por* $\lambda.(x, y) := (\lambda x, \lambda y)$. *Além disso, existem, pelo menos, três maneiras de se definir uma norma no espaço vetorial* $V \times W$*, a partir das normas* $||.||_V$ e $||.||_W$*, a saber:*

(1) $||.|| : V \times W \to \mathbb{R}$ *dada por* $||(x,y)|| := ||x||_V + ||y||_W$.

(2) $||.|| : V \times W \to \mathbb{R}$ *dada por* $||(x,y)|| := \sqrt{||x||_V^2 + ||y||_W^2}$.

(3) $||.|| : V \times W \to \mathbb{R}$ *dada por* $||(x,y)|| := \max\{||x||_V, ||y||_W\}$.

Vamos, então, provar que as três aplicações dadas acima definem uma norma no produto cartesiano $V \times W$. *De fato, para (1), valem as seguintes condições, a saber:*

(a) $||(x,y)|| := \underbrace{||x||_V}_{\geq 0} + \underbrace{||y||_W}_{\geq 0}, \forall (x,y) \in V \times W$.

(b) $||(x,y)|| = 0 \Leftrightarrow \underbrace{||x||_V}_{\geq 0} + \underbrace{||y||_W}_{\geq 0} = 0 \Leftrightarrow ||x||_V = 0$ e $||y||_W = 0 \Leftrightarrow x = 0_V$ e $y = 0_W \Leftrightarrow (x,y) = (0_V, 0_W) = 0_{V\times W}$.

(c) Dado qualquer escalar $\lambda \in \mathbb{K}$ e qualquer $(x, y) \in V \times W$, então $||\lambda(x, y)|| = ||(\lambda x, \lambda y)|| :=$ $||\lambda x||_V + ||\lambda y||_W = |\lambda|||x||_V + |\lambda|||y||_W = |\lambda|\underbrace{(||x||_V + ||y||_W)}_{=||(x,y)||} = |\lambda|.||(x, y)||, \forall (x, y) \in V \times W$.

(d) $||(x_1, y_1)+(x_2, y_2)|| = ||(x_1+x_2, y_1+y_2)|| := \underbrace{||x_1 + x_2||_V}_{\leq ||x_1||_V+||x_2||_V} + \underbrace{||y_1 + y_2||_W}_{\leq ||y_1||_W+||y_2||_W} \leq ||x_1||_V+||x_2||_V+||y_1||_W+$ $||y_2||_W = \underbrace{(||x_1||_V + ||y_1||_W)}_{||(x_1,y_1)||} + \underbrace{(||x_2||_V + ||y_2||_W)}_{||(x_2,y_2)||} = ||(x_1, y_1)|| + ||(x_2, y_2)||, \forall (x_1, y_1), (x_2, y_2) \in V \times W$.

Ainda, para (2), valem as seguintes condições, a saber:

(a) $||(x, y)|| := \sqrt{\underbrace{||x||_V^2}_{\geq 0} + \underbrace{||y||_W^2}_{\geq 0}} \geq 0, \forall (x, y) \in V \times W$.

(b) $||(x, y)|| = 0 \Leftrightarrow \sqrt{||x||_V^2 + ||y||_W^2} = 0 \Leftrightarrow \underbrace{||x||_V^2}_{\geq 0} + \underbrace{||y||_W^2}_{\geq 0} = 0 \Leftrightarrow ||x||_V^2 = 0$ e $||y||_W^2 = 0 \Leftrightarrow$ $||x||_V = 0$ e $||y||_W = 0 \Leftrightarrow x = 0_V$ e $y = 0_W \Leftrightarrow (x, y) = (0_V, 0_W) = 0_{V\times W}$.

(c) Dado qualquer escalar $\lambda \in \mathbb{K}$ e qualquer $(x, y) \in V \times W$, então $||\lambda(x, y)|| = ||(\lambda x, \lambda y)|| :=$ $\sqrt{||\lambda x||_V^2 + ||\lambda y||_W^2} = \sqrt{|\lambda|^2||x||_V^2 + |\lambda|^2||y||_W^2} = \sqrt{|\lambda|^2(||x||_V^2 + ||y||^2)_W} = |\lambda|.\underbrace{\sqrt{||x||_V^2 + ||y||_W^2}}_{=||(x,y)||} = |\lambda|.||(x, y)||$.

(d) Seja $f : \mathbb{R} \times \mathbb{R} = \mathbb{R}^2 \to [0, +\infty)$ a aplicação dada por $f(x, y) := \sqrt{x^2 + y^2}$. Provemos que ela satisfaz a condição de que $f((x_1, y_1), (x_2, y_2)) = f(x_1 + x_2, y_1 + y_2) \leq f(x_1, y_1) + f(x_2, y_2), \forall (x_1, y_1), (x_2, y_2) \in \mathbb{R}^2$, sendo a prova de que $||(x_1, y_1) + (x_2, y_2)|| = ||(x_1 + x_2, y_1 + y_2)|| \leq ||(x_1, y_1)|| + ||(x_2, y_2)||, \forall (x_1, y_1), (x_2, y_2) \in V \times W$ substancialmente analógica, ficando como exercício para que os leitores o façam. De fato, vamos mostrar que se tem $f^2(x_1 + x_2, y_1 + y_2) \leq (f(x_1, y_1) + f(x_2, y_2))^2, \forall (x_1, y_1), (x_2, y_2) \in \mathbb{R}^2$, e o resultado procurado seguirá tomando-se a raiz quadrada positiva em ambos os membros da desigualdade. Calculando:

$$f^2(x_1+x_2, y_1+y_2) = (x_1+x_2)^2+(y_1+y_2)^2 = x_1^2+2x_1x_2+x_2^2+y_1^2+2y_1y_2+y_2^2 = (x_1^2+y_1^2)+(2x_1x_2+2y_1y_2)+ (x_2^2 + y_2^2) = \underbrace{(x_1^2 + y_1^2)}_{||(x_1,y_1)||^2} + \underbrace{2(x_1x_2 + y_1y_2)}_{2\langle(x_1,y_1),(x_2,y_2)\rangle} + \underbrace{(x_2^2 + y_2^2)}_{||(x_2,y_2)||^2} = ||(x_1, y_1)||^2 + \underbrace{2\langle(x_1, y_1), (x_2, y_2)\rangle}_{=2||(x_1,y_1)||.||(x_2,y_2)||.\cos(\theta)} +||(x_2, y_2)||^2 =$$

$$||(x_1, y_1)||^2 + 2||(x_1, y_1)||.||(x_2, y_2)||.\underbrace{\cos(\theta)}_{\leq 1, \forall \theta \in \mathbb{R}} +||(x_2, y_2)||^2 \leq ||(x_1, y_1)||^2 + 2||(x_1, y_1)||.||(x_2, y_2)|| +$$

$$||(x_2, y_2)||^2 = (\underbrace{||(x_1, y_1)||}_{=f(x_1,y_1)} + \underbrace{||(x_2, y_2)||}_{=f(x_2,y_2)})^2 = (f(x_1, y_1) + f(x_2, y_2))^2, \forall (x_1, y_1), (x_2, y_2) \in \mathbb{R} \times \mathbb{R} = \mathbb{R}^2.$$

Como uma observação, em uma das passagens feitas acima, usamos o fato de que $\langle v, w\rangle = ||v||.||w||.\cos(\theta), \forall v, w \in \mathbb{R}^2$, onde $\theta = \theta(v, w)$ é o ângulo geométrico entre os vetores v e w. Além disso, também em uma das passagens acima, usamos o fato de que se

$v = (x_1, y_1), w = (x_2, y_2) \in \mathbb{R}^2$, *então o produto escalar entre eles é dado por* $\langle v, w \rangle = \langle (x_1, y_1), (x_2, y_2) \rangle := x_1x_2 + y_1y_2$, *onde todos esses conceitos foram estudados no capítulo* 1 *desse presente texto.*

Por fim, deixamos (3) como exercício para que os leitores o façam. Como uma sugestão, usem o fato de que $\max\{x, y\} = \dfrac{x + y + |x - y|}{2}, \forall x, y \in \mathbb{R}$. *De fato, inicialmente vamos provar que se* $\max\{x, y\} = x \Rightarrow \dfrac{x + y + |x - y|}{2} = x$. *Temos que, se* $x > y \Rightarrow x - y > 0 \Rightarrow |x - y| = x - y \Rightarrow \dfrac{x + y + |x - y|}{2} = \dfrac{x + y + x - y}{2} = \dfrac{\not{2}x}{\not{2}} = x$. *Ainda, provemos, agora, que se* $\max\{x, y\} = y \Rightarrow \dfrac{x + y + |x - y|}{2} = y$. *Temos que, se* $y > x \Rightarrow x - y < 0 \Rightarrow |x - y| = -(x - y) = y - x \Rightarrow \dfrac{x + y + |x - y|}{2} = \dfrac{x + y + y - x}{2} = \dfrac{\not{2}y}{\not{2}} = y$.

Uma pergunta para os leitores: Sejam $(V, ||.||_V)$ *e* $(W, ||.||_W)$ *dois espaços vetoriais normados quaisquer e consideremos o espaço vetorial produto* $(V \times W, ||.||_{V\times W})$, *onde* $||.||_{V\times W}$ *é qualquer uma das três normas estudadas nesse exemplo. Então, é verdade que* $(V, ||.||_V)$ *e* $(W, ||.||_W)$ *são completos se, e só se,* $(V \times W, ||.||_{V\times W})$ *é completo? Se sim, ofereçam uma prova. Se não, ofereçam um contraexemplo. Como uma dica, lembrem-se que* $\{(x_n, y_n)\}_{n\in\mathbb{N}} \subsetneqq V \times W$ *é uma sequência de Cauchy em* $V \times W$ *se, e só se,* $\{x_n\}_{n\in\mathbb{N}} \subsetneqq V$ *é uma sequência de Cauchy em* V *e* $\{y_n\}_{n\in\mathbb{N}} \subsetneqq W$ *é uma sequência de Cauchy em* W.

Exercício: (Construindo mais normas). Seja V *um espaço vetorial e consideremos duas normas quaisquer em* V, *a saber,* $||.||_1, ||.||_2 : V \to [0, +\infty)$. *Verifiquem se são normas em* V *as aplicações* $||.|| : V \to \mathbb{R}$, *dadas por:*

(1) $||x|| := ||x||_1 + ||x||_2$.

(2) $||x|| := \sqrt{||x||_1^2 + ||x||_2^2}$.

(3) $||x|| := \max\{||x||_1, ||x||_2\}$.

Em caso afirmativo, é verdade que se V *é completo com respeito às normas* $||.||_1$ *e* $||.||_2$, *então ele será completo com respeito à cada uma das três normas acima? Se sim, ofereçam uma prova. Se não, ofereçam um contraexemplo. As recíprocas são verdadeiras? Ou seja, se* V *é completo com relação a cada uma das três normas acima, então* V *é completo com respeito às normas* $||.||_1$ *e* $||.||_2$? *Se sim, ofereçam uma prova. Se não, ofereçam um contraexemplo. Algumas dicas que podem ajudar na resolução deste problema são as seguintes, a saber:*

(a) É verdade que $\{x_n\}_{n\in\mathbb{N}}, \{y_n\}_{n\in\mathbb{N}} \subsetneqq V$ *são sequências de Cauchy em V se, e só se,* $\{x_n + y_n\}_{n\in\mathbb{N}} \subsetneqq V$ *é uma sequência de Cauchy, também em V? Se sim, ofereçam uma prova. Se não, ofereçam um contraexemplo. Um bom começo é se pensar em sequências de números reais ou complexos.*

(b) É verdade que $\{x_n\}_{n\in\mathbb{N}}, \{y_n\}_{n\in\mathbb{N}} \subsetneqq V$ *são sequências de Cauchy em V se, e só se,* $\{\sqrt{x_n^2 + y_n^2}\}_{n\in\mathbb{N}} \subsetneqq V$ *é uma sequência de Cauchy, também em V? Se sim, ofereçam uma prova. Se não, ofereçam um contraexemplo. Um bom começo é se pensar em sequências de números reais ou complexos.*

(c) É verdade que $\{x_n\}_{n\in\mathbb{N}}, \{y_n\}_{n\in\mathbb{N}} \subsetneqq V$ *são sequências de Cauchy em V se, e só se,* $\{\max(x_n, y_n)\}_{n\in\mathbb{N}} \subsetneqq V$ *é uma sequência de Cauchy, também em V? Se sim, ofereçam uma prova. Se não, ofereçam um contraexemplo. Um "bom" começo é se pensar em sequências de números reais ou complexos.*

Consideremos o produto escalar usual de $\mathbb{R}^2$, *já utilizado no início desse presente texto,* $\langle . \rangle : \mathbb{R} \times \mathbb{R} = \mathbb{R}^2 \to \mathbb{R}$ *dado por* $\langle (x_1, y_1), (x_2, y_2) \rangle := x_1x_2 + y_1y_2$. *Ele satisfaz as seguintes propriedades, a saber:*

(1) $\langle (x, y), (x, y) \rangle = x.x + y.y = x^2 + y^2 \geq 0, \forall (x, y) \in \mathbb{R}^2$.

(2) $\langle (x, y), (x, y) \rangle = 0 \Leftrightarrow x^2 + y^2 = 0 \Leftrightarrow x = y = 0 \Leftrightarrow (x, y) = (0, 0)$.

(3) $\langle (x_1, y_1), (x_2, y_2) \rangle = x_1x_2 + y_1y_2 = x_2x_1 + y_2y_1 = \langle (x_2, y_2), (x_1, y_1) \rangle, \forall (x_1, y_1), (x_2, y_2) \in \mathbb{R}^2$.

(4) Sejam um vetor $(s, p) \in \mathbb{R}^2$ *e um escalar* $\lambda \in \mathbb{R}$. *Mostremos que vale* $\langle (x_1, y_1) + \lambda(s, p), (x_2, y_2) \rangle = \langle (x_1, y_1), (x_2, y_2) \rangle + \lambda \langle (s, p), (x_2, y_2) \rangle, \forall (x_1, y_1), (x_2, y_2) \in \mathbb{R}^2$. *De fato,* $\langle (x_1, y_1) + \lambda(s, p), (x_2, y_2) \rangle = \langle (x_1, y_1) + (\lambda s, \lambda p), (x_2, y_2) \rangle = \langle (x_1 + \lambda s, y_1 + \lambda p), (x_2, y_2) \rangle := (x_1 + \lambda s)x_2 + (y_1 + \lambda p)y_2 = x_1x_2 + \lambda s x_2 + y_1y_2 + \lambda p y_2 = (\underbrace{x_1x_2 + y_1y_2}_{=\langle (x_1,y_1),(x_2,y_2) \rangle}) + (\lambda s x_2 + \lambda p y_2) = \langle (x_1, y_1), (x_2, y_2) \rangle + \underbrace{\lambda(s x_2 + p y_2)}_{=\lambda \langle (s,p),(x_2,y_2) \rangle} = \langle (x_1, y_1), (x_2, y_2) \rangle + \lambda \langle (s, p), (x_2, y_2) \rangle, \forall (x_1, y_1), (x_2, y_2), (s, p) \in \mathbb{R}^2, \forall \lambda \in \mathbb{R}$.

Seja $V = V_{\mathbb{R}}$ um espaço vetorial real (pode ser de dimensão finita ou infinita). Um produto interno em V é uma aplicação que generaliza o produto escalar de $\mathbb{R}^2$ ou mesmo o produto escalar de $\mathbb{R}^n$ e, portanto, deve ser uma aplicação $\langle . \rangle : V \times V = V^2 \to \mathbb{R}$ que satisfaz as seguintes propriedades, a saber:

(1) (Positividade definida). $\langle x, x \rangle \geq 0, \forall x \in V$.

(2) (Não degenerescência). $\langle x, x \rangle = 0 \Leftrightarrow x = 0_V$.

(3) (Simetria). $\langle x, y \rangle = \langle y, x \rangle, \forall x, y \in V$.

(4) (Linearidade com respeito à primeira entrada). $\langle x_1 + \lambda x_2, y \rangle = \langle x_1, y \rangle + \lambda . \langle x_2, y \rangle, \forall x_1, x_2, y \in V, \forall \lambda \in \mathbb{R}$.

Teorema 3.6. *Seja $V = V_{\mathbb{R}}$ um espaço vetorial real (pode ser de dimensão finita ou infinita). Consideremos um produto interno em V, $\langle . \rangle : V \times V = V^2 \to \mathbb{R}$. Então, vale que $\langle 0, y \rangle = 0, \forall y \in V$ e também vale a linearidade do produto interno com relação à segunda entrada, i.e, $\langle x, y_1 + \lambda y_2 \rangle = \langle x, y_1 \rangle + \lambda . \langle x, y_2 \rangle, \forall x, y_1, y_2 \in V, \forall \lambda \in \mathbb{R}$.*

Demonstração. Inicialmente, notamos que $\langle 0, y \rangle = \langle 0x, y \rangle = 0. \langle x, y \rangle = 0, \forall y \in V$. Ainda, para provar a linearidade do produto interno com respeito à segunda entrada, basta usarmos as propriedades de simetria e de linearidade do produto interno com respeito à primeira entrada. De fato, temos que $\langle x, y_1 + \lambda y_2 \rangle = \langle y_1 + \lambda y_2, x \rangle = \langle y_1, x \rangle + \lambda . \langle y_2, x \rangle = \langle x, y_1 \rangle + \lambda . \langle x, y_2 \rangle, \forall x, y_1, y_2 \in V, \forall \lambda \in \mathbb{R}$.

□

Exercício: Provem que $\langle x, 0 \rangle = 0, \forall x \in V$.

Teorema 3.7. *(Desigualdade de Cauchy-Schwarz para o produto interno real). Seja $V = V_{\mathbb{R}}$ um espaço vetorial real (de qualquer dimensão, seja finita ou infinita) e consideremos um produto interno em V, $\langle . \rangle : V \times V = V^2 \to \mathbb{R}$. Então vale que $|\langle x, y \rangle| \leq ||x||.||y||, \forall x, y \in V$. Ainda, a igualdade vale se, e só se, x e y são linearmente independentes.*

Demonstração. Sejam $x, y \in V$ e $t \in \mathbb{R}$ quaisquer. Então, temos que $0 \leq ||x+ty||^2 = \langle x+ty, x+ty\rangle = \langle x, x+ty\rangle + \langle ty, x+ty\rangle = \langle x, x\rangle + \langle x, ty\rangle + \langle ty, x\rangle + \langle ty, ty\rangle = ||x||^2 + t\langle x, y\rangle + t\langle y, x\rangle + t.t.\langle y, y\rangle = ||x||^2 + t\langle x, y\rangle + t\langle x, y\rangle + t^2||y||^2 = ||y||^2t^2 + 2\langle x, y\rangle t + ||x||^2$. Agora, consideremos o polinômio real de grau igual a 2 dado por $q(t) := at^2 + bt + c$, onde $a := ||y||^2, b := 2\langle x, y\rangle$ e $c := ||x||^2$. Como $q(t) \geq 0, \forall t \in \mathbb{R} \Rightarrow b^2 - 4ac \leq 0 \Rightarrow b^2 \leq 4ac \Rightarrow (2\langle x, y\rangle)^2 \leq 4||x||^2||y||^2, \forall x, y \in V \Rightarrow \cancel{4}\langle x, y\rangle^2 \leq \cancel{4}(||x||.||y||)^2, \forall x, y \in V \Rightarrow \langle x, y\rangle \leq |\langle x, y\rangle| \leq ||x||.||y||, \forall x, y \in V$. Agora, se os vetores $x, y \in V$ são linearmente independentes então, por definição, segue que existe um escalar real $\lambda \in \mathbb{R}$ de tal modo que $y = \lambda x$ e, desse modo, temos que $|\langle x, y\rangle| = |\langle x, \lambda x\rangle| = |\lambda.\langle x, x\rangle| = |\lambda|.||x||^2$. Por outro lado, temos que $||x||.||y|| = ||x||.||\lambda x|| = |\lambda|.||x||^2$. Logo, concluímos que $|\langle x, y\rangle| = |\lambda|.||x||^2 = ||x||.||y||$ sempre que x e y são linearmente independentes, i.e, quando $y = \lambda x$, para algum $\lambda \in \mathbb{R}$. Fica como exercício para os leitores provarem a recíproca, i.e, se $x, y \in V$ são tais que $|\langle x, y\rangle| = ||x||.||y||$, então x e y são linearmente independentes, ou seja, $\exists \lambda \in \mathbb{R}; y = \lambda y$. Uma dica é a seguinte: logo a seguir vamos estabelecer a relação $\langle x, y\rangle = ||x||.||y||.\cos(\theta)$, onde $\theta = \theta(x, y)$ é o ângulo geométrico entre x e y. Assim, notamos que se $x, y \in V$ são linearmente independentes, i.e, se existe um escalar $\lambda \in \mathbb{R}$ de tal forma que $y = \lambda x$, então segue que x e y estão sobre a mesma reta e, assim, se x e y possuem o mesmo sentido, i.e, se $\lambda > 0$, então o ângulo entre eles é $\theta = 0$ e, portanto, $\cos(\theta) = \cos(0) = 1$. Ainda, se x e y possuem sentidos opostos, então $\lambda < 0$ e, portanto, o ângulo entre eles é $\theta = \pi$ e, assim, $\cos(\theta) = \cos(\pi) = -1$. Logo, em ambos os casos, vai valer que $|\langle x, y\rangle| = ||x||.||y||$. □

Observação 3.9. *Seja $V = V_{\mathbb{R}}$ um espaço vetorial real (de qualquer dimensão, seja finita ou infinita) e consideremos um produto interno em V, $\langle . \rangle : V \times V = V^2 \to \mathbb{R}$. Se $x, y \neq 0_V \Rightarrow |\langle x, y\rangle| \leq ||x||.||y|| \Rightarrow 0 \leq \dfrac{|\langle x, y\rangle|}{||x||.||y||} \leq 1 \Rightarrow \exists \theta \in (0, \pi/2); \dfrac{|\langle x, y\rangle|}{||x||.||y||} = \cos(\theta) \Rightarrow |\langle x, y\rangle| = ||x||.||y||.\cos(\theta)$. Assim, definimos que o ângulo entre dois vetores não nulos $x, y \in V$ segundo o produto interno $\langle . \rangle$ será dado pela relação $\langle x, y\rangle = ||x||.||y||.\cos(\theta)$. Com isso, chegamos à conclusão de que se o produto interno entre dois vetores x e y é positivo, então o ângulo entre eles é agudo, ou seja, pertence ao intervalo $[0, \pi/2)$. De fato, como $\langle x, y\rangle \leq ||x||.||y||.\cos(\theta), \forall x, y \in V$, e sendo $||x||, ||y|| \geq 0, \forall x, y \in V$, então o produto interno entre x e y é positivo, quando $\cos(\theta) > 0$. Sendo o ângulo entre dois vetores um número do intervalo fechado $[0, \pi]$, então segue que o ângulo entre os vetores x e y está no intervalo $[0, \pi/2)$, intervalo no qual o cosseno é positivo. Agora, se o produto interno entre dois vetores x e y é negativo, então o ângulo entre eles é obtuso, ou seja, pertence ao intervalo $(\pi/2, \pi)$. De fato, como $\langle x, y\rangle \leq ||x||.||y||.\cos(\theta), \forall x, y \in V$, e sendo $||x||, ||y|| \geq 0, \forall x, y \in V$,* *então o produto interno entre x e y é negativo, quando $\cos(\theta) < 0$. Sendo o ângulo entre dois vetores um número do intervalo fechado $[0, \pi]$, então segue que o ângulo entre os vetores x e y está no intervalo $(\pi/2, \pi)$, intervalo no qual o cosseno é negativo. Por fim, notamos que o produto interno entre dois vetores ortogonais é igual a zero. De fato, quando o ângulo entre eles é igual a $\pi/2$, então $\cos(\pi/2) = 0 \Rightarrow \langle x, y\rangle = ||x||.||y||.\cos(\pi/2) = ||x||.||y||.0 = 0$. Além disso, se $x, y \neq 0_V$ e se $\langle x, y\rangle = 0$, então o ângulo entre x e y é igual a $\pi/2$. De fato, como $x, y \neq 0_V \Rightarrow ||x||, ||y|| \neq 0$, e sendo $\langle x, y\rangle = 0 \Rightarrow ||x||.||y||.\cos(\theta) = 0 \Rightarrow \cos(\theta) = 0 \Rightarrow \theta = \pi/2$, pois o ângulo θ entre dois vetores pertence o intervalo $[0, \pi]$.*

TEOREMA 3.8. *Seja $V = V_{\mathbb{R}}$ um espaço vetorial real (de qualquer dimensão, seja finita ou infinita) e consideremos um produto interno em V, $\langle . \rangle : V \times V = V^2 \to \mathbb{R}$. Então, valem as seguintes condições, a saber:*

(1) (Lei do paralelogramo). $||x + y||^2 + ||x - y||^2 = \frac{1}{2}(||x||^2 + ||y||^2), \forall x, y \in V$.

(2) (Fórmula de polarização real). $\langle x, y\rangle = \frac{1}{4}(||x + y||^2 - ||x - y||^2), \forall x, y \in V$.

(3) (Continuidade do produto interno real). O produto interno é uma aplicação contínua. Em particular, o produto interno nunca pode ser uma aplicação uniformemente contínua, pois uma aplicação bilinear é uniformemente contínua se, e só se, ela for constante.

DEMONSTRAÇÃO. Inicialmente, notamos que $||x+y||^2 = \langle x+y, x+y\rangle = \langle x, x+y\rangle + \langle y, x+y\rangle = \langle x, x\rangle + \langle x, y\rangle + \langle y, x\rangle + \langle y, y\rangle = ||x||^2 + \langle x, y\rangle + \langle x, y\rangle + ||y||^2 = ||x||^2 + 2\langle x, y\rangle + ||y||^2, \forall x, y \in V$. De maneira substancialmente analógica provamos que $||x - y||^2 = ||x||^2 - 2\langle x, y\rangle + ||y||^2, \forall x, y \in V$. Assim, para provar (1), podemos fazer o seguinte: $||x + y||^2 + ||x - y||^2 = ||x||^2 + 2\langle x, y\rangle + ||y||^2 + ||x||^2 - 2\langle x, y\rangle + ||y||^2 = 2||x||^2 + 2||y||^2 = 2(||x||^2 + ||y||^2), \forall x, y \in V$. Interpretando geometricamente, a Lei do Paralelogramo diz que a soma dos quadrados das diagonais de um paralelogramo é igual a soma dos quadrados dos lados desse mesmo paralelogramo. Ainda, para provar (2), podemos fazer o seguinte: $||x+y||^2 - ||x-y||^2 = ||x||^2 + 2\langle x, y\rangle + ||y||^2 - (||x||^2 - 2\langle x, y\rangle + ||y||^2) = ||x||^2 + 2\langle x, y\rangle + ||y||^2 - ||x||^2 + 2\langle x, y\rangle - ||y||^2 = 4\langle x, y\rangle, \forall x, y \in V \Rightarrow \langle x, y\rangle = \frac{1}{4}(||x + y||^2 - ||x - y||^2), \forall x, y \in V$. Isso mostra que o produto interno pode ser ele próprio expressível em termos da norma por ele (naturalmente) gerada. Finalmente, para provar (3), mostremos que se $\{x_n\}_{n\in\mathbb{N}}, \{y_n\}_{n\in\mathbb{N}} \subsetneq V$ são tais que $\exists \lim_{n\to+\infty} x_n = x, \lim_{n\to+\infty} y_n = y \Rightarrow \exists \lim_{n\to+\infty}\langle x_n, y_n\rangle = \langle \lim_{n\to+\infty} x_n, \lim_{n\to+\infty} y_n\rangle = \langle x, y\rangle$ e, portanto, o produto interno é contínuo. De fato, usando a propriedade já demonstrada anteriormente de que toda norma é (uniformemente) contínua e também usando a fórmula de polarização do produto interno real demonstrada logo atrás, então temos que $\lim_{n\to+\infty}\langle x_n, y_n\rangle = \lim_{n\to+\infty}\frac{1}{4}(\|x_n + y_n\|^2 - \|x_n - y_n\|^2) = \frac{1}{4}\lim_{n\to+\infty}(\|x_n+y_n\|^2 - \|x_n-y_n\|^2) = \frac{1}{4}(\lim_{n\to+\infty}\|x_n+y_n\|^2 - \lim_{n\to+\infty}\|x_n-y_n\|^2) = \frac{1}{4}(\|\lim_{n\to+\infty}(x_n+y_n)\|^2 - \|\lim_{n\to+\infty}(x_n-y_n)\|^2) = \frac{1}{4}(\|\lim_{n\to+\infty}x_n + \lim_{n\to+\infty}y_n\|^2 - \|\lim_{n\to+\infty}x_n - \lim_{n\to+\infty}y_n\|^2) = \frac{1}{4}(\|x+y\|^2 - \|x-y\|^2) = \langle x, y\rangle$.

□

Exercício resolvido: (Teorema de Pitágoras em espaços vetoriais com produto interno). Seja $V = V_{\mathbb{R}}$ um espaço vetorial real (de qualquer dimensão, seja finita ou infinita) e consideremos um produto interno em V, $\langle . \rangle : V \times V = V^2 \to \mathbb{R}$. Sejam $x, y \in V$ ortogonais, i.e, $\langle x, y\rangle = 0$, em símbolos: $x \perp y$. Então, vai valer que $\|x+y\|^2 = \|x\|^2 + \|y\|^2$. De fato, temos que $\|x+y\|^2 = \langle x+y, x+y\rangle = \langle x, x+y\rangle + \langle y, x+y\rangle = \langle x, x\rangle + \langle x, y\rangle + \langle y, x\rangle + \langle y, y\rangle = \|x\|^2 + \langle x, y\rangle + \langle x, y\rangle + \|y\|^2 = \|x\|^2 + 2\underbrace{\langle x, y\rangle}_{=0} + \|y\|^2 = \|x\|^2 + 2.0 + \|y\|^2 = \|x\|^2 + 0 + \|y\|^2 = \|x\|^2 + \|y\|^2$. Interpretando geometricamente: O quadrado do comprimento da hipotenusa de um triângulo retângulo é sempre igual a soma dos quadrados dos comprimentos dos catetos desse mesmo triângulo.

Exercício resolvido: (a) (Condição necessária e suficiente para que dois vetores sejam ortogonais). Seja V um espaço vetorial real com um produto interno $\langle . \rangle : V \times V = V^2 \to \mathbb{R}$. Sejam $x, y \in V$ dois elementos de V. Vamos mostrar que vale que x e y sao ortogonais, em símbolos, $x \perp y$ se, e só se, $\|x+ty\| \geq \|x\|, \forall t \in \mathbb{R}$.

(b) Vamos exibir dois vetores (específicos) não ortogonais (segundo o produto escalar usual) em $\mathbb{R}^2$, digamos, $v, w \in \mathbb{R}^2$, e constatar que $\exists t \in \mathbb{R}$ com $\|v+tw\| < \|v\|$.

(a) Inicialmente, vamos supor que $x, y \in V$ são ortogonais, i.e, que vale que $\langle x, y\rangle = 0$ e mostremos que $\|x+ty\| \geq x, \forall t \in \mathbb{R}$. De fato, temos que $\|x+ty\|^2 = \langle x+ty, x+ty\rangle = \langle x, x+ty\rangle + \langle ty, x+ty\rangle = \langle x, x\rangle + \langle x, ty\rangle + \langle ty, x\rangle + t.t.\langle y, y\rangle = \|x\|^2 + t\langle x, y\rangle + t\langle y, x\rangle + t^2\|y\|^2 = \|x\|^2 + \underbrace{2t\langle x, y\rangle}_{=0} + t^2\|y\|^2 = \|x\|^2 + t^2\|y\|^2 = \|x\|^2 + \underbrace{(t\|y\|)^2}_{\geq 0} \geq \|x\|^2, \forall t \in \mathbb{R} \Rightarrow \|x+ty\| \geq \|x\|, \forall t \in \mathbb{R}$. Agora, reciprocamente, suponhamos que $x, y \in V$ são tais que $\|x+ty\| \geq \|x\|, \forall t \in \mathbb{R}$ e provemos que $x \perp y$, ou seja, $\langle x, y\rangle = 0$. De fato, temos que $\|x+ty\| \geq \|x\|, \forall t \in \mathbb{R} \Rightarrow \|x+ty\|^2 \geq$

$||x||^2, \forall t \in \mathbb{R} \Rightarrow ||x||^2 + 2\langle x, y\rangle t + ||y||^2 t^2 \geq ||x||^2, \forall t \in \mathbb{R} \Rightarrow ||y||^2 t^2 + 2\langle x, y\rangle t \geq 0 \forall t \in \mathbb{R}$. *Desse modo, concluímos que o polinômio real* $q(t) := at^2 + bt$, *onde* $a := ||y||^2$ *e* $b := 2\langle x, y\rangle$ *é sempre não negativo e, portanto,* $b^2 - 4ac = b^2 - 4.a.0 = b^2 - 0 = b^2 \leq 0$, *e sendo* $b^2 \geq 0$, *então segue que* $b^2 = 0$, *ou seja,* $b = 0 \Rightarrow 2\langle x, y\rangle = 0 \Rightarrow \langle x, y\rangle = 0$ *e, portanto,* x *e* y *são ortogonais.*

(b) Do item anterior, podemos constatar que dados $x \not\perp y \in V \Rightarrow \exists t \in \mathbb{R}; ||x + ty|| < ||x||$. *Aqui, o símbolo "*$x \not\perp y$*" significa que os vetores* x *e* y *não são perpendiculares. Como um exemplo, sejam* $v := (1, 0), w := (1, 1) \in \mathbb{R}^2$ *e consideremos o produto escalar usual no plano. Assim, temos que* $\langle v, w\rangle = \langle (1, 0), (1, 1)\rangle = 1.1 + 0.1 = 1 + 0 = 1 \Rightarrow x \not\perp y$. *Dado qualquer* $t \in \mathbb{R} \Rightarrow v + tw = (1, 0) + t(1, 1) = (1, 0) + (t, t) = (1 + t, t) \Rightarrow ||v + tw||^2 = \sqrt{(1 + t)^2 + t^2} = \sqrt{1 + 2t + t^2 + t^2} = \sqrt{2t^2 + 2t + 1}, \forall t \in \mathbb{R}$. *Ainda,* $||v|| = 1$. *Logo, dado, por exemplo,* $t = \frac{-1}{2} \in \mathbb{R} \Rightarrow 2t^2 + 2t + 1 = 2.\frac{1}{4} - \not{2}.\frac{1}{\not{2}} + 1 = \frac{1}{2} + \not{1} - \not{1} = \frac{1}{2} \Rightarrow ||v + tw|| = \frac{1}{\sqrt{2}} < 1 = ||v||$.

Teorema 3.9. *(Teorema de Pitágoras generalizado para espaços vetoriais com produto interno). Seja* V *um espaço vetorial (de dimensão finita ou infinita) e consideremos um produto interno em* V, $\langle . \rangle : V \times V = V^2 \to \mathbb{R}$. *Se* $x_1, ..., x_n \in V$ *são vetores mutuamente ortogonais segundo o produto interno* $\langle . \rangle$, *i.e,* $\langle x_k, x_s\rangle = 0, \forall k \neq s \in \{1, ..., n\} \subsetneq \mathbf{N}$, *em outros símbolos,* $x_k \perp x_s, \forall k \neq s \in \{1, ..., n\} \subsetneq \mathbf{N}$, *então vale que* $\left\|\sum_{j=0}^{n} x_j\right\|^2 = \sum_{j=0}^{n} ||x_j||^2$, *em outra notação, ocorre que* $||x_1 + ... + x_n||^2 = ||x_1||^2 + ... + ||x_n||^2$.

Demonstração. O caso $n = 2$ já foi feito anteriormente, é o Teorema de Pitágoras para espaços vetoriais com produto interno. Faremos, então, o caso $n = 3$ e, depois, o caso geral $n \in \mathbb{N}$. Sejam $x_1, x_2, x_3 \in V$ três vetores quaisquer mutuamente ortogonais, i.e, $x_1 \perp x_2, x_1 \perp x_3$ e $x_2 \perp x_3$, ou seja, $\langle x_1, x_2\rangle = \langle x_1, x_3\rangle = \langle x_2, x_3\rangle = 0$. Então, temos que $||x_1 + x_2 + x_3||^2 = \langle x_1 + x_2 + x_3, x_1 + x_2 + x_3\rangle = \langle x_1, x_1 + x_2 + x_3\rangle + \langle x_2 + x_3, x_1 + x_2 + x_3\rangle = \langle x_1, x_1\rangle + \langle x_1, x_2 + x_3\rangle + \langle x_2, x_1 + x_2 + x_3\rangle + \langle x_3, x_1 + x_2 + x_3\rangle = ||x_1||^2 + \underbrace{\langle x_1, x_2\rangle}_{=0} + \underbrace{\langle x_1, x_3\rangle}_{=0} + \langle x_2, x_1\rangle + \langle x_2, x_2 + x_3\rangle + \langle x_3, x_1\rangle + \langle x_3, x_2 + x_3\rangle = ||x_1||^2 + \underbrace{\langle x_1, x_2\rangle}_{=0} + \langle x_2, x_2\rangle + \underbrace{\langle x_2, x_3\rangle}_{=0} + \underbrace{\langle x_1, x_3\rangle}_{=0} + \langle x_3, x_2\rangle + \langle x_3, x_3\rangle = ||x_1||^2 + ||x_2||^2 + \underbrace{\langle x_2, x_3\rangle}_{=0} + ||x_3||^2 = ||x_1||^2 + ||x_2||^2 + ||x_3||^2$. Para o caso geral, observamos o seguinte: de acordo com o que foi feito nos casos $n = 2$ e $n = 3$, temos que $\left\|\sum_{j=0}^{n} x_j\right\|^2 = ||x_1 + ... + x_n||^2 = \sum_{j=0}^{n} ||x_j||^2 = ||x_1||^2 + ... + ||x_n||^2 =$ soma entre termos do tipo $||x_j||^2$, para

$j \in \{1, ..., n\} \subsetneq \mathbb{N}$ e termos cruzados do tipo $\langle x_j, x_i \rangle$ para $j \neq i \in \{1, ..., n\} \subsetneq \mathbb{N}$. Por suas vezes, os termos cruzados $\langle x_j, x_i \rangle$ para $j \neq i \in \{1, ..., n\} \subsetneq \mathbb{N}$ são nulos por hipótese e, desse modo, só "sobram" os termos do tipo $||x_j||^2$, para $j \in \{1, ..., n\} \subsetneq \mathbb{N}$, e o resultado segue.

□

Exercício resolvido: (Identidade de Apolônio em espaços vetoriais com produto interno). Seja $V = V_{\mathbb{R}}$ *um espaço vetorial real (de qualquer dimensão, seja finita ou infinita) e consideremos um produto interno em* V, $\langle . \rangle : V \times V = V^2 \to \mathbb{R}$. *Vamos provar que vale a identidade de Apolônio em* V, *i.e, que vale que* $||x-y||^2 + ||x-z||^2 = \frac{1}{2}||y-z||^2 + 2\left|\left|x - \frac{1}{2}(y+z)\right|\right|^2, \forall x, y, z \in V$. *A interpretação geométrica é a seguinte: "A soma dos quadrados dos comprimentos de dois lados quaisquer de um triângulo qualquer é equivalente a metade do quadrado do comprimento do terceiro lado somado com o dobro do quadrado do comprimento da mediana que bissecta o terceiro lado", ou seja, este é um resultado que relaciona o comprimento da mediana de um triângulo relativo à um de seus lados (bem como o comprimento deste mesmo lado) com o comprimento de seus dois outros lados. Vamos, agora, provar o resultado. Já vimos que* $||x-y||^2 = \langle x-y, x-y \rangle = ||x||^2 - 2\langle x, y \rangle + ||y||^2, \forall x, y \in V$. *Assim, pelos mesmos motivos, vai valer que* $||x-z||^2 =\rangle = ||x||^2 - 2\langle x, z \rangle + ||z||^2, \forall x, z \in V$. *Portanto, vai valer que* $||x-y||^2 + ||x-z||^2 = ||x||^2 - 2\langle x, y \rangle + ||y||^2 + ||x||^2 - 2\langle x, z \rangle + ||z||^2 = 2||x||^2 - 2\langle x, y \rangle - 2\langle x, z \rangle + ||y||^2 + ||z||^2 = 2(||x||^2 - \langle x, y \rangle - \langle x, z \rangle) + ||y||^2 + ||z||^2, \forall x, y, z \in V$. *Ainda, temos que* $\frac{1}{2}||y-z||^2 = \frac{1}{2}(||y||^2 - 2\langle y, z \rangle + ||z||^2) = \frac{1}{2}||y||^2 - \langle y, z \rangle + \frac{1}{2}||z||^2, \forall y, z \in V$. *Continuando, temos que*

$$2\left|\left|x - \frac{1}{2}(y+z)\right|\right|^2 = 2(||x||^2 - 2\langle x, (1/2)(y+z) \rangle + ||(1/2).(y+z)||^2) = 2(||x||^2 - 2\langle x, (1/2)y + (1/2)z \rangle + (1/4)||.(y+z)||^2) = 2\left(||x||^2 - 2\left(\frac{1}{2}\langle x, y \rangle + \frac{1}{2}\langle x, z \rangle\right) + \frac{1}{4}(||y||^2 + 2\langle y, z \rangle + ||z||^2)\right) =$$

$$2\left(||x||^2 - \langle x, y \rangle - \langle x, z \rangle + \frac{1}{4}(||y||^2 + 2\langle y, z \rangle + ||z||^2)\right) =$$

$$2||x||^2 - 2\langle x, y \rangle - 2\langle x, z \rangle + \frac{1}{2}||y||^2 + \langle y, z \rangle + \frac{1}{2}||z||^2, \forall x, y, z \in V.$$

Portanto, segue que $\frac{1}{2}||y-z||^2 + 2\left|\left|x - \frac{1}{2}(y+z)\right|\right|^2 = \frac{1}{2}||y||^2 - \langle y, z \rangle + \frac{1}{2}||z||^2 + 2||x||^2 - 2\langle x, y \rangle - 2\langle x, z \rangle + \frac{1}{2}||y||^2 + \langle y, z \rangle + \frac{1}{2}||z||^2 = 2||x||^2 - 2\langle x, y \rangle - 2\langle x, z \rangle + ||y||^2 + ||z||^2 = 2(||x||^2 - \langle x, y \rangle - \langle x, z \rangle) + ||y||^2 + ||z||^2, \forall x, y, z \in V$. *Logo,* $||x-y||^2 + ||x-z||^2 = 2(||x||^2 - \langle x, y \rangle - \langle x, z \rangle) + ||y||^2 + ||z||^2 = \frac{1}{2}||y-z||^2 + 2\left|\left|x - \frac{1}{2}(y+z)\right|\right|^2, \forall x, y, z \in V$.

TEOREMA 3.10. *Seja V um espaço vetorial (de dimensão finita ou infinita) e consideremos um produto interno em V, $\langle . \rangle : V \times V = V^2 \to \mathbb{R}$. Sejam $v \in V$ e $V \ni w \neq 0$ elementos de V. Então, existe um único escalar real $c \in \mathbb{R}$ de tal modo que os vetores $v - cw$ e w sejam perpendiculares. Em linguagem simbólica: $\forall v \in V, \forall w \in V/\{0_V\}, \exists! c \in \mathbb{R}; (v - cw) \perp w$.*

DEMONSTRAÇÃO. De fato, para que o vetor w seja ortogonal ao vetor $v - cw$, segundo o produto interno $\langle . \rangle$, devemos ter que $\langle v - cw, w\rangle = 0$. Mas, $\langle v - cw, w\rangle = \langle v, w\rangle + \langle -cw, w\rangle = \langle v, w\rangle - c\langle w, w\rangle = \langle v, w\rangle - c||w||^2$ e, portanto, $\langle v - cw, w\rangle = 0 \Leftrightarrow \langle v, w\rangle - c||w||^2 = 0 \Leftrightarrow \langle v, w\rangle = c||w||^2 \Leftrightarrow c = \dfrac{\langle v, w\rangle}{||w||^2}$. □

OBSERVAÇÃO 3.10. *O escalar real $c \in \mathbb{R}$ descrito acima é chamado de coeficiente de Fourier do vetor $v \in V$ com respeito ao vetor não nulo $w \in V/\{0\}$.*

Exercício: Para este exercício proposto, considerem o produto interno dado por $\langle f, g\rangle := \int_{-\pi}^{\pi} f(x).g(x)dx$.

a) Seja V o espaço vetorial constituído pelas funções reais definidas e contínuas no intervalo fechado $[-\pi, \pi] \subsetneq \mathbb{R}$. Seja $f : [-\pi, \pi] \to \mathbb{R}$ a função dada por $f(x) := sen(kx)$, onde $k \in \mathbb{N}$ é um número natural qualquer. Mostrem que $||f|| = \sqrt{\langle f, f\rangle} = (\int_{-\pi}^{\pi} sen^2(kx)dx)^{1/2} = \sqrt{\pi}$.

b) Se $g : [-\pi, \pi] \to \mathbb{R}$ é qualquer função contínua, mostrem que o coeficiente de Fourier de g com respeito à função $f : [-\pi, \pi] \to \mathbb{R}$ dada por $f(x) := sen(kx)$, onde $k \in \mathbb{N}$ é um número natural qualquer, é descrito por $\dfrac{\langle g, f\rangle}{\langle f, f\rangle} = \dfrac{1}{\pi}. \int_{-\pi}^{\pi} g(x)\, sen(kx)dx$.

c) Usando a fórmula do item anterior, calculem o coeficiente de Fourier da função g com respeito à função $f = f(x) := sen(kx)$, onde $g(x) := e^{sx}$, sendo $s \in \mathbb{N}$ um número natural qualquer.

Exercício: Sejam $m, n \in \mathbb{N}$ números naturais quaisquer. Provem que as funções $f, g, h : [-\pi, \pi] \to \mathbb{R}$, dadas por $f(x) := 1$, $g(x) := sen(nx)$ e $h(x) := \cos(mx)$ são mutuamente ortogonais com respeito ao produto interno $\langle f, g\rangle := \int_{-\pi}^{\pi} f(x).g(x)dx$, ou seja, provem que vale que $\langle f, g\rangle = \langle f, h\rangle = \langle g, h\rangle = 0$. Para tal, será necessário usarem fórmulas do tipo: $sen(x).\cos(y) = \frac{1}{2}(sen(x + y) + sen(x - y)), \forall x, y \in \mathbb{R}$ e $\cos(x).\cos(y) =$

$\frac{1}{2}(\cos(x+y)+\cos(x-y)), \forall x, y \in \mathbb{R}$.

Teorema 3.11. *(Desigualdade de Bessel). Seja V um espaço vetorial com um produto interno $\langle . \rangle : V \times V = V^2 \to \mathbb{R}$. Se $v_1, ..., v_n \in V$ são vetores unitários mutuamente ortogonais, i.e, $||v_k|| = 1, \forall k \in \{1, ..., n\} \subsetneq \mathbb{N}$ e $\langle v_k, v_s \rangle = 0, \forall k \neq s \in \{1, ..., n\} \subsetneq \mathbb{N}$, e se c_k é o coeficiente de Fourier de um vetor $v \in V$ com respeito à v_k, então vale que $\sum_{k=1}^{n} c_k^2 \leq ||v||^2$.*

Demonstração. Temos que

$$0 \leq \langle v - \sum_{k=1}^{n} c_k v_k, v - \sum_{k=1}^{n} c_k v_k \rangle = \langle v, v \rangle - \sum_{k=1}^{n} 2c_k \langle v, v_k \rangle + \sum_{k=1}^{n} c_k^2 = ||v||^2 - \sum_{k=1}^{n} c_k^2,$$

e o resultado segue. □

Teorema 3.12. *(Identidade de Parseval). Nas mesmas condições do teorema acima, vale que $\sum_{k=0}^{+\infty} c_k^2 = ||v||^2$.*

Demonstração. Temos que $||v||^2 = \langle v, v \rangle = \langle v, \sum_{k=1}^{+\infty} c_k v_k \rangle = \sum_{k=1}^{+\infty} \langle v, c_k v_k \rangle = \sum_{k=1}^{+\infty} c_k \langle v, v_k \rangle = \sum_{k=1}^{+\infty} |c_k|^2$.

□

Observação 3.11. *O resultado dado acima nos diz que se $\{v_k\}_{k \in \mathbb{N}} \subsetneq V$ é um sistema ortonormal (i.e, um conjunto qualquer de vetores mutuamente ortogonais e com norma igual a 1) no espaço vetorial V com um produto interno $\langle . \rangle : V \times V = V^2 \to \mathbb{R}$, e sendo $c_k \in \mathbb{R}$ o coeficiente de Fourier de um vetor $v \in V$ com respeito ao vetor $v_k \in V$, então vale que $\lim_{k \to +\infty} \sum_{s=1}^{k} c_s^2 = \sum_{k=0}^{+\infty} c_k^2 = ||v||^2$. Assim, segue que a identidade de Parseval é uma espécie de "situação limite" da desigualdade de Bessel.*

Teorema 3.13. *Seja V um espaço vetorial com um produto interno $\langle . \rangle : V \times V = V^2 \to \mathbb{R}$. Seja $v_1, ..., v_k \in V$ um conjunto ortonormal de vetores (na verdade, basta ser um conjunto ortogonal). Então, $v_1, ...v_k \in V$ é um conjunto linearmente independente em V, ou seja, dados escalares reais $r_1, ..., r_k \in \mathbb{R}$, então vale que $r_1 v_1 + ... + r_k v_k = 0 \Rightarrow r_1 = ... = r_k = 0$.*

Demonstração. Vamos, inicialmente, fazer o caso com dois vetores, sendo o caso com k vetores substancialmente analógico. Para tal, vamos supor que v_1 e v_2 são ortogonais, i.e, $\langle v_1, v_2\rangle = 0$ e adicionalmente que sejam unitários (sendo essa última hipótese desnecessária para se obter o resultado desejado), ou seja, $||v_1|| = ||v_2|| = 1$. Consideremos uma combinação linear entre v_1 e v_2 por intermédio dos escalares reais $r_1, r_2 \in \mathbb{R}$, e vamos supor que esta combinação linear seja nula, i.e, que vale que $r_1v_1 + r_2v_2 = 0$. Mostremos que $r_1 = r_2 = 0$. De fato, temos que $0 = \langle 0, 0\rangle = ||r_1v_1 + r_2v_2||^2 = \langle r_1v_1 + r_2v_2, r_1v_1 + r_2v_2\rangle = \langle r_1v_1, r_1v_1 + r_2v_2\rangle + \langle r_2v_2, r_1v_1 + r_2v_2\rangle = \langle r_1v_1, r_1v_1\rangle + \langle r_1v_1, r_2v_2\rangle + \langle r_2v_2, r_1v_1\rangle + \langle r_2v_2, r_2v_2,\rangle = r_1^2\langle v_1, v_1\rangle + r_1r_2 \underbrace{\langle v_1, v_2\rangle}_{=0} + r_2r_1\langle v_2, v_1\rangle + r_2^2\langle v_2, v_2\rangle = r_1^2 \underbrace{||v_1||^2}_{=1^2=1} + r_1r_2.0 + r_1r_2 \underbrace{\langle v_1, v_2\rangle}_{=0} + r_2^2 \underbrace{||v_2||^2}_{=1^2=1} = r_1^2.1 + 0 + r_1r_2.0 + r_2^2.1 = r_1^2 + 0 + r_2^2 = r_1^2 + r_2^2 \Rightarrow r_1 = r_2 = 0$. Feito isso, para o caso mais geral, se $v_1, ..., v_k \in V$ são vetores unitários mutuamente ortogonais, e dados escalares reais $r_1, ..., r_k \in \mathbb{R}$, então se $r_1v_1 + ... + r_kv_k = 0 \Rightarrow 0 = \langle 0, 0\rangle = ||r_1v_1 + ... + r_kv_k||^2 = \langle r_1v_1 + ... + r_kv_k, r_1v_1 + ... + r_kv_k\rangle = r_1^2 + ... + r_k^2 \Rightarrow r_1 = ... = r_k = 0$, onde a igualdade $\langle r_1v_1 + ... + r_kv_k, r_1v_1 + ... + r_kv_k\rangle = r_1^2 + ... + r_k^2$ se dá, pois $\langle r_1v_1 + ... + r_kv_k, r_1v_1 + ... + r_kv_k\rangle = (r_1^2||v_1||^2 + ... + r_k^2||v_k||^2)+$ soma entre termos do tipo $r_sr_k\langle v_s, v_k\rangle$, onde $||v_1|| = ... = ||v_k|| = 1$, com $s \neq r$ e, portanto, vale que $\langle v_s, v_k\rangle = 0$.

□

Observação 3.12. *Podemos oferecer uma demonstração "alternativa" para o resultado obtido acima, por intermédio do teorema de Pitágoras generalizado 3.9, da seguinte forma, a saber: Se $v_1, ..., v_n \in V$ são vetores mutuamente ortogonais em V com respeito ao produto interno $\langle . \rangle : V \times V = V^2 \to \mathbb{R}$, então já vimos que vale que $||v_1 + ... + v_n||^2 = ||v_1||^2 + ... + ||v_n||^2$. Dessa forma, devido à bilinearidade do produto interno, vai valer que os vetores $r_1v_1, ..., r_nv_n \in V$, onde $r_1, ..., r_n \in \mathbb{R}$ são escalares reais são, também, mutuamente ortogonais (ou seja, se dois vetores são ortogonais, então múltiplos escalares desses mesmos vetores são, ainda, ortogonais) e, pelo teorema de Pitágoras generalizado, vai valer que $||r_1v_1 + ... + r_nv_n||^2 = ||r_1v_1||^2 + ... + ||r_nv_n||^2 = (|r_1|||v_1||)^2 + ... + (|r_n|||v_n||)^2 = |r_1|^2.||v_1||^2 + ... + |r_n|^2.||v_n||^2$. Adicionalmente, se esses vetores forem unitários, i.e, $||v_1|| = ... = ||v_n|| = 1$, então segue que $||r_1v_1 + ... + r_nv_n||^2 = |r_1|^2.1 + ... + |r_n|^2.1 = |r_1|^2 + ... + |r_n|^2$. Logo, se $r_1v_1 + ... + r_nv_n = 0 \Rightarrow 0 = ||0||^2 = ||r_1v_1 + ... + r_nv_n||^2 = |r_1|^2 + ... + |r_n|^2 \Rightarrow |r_1| = ... = |r_n| = 0 \Rightarrow r_1 = ... = r_n = 0$.*

Exercício resolvido: Sejam $U, V \in \mathbb{R}^2$ dois vetores com as seguintes propriedades: eles têm a mesma norma, $||U|| = ||V||$ e são ortogonais, $U \perp V$, ou seja, o produto escalar usual entre eles é zero, $\langle U, V\rangle = 0$. Então, vale que $U + V \perp U - V$, ou seja, os vetores $U + V$ e $U - V$ são ortogonais. De fato, $\langle U + V, U - V\rangle = \langle U, U - V\rangle + \langle V, U - V\rangle =$

$\langle U,U\rangle - \langle U,V\rangle + \langle V,U\rangle - \langle V,V\rangle = ||U||^2 - \langle U,V\rangle + \langle U,V\rangle - ||V||^2 = ||U||^2 - ||U||^2 = 0$. *A interpretação geométrica desse fato provado analiticamente (e, também, algebricamente) é a seguinte, a saber: $U+V$ e $U-V$ são ortogonais, pois são diagonais de um quadrado cujos lados medem $L = ||U|| = ||V||$. Isso prova que as diagonais de um retângulo que não é um quadrado não podem ser perpendiculares pois, nesse caso, temos que $\langle U+V, U-V\rangle = ||U||^2 - ||V||^2 \neq 0$, já que $||U|| \neq ||V$.*

A seguir daremos alguns exemplos de produto interno em alguns espaços vetoriais.

Vamos provar que a aplicação $\langle . \rangle : \mathbb{R}^2 \times \mathbb{R}^2 = \mathbb{R}^4 \to \mathbb{R}$ dada por $\langle (x_1,x_2),(y_1,y_2)\rangle := 6x_1y_1 + 9x_2y_2 - 4x_1y_2 - 4x_2y_1$ define um produto interno em $\mathbb{R}^2$. A bilinearidade e a simetria desta aplicação são deixadas como exercício para que os leitores verifiquem. Provemos, então, a positividade definida e a não degenerescência dessa aplicação, i.e, provemos que vale que:

(a) $\langle (x_1,x_2),(x_1,x_2)\rangle \geq 0, \forall (x_1,x_2) \in \mathbb{R}^2$.

(b) $\langle (x_1,x_2),(x_1,x_2)\rangle = 0 \Leftrightarrow (x_1,x_2) = 0$.

De fato, para provar (a), inicialmente escrevemos que $\langle (x_1,x_2),(x_1,x_2)\rangle = 6x_1^2 + 9x_2^2 - 4x_1x_2 - 4x_2x_1 = 6x_1^2 + 9x_2^2 - 4x_1x_2 - 4x_1x_2 = 6x_1^2 - 8x_1x_2 + 9x_2^2, \forall (x_1,x_2) \in \mathbb{R}^2$. Seja $Q : \mathbb{R}^2 \to \mathbb{R}$ dada por $Q(x_1,x_2) := 6x_1^2 - 8x_1x_2 + 9x_2^2$. Então, Q define uma forma quadrática em $\mathbb{R}^2$. Para provar que trata-se de uma forma quadrática positiva em $\mathbb{R}^2$, ou seja, que vale que $Q(x_1,x_2) \geq 0, \forall (x_1,x_2) \in \mathbb{R}^2$, façamos a técnica do completamento do quadrado. Para tal, inicialmente podemos escrever que $Q(x_1,x_2) = 6x_1^2 - 8x_1x_2 + 9x_2^2 = 6\left(x_1^2 - \frac{8}{6}x_1x_2 + \frac{9}{6}x_2^2\right) = 6\left(x_1^2 - \frac{4x_1x_2}{3} + \frac{3x_2^2}{2}\right), \forall (x_1,x_2) \in \mathbb{R}^2$ e, dessa forma, somos levados a completar o quadrado com relação à expressão $x_1^2 - \frac{4x_1x_2}{3} + \frac{3x_2^2}{2}$. Temos que $\left(x_1 - \frac{2x_2}{3}\right)^2 = x_1^2 - \frac{4x_1x_2}{3} + \frac{4x_2^2}{9}, \forall (x_1,x_2) \in \mathbb{R}^2$ e, portanto, segue que $x_1^2 - \frac{4x_1x_2}{3} + \frac{3x_2^2}{2} = \left(x_1^2 - \frac{4x_1x_2}{3} + \frac{4x_2^2}{9}\right) + \left(\frac{3x_2^2}{2} - \frac{4x_2^2}{9}\right) = \left(x_1 - \frac{2x_2}{3}\right)^2 + \left(\frac{27x_2^2}{18} - \frac{8x_2^2}{18}\right) = \left(x_1 - \frac{2x_2}{3}\right)^2 + \left(\frac{27x_2^2 - 8x_2^2}{18}\right) = \left(x_1 - \frac{2x_2}{3}\right)^2 + \left(\frac{19x_2^2}{18}\right) = \left(x_1 - \frac{2x_2}{3}\right)^2 + \left(\sqrt{\frac{19}{18}}x_2\right)^2 = \left(x_1 - \frac{2x_2}{3}\right)^2 + \left(\frac{\sqrt{19}}{\sqrt{18}}x_2\right)^2 = \left(x_1 - \frac{2x_2}{3}\right)^2 + \left(\frac{\sqrt{19}}{\sqrt{2.3^2}}x_2\right)^2 = \left(x_1 - \frac{2x_2}{3}\right)^2 + \left(\frac{\sqrt{19}}{3\sqrt{2}}x_2\right)^2, \forall (x_1,x_2) \in \mathbb{R}^2$. Assim, sendo $x_1 - \frac{2x_2}{3} := s$ e $\frac{\sqrt{19}}{3\sqrt{2}} := k$, *então temos que* $Q(x_1, x_2) = 6x_1^2 - 8x_1x_2 + 9x_2^2 = 6\left(\left(x_1 - \frac{2x_2}{3}\right)^2 + \left(\frac{\sqrt{19}}{3\sqrt{2}}x_2\right)^2\right) = 6(s^2 + k^2) =$ $6s^2 + 6k^2 = \underbrace{(\sqrt{6}s)^2}_{p_1^2} + \underbrace{(\sqrt{6}k)^2}_{p_2^2} = p_1^2 + p_2^2 \geq 0, \forall (x_1, x_2) \in \mathbb{R}$, *onde* $p_1 := \sqrt{6}s$ *e* $p_2 := \sqrt{6}k$.

(b) No item (a) vimos que $\langle (x_1, x_2), (x_1, x_2) \rangle = 6\left(\left(x_1 - \frac{2x_2}{3}\right)^2 + \left(\frac{\sqrt{19}}{3\sqrt{2}}x_2\right)^2\right), \forall (x_1, x_2) \in \mathbb{R}^2$ *e, portanto,* $\langle (x_1, x_2), (x_1, x_2) \rangle = 0 \Leftrightarrow 6\left(\left(x_1 - \frac{2x_2}{3}\right)^2 + \left(\frac{\sqrt{19}}{3\sqrt{2}}x_2\right)^2\right) = 0 \Leftrightarrow \underbrace{\left(x_1 - \frac{2x_2}{3}\right)^2}_{\geq 0} + \underbrace{\left(\frac{\sqrt{19}}{2\sqrt{3}x_2}\right)^2}_{\geq 0} =$ $0 \Leftrightarrow \left(x_1 - \frac{2x_2}{3}\right)^2 = 0$ *e* $\left(\frac{\sqrt{19}}{2\sqrt{3}}x_2\right)^2 = 0 \Leftrightarrow x_1 - \frac{2x_2}{3} = 0$ *e* $\frac{\sqrt{19}}{2\sqrt{3}}x_2 = 0 \Leftrightarrow x_1 = \frac{2x_2}{3}$ *e* $x_2 = 0 \Leftrightarrow x_1 = \frac{2.0}{3} = 0$ *e* $x_2 = 0 \Leftrightarrow (x_1, x_2) = (0, 0)$.

Exercício resolvido: Consideremos o produto interno dado acima, i.e, $\langle (x_1, x_2), (y_1, y_2) \rangle := 6x_1y_1 + 9x_2y_2 - 4x_1y_2 - 4x_2y_1$. *Pede-se:*

(a) Calcule a norma do vetor $v = (x_1, x_2) := (1, 1)$ *com relação à esse produto interno.*

(b) Determine o ângulo entre os vetores $v = (x_1, x_2) := (1, 0)$ *e* $w = (y_1, y_2) := (0, 1)$ *com relação à esse produto interno.*

Para resolver o item (a), façamos o seguinte: $||(1, 1)||^2 = \langle (1, 1), (1, 1) \rangle = 6.1.1 + 9.1.1 - 4.1.1 - 4.1.1 = 6 + 9 - 4 - 4 = 15 - 8 = 7 \Rightarrow ||(1, 1)|| = \sqrt{7}$. *Agora, para resolver o item (b) usamos a relação* $\langle v, w \rangle = ||v||.||w||. \cos(\theta)$, *onde* $\theta = \theta(v, w)$ *é o ângulo geométrico entre os vetores* v *e* w. *Temos que* $\langle (1, 0), (0, 1) \rangle = 6.1.0 + 9.0.1 - 4.1.1 - 4.0.0 = 0 + 0 - 4 - 0 = -4$. *Ainda,* $||(1, 0)||^2 = \langle (1, 0), (1, 0) \rangle = 6.1.1 + 9.0.0 - 4.1.0 - 4.0.1 = 6 + 0 + 0 + 0 = 6 \Rightarrow ||(1, 0)|| = \sqrt{6}$. *Continuando,* $||(0, 1)||^2 = \langle (0, 1), (0, 1) \rangle = 6.0.0 + 9.1.1 + -4.0.1 - 4.1.0 = 0 + 9 - 0 - 0 = 9 \Rightarrow ||(0, 1)|| = 3$. *Desse modo,* $-4 = \sqrt{6}.3. \cos(\theta) \Rightarrow \cos(\theta) = \frac{-4}{3\sqrt{6}} = \frac{-4\sqrt{6}}{3.6} = \frac{-2\sqrt{6}}{3.3} = \frac{-2\sqrt{6}}{9} \Rightarrow \theta = \arccos\left(\frac{-2\sqrt{6}}{9}\right)$.

Exercício: Considerem o produto interno dado acima, i.e, $\langle (x_1, x_2), (y_1, y_2) \rangle := 6x_1y_1 + 9x_2y_2 - 4x_1y_2 - 4x_2y_1$. *Pede-se:*

(a) Calculem a norma do vetor $v = (x_1, x_2) := (6, 7)$ *com relação à esse produto interno.*

(b) Determinem o ângulo entre os vetores $v = (x_1, x_2) := (1, 2)$ *e* $w = (y_1, y_2) := (1, 3)$ *com relação à esse produto interno.*

Exercício resolvido: Encontremos um vetor não nulo $w = (y_1, y_2) \in \mathbb{R}^2$ *que seja ortogonal ao vetor* $v = (x_1, x_2) := (1, 5) \in \mathbb{R}^2$ *com respeito ao produto interno dado acima. Temos que,* $\langle v, w\rangle = \langle(1,5),(y_1,y_2)\rangle = 6.1.y_1 + 9.5.y_2 - 4.1.y_2 - 4.5.y_1 = 6y_1 + 45y_2 - 4y_2 - 20y_1 = 6y_1 + 45y_2 - 4y_2 - 20y_1 = -14y_1 + 41y_2 = 0 \Leftrightarrow 14y_1 = 41y_2$. *Considerando, por exemplo,* $y_1 = 1 \Rightarrow 41y_2 = 14 \Rightarrow y_2 = \dfrac{14}{41} \Rightarrow w = (y_1, y_2) = \left(1, \dfrac{14}{41}\right)$.

Exercício: Encontrem um vetor não nulo $w = (y_1, y_2) \in \mathbb{R}^2$ *que seja ortogonal ao vetor* $v = (x_1, x_2) := (2, 7) \in \mathbb{R}^2$ *com respeito ao produto interno dado acima.*

Exercício: Mostrem que a aplicação $\langle . \rangle : \mathbb{R}^2 \times \mathbb{R}^2 = \mathbb{R}^4 \to \mathbb{R}$ *dada por* $\langle(x_1,x_2),(y_1,y_2) := 7x_1y_1 + 10x_2y_2 - 3x_1y_2 - 3x_2y_1$ *define um produto interno em* $\mathbb{R}^2$.

Vamos, agora, oferecer mais exemplos de produto interno (no caso, em espaços de funções). Um deles é o seguinte. Seja $V := \{f : I \to \mathbb{R},\quad contínua\}$ = *espaço vetorial constituído pelas funções reais definidas e contínuas no intervalo* I *da reta real. Então, a aplicação* $\langle . \rangle : V \times V = V^2 \to \mathbb{R}$ *dada por* $\langle f, g\rangle := \int_0^1 f(t).g(t)dt$ *é um produto interno em* V. *De fato, temos que:*

(1) $\langle f, f\rangle = \int_0^1 \underbrace{f^2(t)}_{\geq 0} dt \geq 0, \forall f \in V.$

(2) $\langle f, f\rangle = 0 \Leftrightarrow \int_0^1 \underbrace{f^2(t)}_{\geq 0} dt = 0 \Leftrightarrow f^2(t) = 0, \forall t \in [0,1] \Leftrightarrow f(t) = 0, \forall t \in [0,1] \Leftrightarrow f \equiv 0.$

(3) $\langle f, g\rangle = \int_0^1 f(t).g(t)dt = \int_0^1 g(t).f(t)dt = \langle g, f\rangle, \forall f, g \in V.$

(4) Sejam $f_1, f_2, g \in V$ *e* $\lambda \in \mathbb{R}$ *quaisquer. Então, temos que*

$$\langle f_1 + \lambda f_2, g\rangle = \int_0^1 (f_1(t) + \lambda f_2(t))g(t)dt = \int_0^1 f_1(t)g(t) + \lambda f_2(t)g(t)dt =$$
$$\underbrace{\int_0^1 f_1(t)g(t)dt}_{=\langle f_1, g\rangle} + \int_0^1 \lambda f_2(t)g(t)dt = \langle f_1, g\rangle + \lambda. \underbrace{\int_0^1 f_2(t).g(t)}_{\langle f_2, g\rangle} = \langle f_1, g\rangle + \lambda.\langle f_2, g\rangle.$$

Exercício resolvido: Como um exemplo, vamos calcular o "comprimento" da função (melhor dizendo, do vetor) $f \in V$ dada por $f(t) := e^t + t$ com respeito ao produto interno estudado logo acima. Temos que $\|f\|^2 = \langle f, f\rangle = \int_0^1 f^2(t)dt = \int_0^1 (e^t+t)^2 dt = \int_0^1 e^{2t}+2te^t+t^2 dt = \int_0^1 e^{2t}dt + \int_0^1 t^2 dt + 2\int_0^1 te^t dt$, *onde* $\int_0^1 e^{2t}dt = \frac{1}{2}(e^{2t})|_0^1 = \frac{1}{2}(e^2-1)$, $\int_0^1 t^2 dt = \frac{1}{3}(t^3)|_0^1 = \frac{1}{3}$ *e, usando a fórmula de integração por partes, segue que* $\int_0^1 te^t dt = te^t - \int_0^1 e^t dt = te^t - e^t = (t-1)e^t$ *e, portanto, vai valer que* $\int_0^1 te^t dt = ((t-1)e^t)|_0^1 = (1-1)e^1 - (0-1).1 = 0.e^1 - (-1) = 0+1 = 1$. *Logo, temos que* $\|f\|^2 = \frac{1}{2}(e^2-1)+\frac{1}{3}+2.1 = \frac{e^2}{2}-\frac{1}{2}+\frac{1}{3}+2 = \frac{3e^2}{6}-\frac{3}{6}+\frac{2}{6}+\frac{12}{6} = \frac{3e^2-3+2+12}{6} = \frac{3e^2+11}{6}$.

Exercício: Calculem o comprimento das funções $f, g \in V$ dadas por $f(t) := t^2+1$ e $g(t) := sen(t)$ com respeito ao produto interno dado logo acima.

Exercício resolvido: Vamos calcular o valor do parâmetro real não nulo $k \in \mathbb{R}$ para que o comprimento da função $f \in V$ dada por $f(t) := e^{t/k}$ com respeito ao produto interno anterior seja igual a 10. Temos que $\|f\|^2 = \langle f, f\rangle = \int_0^1 f^2(t)dt = \int_0^1 (e^{t/k})^2 dt = \int_0^1 e^{2t/k}dt = \frac{k}{2}(e^{2t/k})|_0^1 = \frac{k}{2}(e^{2/k}-1) = 10^2 = 100 \Leftrightarrow k(e^{2/k}-1) = 200$. *Esta última equação não possui solução por meios algébricos, sendo necessário a aplicação de métodos numéricos como, por exemplo, os métodos da bissecção e de Newton. Os leitores interessados nesses assuntos podem consultar um de meus livros, a saber, "Introdução ao Cálculo Numérico em Uma Única Variável Complexa Via o Princípio da Conservação das Propriedades Funcionais", o qual é a referência [5] contida nas referências bibliográficas disponíveis ao final do presente texto.*

Exercício: Calculem o valor do parâmetro real não nulo $k \in \mathbb{R}$ para que o comprimento da função $f \in V$ dada por $f(t) := sen(kt)$ com respeito ao produto interno anterior seja igual a 55.

Exercício resolvido extra: Vamos calcular o ângulo geométrico entre as funções $f, g \in V$ dadas por $f(t) := t$ e $g(t) := t^2$ segundo o produto interno dado acima. Para tal, vamos usar a relação $\langle f, g\rangle = \|f\|.\|g\|.\cos(\theta)$, *onde $\theta = \theta(f, g)$ é o ângulo geométrico entre f e g. Temos que* $\langle f,g\rangle = \int_0^1 f(t).g(t)dt = \int_0^1 t.t^2 dt = \int_0^1 t^3 dt = \left(\frac{t^4}{4}\right)|_0^1 = \frac{1}{4}(t^4)|_0^1 = \frac{1}{4}(1^4-0^4) = \frac{1}{4}(1-0) = \frac{1}{4}.1 = \frac{1}{4}$. *Ainda, temos que* $\|f\|^2 = \int_0^1 f^2(t)dt = \int_0^1 t^2 dt = \left(\frac{t^3}{3}\right)|_0^1 = \frac{1}{3}(t^3)|_0^1 = \frac{1}{3}(1^3-0^3) = \frac{1}{3}(1-0) = \frac{1}{3}.1 = \frac{1}{3} \Rightarrow \|f\| = \frac{1}{\sqrt{3}}$. *Continuando,*

$||g||^2 = \int_0^1 g^2(t)dt = \int_0^1 (t^2)^2 dt = \int_0^1 t^4 dt = \left(\frac{t^5}{5}\right)|_0^1 = \frac{1}{5}(t^5)|_0^1 = \frac{1}{5}(1^5 - 0^5) = \frac{1}{5}(1-0) = \frac{1}{5}.1 = \frac{1}{5} \Rightarrow$
$||g|| = \frac{1}{\sqrt{5}} \Rightarrow \frac{1}{4} = \frac{1}{\sqrt{3}}.\frac{1}{\sqrt{5}}.\cos(\theta) \Rightarrow \cos(\theta) = \frac{\sqrt{15}}{4} \Rightarrow \theta = \arccos\left(\frac{\sqrt{15}}{4}\right).$

Exercício: Mostrem que $\frac{\sqrt{15}}{4} \in (0,1)$.

Exercício resolvido: Vamos determinar o ângulo geométrico entre as funções $f, g \in V$ *dadas por* $f(t) := e^t$ *e* $g(t) := e^{-t}$ *segundo o produto interno dado acima. Para tal, vamos usar a relação* $\langle f, g\rangle = ||f||.||g||.\cos(\theta)$, *onde* $\theta = \theta(f, g)$ *é o ângulo entre os vetores* f *e* g. *Temos que* $\langle f, g\rangle = \int_0^1 f(t).g(t)dt = \int_0^1 e^t.e^{-t}dt = \int_0^1 1dt = (t)|_0^1 = 1 - 0 = 1$. *Ainda, temos que* $||f||^2 = \langle f, f\rangle = \int_0^1 f^2(t)dt = \int_0^1 e^{2t}dt = \frac{1}{2}(e^{2t})|_0^1 = \frac{1}{2}(e^2 - 1) \Rightarrow ||f|| = \sqrt{\frac{e^2-1}{2}}$. *Continuando, temos que* $||g||^2 = \langle g, g\rangle = \int_0^1 g^2(t)dt = \int_0^1 e^{-2t}dt = \frac{-1}{2}(e^{-2t})|_0^1 = \frac{-1}{2}(e^{-2} - 1) = \frac{1}{2}\left(1 - \frac{1}{e^2}\right) = \frac{1}{2}\left(\frac{e^2-1}{e^2}\right) \Rightarrow ||g|| = \frac{1}{e}.\sqrt{\frac{e^2-1}{2}}$. *Logo,* $1 = \sqrt{\frac{e^2-1}{2}}.\frac{1}{e}.\sqrt{\frac{e^2-1}{2}}.\cos(\theta) \Rightarrow e = \frac{(e^2-1)}{2}.\cos(\theta) \Rightarrow \cos(\theta) = \frac{2e}{e^2-1} \Rightarrow \theta = \arccos\left(\frac{2e}{e^2-1}\right)$.

Exercício: Provem que $\frac{2e}{e^2-1} \in (0,1)$.

Exercício: Determinem o ângulo geométrico entre as funções $f, g \in V$ *dadas por* $f(t) := t^2 + 1$ *e* $g(t) := t^2 + t$ *segundo o produto interno dado acima.*

Exercício resolvido: Vamos encontrar o valor do parâmetro real não nulo $k \in \mathbb{R}/\{0\}$ *para que o ângulo entre as funções* $f, g \in V$ *dadas por* $f(t) := e^{kt}$ *e* $g(t) := e^{-kt}$ *segundo o produto interno dado anteriormente seja igual a* $\theta = \frac{\pi}{3}$. *Para tal, vamos usar a relação* $\langle f, g\rangle = ||f||.||g||.\cos(\theta)$, *onde* $\theta = \theta(f, g)$ *é o ângulo geométrico entre os vetores* f *e* g. *Temos que* $\langle f, g\rangle = \int_0^1 f(t).g(t)dt = \int_0^1 e^{kt}.e^{-kt}dt = \int_0^1 1dt = (t)|_0^1 = 1 - 0 = 1, \forall k \in \mathbb{R}/\{0\}$. *Ainda, temos que* $||f||^2 = \langle f, f\rangle = \int_0^1 f^2(t)dt = \int_0^1 e^{2kt}dt = \frac{1}{2k}(e^{2kt})|_0^1 = \frac{1}{2k}(e^{2k} - 1), \forall k \in \mathbb{R}/\{0\} \Rightarrow ||f|| = \sqrt{\frac{e^{2k}-1}{2k}}, \forall k \in \mathbb{R}/\{0\}$. *Continuando, temos que* $||g||^2 = \langle g, g\rangle = \int_0^1 g^2(t) = \int_0^1 e^{-2kt}dt = \frac{-1}{2k}(e^{-2kt})|_0^1 = \frac{-1}{2k}(e^{-2k} - 1) = \frac{1}{2k}\left(1 - \frac{1}{e^{2k}}\right) = \frac{1}{2k}\left(\frac{e^{2k}-1}{e^{2k}}\right), \forall k \in \mathbb{R}/\{0\} \Rightarrow ||g|| = \frac{1}{e^k}.\sqrt{\frac{e^{2k}-1}{2k}}, \forall k \in \mathbb{R}/\{0\}$. *Portanto, sendo* $\cos(\theta) = \cos\left(\frac{\pi}{3}\right) = \frac{1}{2}$, *então segue que* $1 =$

$\sqrt{\dfrac{e^{2k}-1}{2k}}.\dfrac{1}{e^k}.\sqrt{\dfrac{e^{2k}-1}{2k}}.\dfrac{1}{2} \Leftrightarrow e^k = \dfrac{1}{2}\left(\dfrac{e^{2k}-1}{2k}\right) \Leftrightarrow 4ke^k = e^{2k}-1 \Leftrightarrow e^{2k}-4ke^k-1=0 \Leftrightarrow$ $e^k(e^k-4k)-1=0 \Leftrightarrow e^k(e^k-4k)=1$, *onde* $k \in \mathbb{R}/\{0\}$. *Esta última equação não possui solução por meios algébricos, sendo necessário a aplicação de métodos numéricos como, por exemplo, os métodos da bissecção e de Newton. Os leitores interessados nesses assuntos podem consultar um de meus livros, a saber, "Introdução ao Cálculo Numérico em Uma Única Variável Complexa Via o Princípio da Conservação das Propriedades Funcionais", o qual é a referência [5] contida nas referências bibliográficas disponíveis ao final do presente texto.*

Exercício: Encontrem o valor do parâmetro real não nulo $k \in \mathbb{R}/\{0\}$ *para que o ângulo geométrico entre os vetores* $f, g \in V$ *dados por* $f(t) := t+k$ *e* $g(t) := kt+1$ *segundo o produto interno dado anteriormente seja igual a* $\theta = \dfrac{\pi}{4}$.

Exercício opcional: Seja $f \in V$ *dada por* $f(t) := e^t$, *i.e,* f *é a função exponencial real restrita ao intervalo fechado* $[0,1]$. *Consideremos o produto interno dado anteriormente, i.e,* $\langle f, g\rangle := \int_0^1 f(t).g(t)dt$. *É possível encontrar uma função não nula* $g \in V$ *de modo que* $g \perp f$ *segundo esse produto interno? Ou seja, encontrar uma função não nula g que seja perpendicular à restrição da função exponencial real ao intervalo fechado* $[0,1]$, *em símbolos: "*$\langle e^t, g\rangle$*"* $= 0$. *Mais geralmente, se* $f \in V$ *é uma função estritamente positiva, i.e,* $f(t) > 0, \forall t \in [0,1]$ *então é possível encontrar uma função não nula* $g \in V$ *que seja perpendicular à essa função* f *segundo esse dado produto interno? Se sim, ofereçam um exemplo. Se não, ofereçam uma prova. Aqui cabe notar o seguinte: em espaços usuais, como* $\mathbb{R}^n$ *e* $\mathbb{C}^n$, *sempre que for dado um vetor não nulo, então sempre existe um outro vetor não nulo de tal modo que eles sejam perpendiculares segundo o produto escalar usual. Em contrapartida, em espaços mais gerais isso pode não ser verdade, i.e, pode existir um elemento não nulo desse espaço o qual o único vetor ortogonal a esse elemento segundo um dado produto interno é o vetor nulo.*

OBSERVAÇÃO 3.13. *Em* $\mathbb{R}^n$ *ou* $\mathbb{C}^n$ *sempre conseguimos calcular explicitamente o ângulo entre dois vetores com respeito ao produto escalar usual e com respeito às diversas "modificações" desse produto interno, de acordo com o que foi visto ao longo desse presente texto. Entretanto, em espaços mais gerais nem sempre é possível se calcular explicitamente o ângulo entre dois vetores com um dado produto interno nesses espaços. Por exemplo, seja Seja* $V := \{f : [1,2] \to \mathbb{R},\ \ contínua\}$ *= espaço vetorial constituído pelas funções reais definidas e contínuas no intervalo* $[1,2]$ *da reta real. Sejam* $f, g \in V$ *dadas por* $f(t) := e^t$ *e* $g(t) := \ln(t)$*. Consideremos, em* V*, o produto interno* $\langle . \rangle : V \times V = V^2 \to \mathbb{R}$ *dado por* $\langle f, g\rangle := \int_1^2 f(t).g(t)dt$*. Lembramos que vale a relação* $\langle f, g\rangle = ||f||.||g||.\cos(\theta)$*, onde* $\theta = \theta(f, g)$ *é o ângulo geométrico entre os vetores* f *e* g*. Então, para se calcular o ângulo entre as funções "*e^t*" e "*$\ln(t)$*" segundo esse produto interno, devemos considerar as seguintes integrais definidas, a saber,* $||f||^2 = \int_1^2 e^{2t}dt, ||g||^2 = \int_1^2 \ln^2(t)dt$ *e* $\langle f, g\rangle = \int_1^2 e^t \ln(t)dt$*. Aqui, ocorre o seguinte: As duas primeiras integrais definidas podem ser resolvidas usando-se técnicas usuais do Cálculo, sendo a primeira por intermédio de mudança de variáveis e a segunda pela técnica de integração por partes. Entretanto, a terceira integral definida,* $\int_1^2 e^t \ln(t)dt$ *não pode ser resolvida por intermédio de técnicas usuais do Cálculo. De fato, a função* $t \mapsto e^t \ln(t)$ *não possui uma primitiva elementar. Entretanto, podemos obter um resultado "aproximado" para o problema do seguinte modo: Usando a técnica de integração por partes e a expansão em série de potências da função exponencial real em torno da origem, então temos que (levando em consideração a "comutação" do símbolo de integral com o símbolo de somatório, quando necessário)* $\int e^t \ln(t)dt = e^t \ln(t) - \int \frac{e^t}{t}dt = e^t \ln(t) - \int \left(\frac{1}{t}. \sum_{n=0}^{+\infty} \frac{t^n}{n!}\right) dt = e^t \ln(t) - \int \sum_{n=0}^{+\infty} \frac{t^n}{tn!}dt = e^t \ln(t) - \int \sum_{n=0}^{+\infty} \frac{t^{n-1}}{n!}dt = e^t \ln(t) - \sum_{n=0}^{+\infty} \int \frac{t^{n-1}}{n!}dt = e^t \ln(t) - \sum_{n=0}^{+\infty} \frac{t^n}{n.n!} = e^t \ln(t) - \sum_{n=0}^{+\infty} \frac{t^n}{n^2.(n-1)!}, \forall t \in (0, +\infty)$*. Logo, podemos considerar a integral definida* $\int_1^2 e^t \ln(t)dt$ *e "truncar" a última série dada anteriormente para se obter uma "aproximação" para o ângulo entre as restrições das funções exponencial real e logaritmo real ao intervalo fechado* $[1,2]$ *via expressão dada por* $\langle f, g\rangle = ||f||.||g||.\cos(\theta)$*, onde* $\theta = \theta(f, g)$ *é o ângulo geométrico entre os vetores* f *e* g*. Aqui, ressaltamos que a velocidade de convergência dada por séries de potências "costuma" ser "lenta" e, portanto, muitos termos da série deverão ser considerados para que se tenha uma aproximação "razoável" para o problema em questão.*

De posse destas considerações, aqui segue uma pergunta aos leitores, a saber: Conforme vamos truncando a série em questão, vamos obtendo uma aproximação $\theta_n, n \in \mathbb{N}$ *para o ângulo* θ*. É verdade que, nesse caso, vai valer que* $\exists \lim_{n \to +\infty} \theta_n = \theta$*, onde* θ *é o ângulo entre "*e^t*" e "*$\ln(t)$*", o mesmo que se é obtido por intermédio da relação* $\langle f, g\rangle = ||f||.||g||.\cos(\theta)$*? Uma "dica" que podemos oferecer aos leitores é a seguinte: Lembrem-se que já mostramos anteriormente que qualquer produto interno é uma aplicação contínua.*

Seja $V := \{f : [0,1] \to \mathbb{R}, f \in C^1\}$ = *espaço vetorial constituído pelas funções reais definidas e de classe* C^1 *no intervalo* $[0,1]$ *da reta real. Então, a aplicação* $\langle . \rangle : V \times V = V^2 \to \mathbb{R}$ *dada por* $\langle f, g \rangle := \int_0^1 f(t).g(t)dt + \int_0^1 f'(t).g'(t)dt = \int_0^1 f(t).g(t) + f'(t).g'(t)dt$ *é um produto interno em* V. *De fato, temos que:*

(1) $\langle f, f \rangle = \int_0^1 f(t).f(t) + f'(t).f'(t)dt = \int_0^1 \underbrace{f^2(t)}_{\geq 0} + \underbrace{(f'(t))^2}_{\geq 0} dt \geq 0, \forall f \in V.$

(2) Mostremos que $\langle f, f \rangle = 0 \Leftrightarrow f = 0$. *De fato, temos que*

$$\langle f, f \rangle = \int_0^1 \underbrace{f^2(t)}_{\geq 0} + \underbrace{(f'(t))^2}_{\geq 0} dt \geq 0 = 0 \Leftrightarrow f^2(t) = 0, (f'(t))^2 = 0, \forall t \in [0,1] \Leftrightarrow f(t) = 0, f'(t) = 0, \forall t \in [0,1] \Leftrightarrow f \equiv 0, f' \equiv 0 \Leftrightarrow f \equiv 0.$$

(3) $\langle f, g \rangle = \int_0^1 f(t).g(t) + f'(t).g'(t)dt = \int_0^1 g(t).f(t) + g'(t).f'(t)dt = \langle g, f \rangle, \forall f, g \in V.$

(4) Dados quaisquer $f_1, f_2, g \in V$ *e* $\lambda \in \mathbb{R}$, *então temos que*

$$\langle f_1 + \lambda f_2, g \rangle = \int_0^1 (f_1(t) + \lambda f_2(t))g(t) + (f_1(t) + \lambda f_2(t))' g'(t)dt =$$
$$\int_0^1 f_1(t)g(t) + \lambda f_2(t)g(t) + (f_1'(t) + \lambda f_2'(t))g'(t)dt = \int_0^1 f_1(t)g(t) + \lambda f_2(t)g(t) + f_1'(t)g'(t) + \lambda f_2'(t)g'(t)dt =$$
$$\int_0^1 (f_1(t)g(t) + f_1'(t)g'(t)) + (\lambda f_2(t)g(t) + \lambda f_2'(t)g'(t))dt = \int_0^1 (f_1(t)g(t) + f_1'(t)g'(t)) + \lambda(f_2(t)g(t) + f_2'(t)g'(t))dt = \int_0^1 f_1(t)g(t) + f_1'(t)g'(t)dt + \int_0^1 \lambda(f_2(t)g(t) + f_2'(t)g'(t))dt =$$
$$\underbrace{\int_0^1 f_1(t)g(t) + f_1'(t)g'(t)dt}_{=\langle f_1, g \rangle} + \lambda \underbrace{\int_0^1 f_2(t)g(t) + f_2'(t)g'(t)}_{\langle f_2, g \rangle} = \langle f_1, g \rangle + \lambda \langle f_2, g \rangle, \forall f_1, f_2, g \in V, \forall \lambda \in \mathbb{R}.$$

Logo, temos um produto interno.

Observação 3.14. *Seja* $V_0 := \{f : [0,1] \to \mathbb{R}, f \in C^1\}$ = *espaço vetorial constituído pelas funções reais definidas e de classe* C^1 *no intervalo* $[0,1]$ *da reta real. Consideremos, em* V_0, *as duas normas já estudadas anteriormente* $||.||_1, ||.||_2 : V_0 \to [0, +\infty)$ *dadas por* $||f||_1 := \int_0^1 |f(t)|dt$ *e* $||f||_2 := \int_0^1 |f(t)| + |f'(t)|dt$. *Como vale que* $|f(t)| \leq |f(t)| + |f'(t)|, \forall t \in [0,1] \Rightarrow ||f||_1 := \int_0^1 |f(t)|dt \leq \int_0^1 |f(t)| + |f'(t)|dt =: ||f||_2, \forall f \in V_0 \Rightarrow ||f||_1 \leq ||f||_2, \forall f \in V_0$. *Assim, interpretando geometricamente esse fato, temos que o comprimento de uma função (vetor)* $f \in V_0$ *segundo a norma* $||.||_2$ *é sempre maior ou igual que o comprimento de uma função/vetor com respeito à norma* $||.||_1$. *Na verdade, a igualdade ocorre se, e só se,* $|f'(t)| = 0, \forall t \in [0,1]$, *ou seja se, e só se,* $f'(t) = 0, \forall t \in [0,1]$ *e, portanto, se, e só se,* $f(t) = c$ = *constante,* $\forall t \in [0,1]$. *Isso significa que se* $f \in V_0$ *for não constante, então* $||f||_2 > ||f||_1$. *Por exemplo, a função* $f \in V_0$ *dada por* $f(t) := 10, \forall t \in [0,1]$ *tem o mesmo comprimento perante as normas* $||.||_1$ e $||.||_2$, *enquanto que a função* $g \in V_0$ *dada por* $g(t) := e^t$, *certamente, satisfaz a desigualdade estrita com relação às duas normas, a saber,* $||g||_2 > ||g||_1$.

Exercício resolvido: Vamos calcular o comprimento da função (ou melhor dizendo, do vetor) $f \in V$ *dada por* $f(t) := e^{2t}$ *segundo o produto interno dado acima. Temos que* $||f||^2 = \langle f, f\rangle = \int_0^1 f^2(t) + (f'(t))^2 dt = \int_0^1 (e^{2t})^2 + ((e^{2t})')^2 dt = \int_0^1 e^{4t} + (2e^{2t})^2 dt = \int_0^1 e^{4t} + 4e^{2t} dt = \int_0^1 5e^{4t} dt = 5\int_0^1 e^{4t} dt = 5\left(\frac{1}{4}e^{4t}\right)|_0^1 = \frac{5}{4}(e^{4t})|_0^1 = \frac{5}{4}(e^4 - 1) \Rightarrow ||f|| = \sqrt{\frac{5(e^4-1)}{4}} = \frac{\sqrt{5(e^4-1)}}{2}$.

Exercício: Calculem o comprimento da função $f \in V$ *dada por* $f(t) := t^2 + t$ *segundo o produto interno dado acima.*

Exercício resolvido: Vamos calcular o ângulo geométrico entre as funções $f, g \in V$ *dadas por* $f(t) := t$ *e* $g(t) := t^2$ *segundo o produto interno dado acima. Para tal, vamos usar a relação* $\langle f, g\rangle = ||f||.||g||.\cos(\theta)$, *onde* $\theta = \theta(f, g)$ *é o ângulo geométrico entre* f *e* g. *Temos que* $\langle f, g\rangle = \int_0^1 f(t).g(t) + f'(t).g'(t)dt = \int_0^1 t.t^2 + 1.2tdt = \int_0^1 t^3 + 2tdt = \left(\frac{t^4}{4} + t^2\right)|_0^1 = \frac{1}{4} + 1 = \frac{1}{4} + \frac{4}{4} = \frac{1+4}{4} = \frac{5}{4}$. *Ainda,* $||f||^2 = \langle f, f\rangle = \int_0^1 f^2(t) + (f'(t))^2 dt = \int_0^1 t^2 + 1dt = \left(\frac{t^3}{3} + t\right)|_0^1 = \frac{1}{3} + 1 = \frac{1}{3} + \frac{3}{3} = \frac{1+3}{3} = \frac{4}{3} \Rightarrow ||f|| = \frac{2}{\sqrt{3}}$. *Continuando,* $||g||^2 = \langle g, g\rangle = \int_0^1 g^2(t) + (g'(t))^2 dt = \int_0^1 t^4 + (2t)^2 dt = \int_0^1 t^4 + 4t^2 dt = \left(\frac{t^5}{5} + \frac{4t^3}{3}\right)|_0^1 = \frac{1}{5} + \frac{4}{3} = \frac{3}{15} + \frac{20}{15} = \frac{20+3}{15} = \frac{23}{15} \Rightarrow ||g|| = \frac{\sqrt{23}}{\sqrt{15}} \Rightarrow \frac{5}{4} = \frac{2}{\sqrt{3}}.\frac{\sqrt{23}}{\sqrt{15}}.\cos(\theta) \Rightarrow \frac{5}{4} = \frac{2}{\sqrt{3}}.\frac{\sqrt{23}}{\sqrt{3}.\sqrt{5}}.\cos(\theta) \Rightarrow \frac{5}{4} = \frac{2\sqrt{23}}{3\sqrt{5}}.\cos(\theta) \Rightarrow \cos(\theta) = \frac{15\sqrt{5}}{8\sqrt{23}} \Rightarrow \theta = \arccos\left(\frac{15\sqrt{5}}{8\sqrt{23}}\right)$.

Exercício: Mostrem que $\frac{15\sqrt{5}}{8\sqrt{23}} \in (0, 1)$.

Exercício: Calculem o ângulo geométrico entre as funções $f, g \in V$ *dadas por* $f(t) := t+1$ *e* $g(t) := t^2 + t$ *segundo o produto interno dado acima.*

Observação 3.15. *Seja* $V_0 := \{f : [0, 1] \to \mathbb{R}, f \in C^1\}$ = *espaço vetorial constituído pelas funções reais definidas e de classe* C^1 *no intervalo* $[0, 1]$ *da reta real. Já estudamos dois produtos internos em* V_0, *a saber,* $\langle . \rangle_1, \langle . \rangle_2 : V_0 \times V_0 = V_0^2 \to \mathbb{R}$ *dados por* $\langle f, g\rangle_1 := \int_0^1 f(t).g(t)dt$ *e* $\langle f, g\rangle_2 := \int_0^1 f(t).g(t) + f'(t).g'(t)dt$ *e, inclusive, mostramos que as normas oriundas desses produtos internos, a saber,* $||.||_1, ||.||_2 : V_0 \to [0, +\infty)$ *dadas por* $||f||_1 :=$

$\langle f, f\rangle_1 = \int_0^1 f^2(t)dt$ e $\|f\|_2 := \langle f, f\rangle_2 = \int_0^1 f^2(t) + (f'(t))^2 dt$ *satisfazem a condição de que* $\|f\|_2 \geq \|f\|_1, \forall f \in V_0$, *com igualdade valendo se, e só se,* f *é uma função constante. Agora, vamos supor que* $f, g \in V_0$ *são funções não nulas de* V_0, *i.e,* $f, g \neq 0_{V_0}$ *e que* $\langle f, g\rangle_1, \langle f, g\rangle_2 \neq 0$, *ou seja, que* f, g *são funções não ortogonais segundo os produtos internos* $\langle . \rangle_1$ *e* $\langle . \rangle_2$, *então vale que, sendo* θ_1 *o ângulo entre as funções* f *e* g *segundo o produto interno* $\langle . \rangle_1$ *e* θ_2 *o ângulo entre as mesmas funções* f *e* g *segundo o produto interno* $\langle . \rangle_2$, $\dfrac{\langle f, g\rangle_2}{\langle f, g\rangle_1} \geq \dfrac{\cos(\theta_2)}{\cos(\theta_1)}$. *De fato, sendo* $\|f\|_2 \geq \|f\|_1, \|g\|_2 \geq \|g\|_1, \forall f, g \in V_0$, *então vale que* $\|f\|_2.\|g\|_2 \geq \|f\|_1.\|g\|_1$, *e sendo* $\langle f, g\rangle_1 = \|f\|_1.\|g\|_1.\cos(\theta_1)$ *e* $\langle f, g\rangle_2 = \|f\|_2.\|g\|_2.\cos(\theta_2)$, *então temos que* $\dfrac{\langle f, g\rangle_2}{\cos(\theta_2)} = \|f\|_2.\|g\|_2 \geq \|f\|_1.\|g\|_1 = \dfrac{\langle f, g\rangle_1}{\cos(\theta_1)}$ *e, portanto,* $\dfrac{\langle f, g\rangle_2}{\langle f, g\rangle_1} \geq \dfrac{\cos(\theta_2)}{\cos(\theta_1)}$. *Em particular, se* $f, g \in V_0$ *forem funções constantes, então os ângulos entre elas segundo os produtos internos* $\langle . \rangle_1$ *e* $\langle . \rangle_2$ *são iguais.*

Exercício resolvido: Sejam $V := \{f : [0, 1] \to \mathbb{R}, f \in C^1\}$ = *espaço vetorial constituído pelas funções definidas e de classe* C^1 *no intervalo fechado* $[0, 1]$ *da reta real e a aplicação* $\langle . \rangle : V \times V = V^2 \to \mathbb{R}$ *dada por* $\langle f, g\rangle := \int_0^1 f'(t)g(t) + f(t)g'(t)dt$. *Mostremos que essa aplicação não define um produto interno em* V. *Para sermos mais específicos, vamos provar que não vale que* $\langle f, f\rangle \geq 0, \forall f \in V$. *Para tal, vamos exibir uma função* $f \in V$ *de tal modo que se tenha que* $\langle f, f\rangle < 0$. *Inicialmente, notamos que* $\langle f, g\rangle = \int_0^1 \underbrace{f'(t)g(t) + f(t)g'(t)}_{=(f(t)g(t))'} dt = \int_0^1 (f(t)g(t))' dt = (f(t)g(t))|_0^1 = f(1).g(1) - f(0).g(0), \forall f, g \in V \Rightarrow \langle f, f\rangle = f(1)f(1) - f(0)f(0) = f^2(1) - f^2(0)$. *Agora, seja* $f \in V$ *qualquer função decrescente, por exemplo,* $f(t) := 1 - t$. *Assim, temos que* $f(1) = 1 - 1 = 0$ *e* $f(0) = 1 - 0 = 1$ *e, portanto,* $\langle f, f\rangle = f^2(1) - f^2(0) = 0^2 - 1^2 = 0 - 1 = -1 < 0$. *Logo, concluímos que* $\langle f, f\rangle < 0, \forall f \in V$ *decrescente.*

Observação 3.16. *Seja* V *um espaço vetorial com uma norma* $\|.\| : V \to [0, +\infty)$. *Então, a aplicação* $d : V \times V = V^2 \to \mathbb{R}$ *dada por* $d(x, y) := \|x - y\|$ *é uma métrica em* V. *Ainda, se* $\langle , \rangle : V \times V = V^2 \to \mathbb{R}$ *é um produto interno em* V, *então a aplicação* $\|.\| : V \to \mathbb{R}$ *dada por* $\|x\| := \sqrt{\langle x, x\rangle}$ *é uma norma em* V. *Vamos demonstrar essas propriedades. Inicialmente, se* $\|.\|$ *é uma norma em* V, *então* $d(x, y) := \|x - y\| = 0 \Leftrightarrow x - y = 0 \Leftrightarrow x = y$. *Ainda,* $d(x, z) := \|x - z\| = \|(x - y) + (y + z)\| \leq \underbrace{\|x - y\|}_{=d(x,y)} + \underbrace{\|y - z\|}_{=d(y,z)} = d(x, y) + d(y, z), \forall x, y, z \in V$. *Logo, temos uma métrica ("natural") em* V. *Continuando, se* $\langle , \rangle$ *é um produto interno em* V, *então* $\|x\| := \sqrt{\langle x, x\rangle} = 0 \Leftrightarrow \langle x, x\rangle = 0 \Leftrightarrow x = 0$. *Além disso, dado qualquer escalar real* $\lambda \in \mathbb{R}$ *e qualquer* $x \in V$, *então* $\|\lambda x\| = \sqrt{\langle \lambda x, \lambda x\rangle} = \sqrt{\lambda.\lambda.\langle x, x\rangle} = \sqrt{\lambda^2.\langle x, x\rangle} = |\lambda| \sqrt{\langle x, x\rangle} = |\lambda|\|x\|$. *Por fim, dados quaisquer* $x, y \in V$, *então* $\|x + y\|^2 := \langle x + y, x + y\rangle = \langle x, x + y\rangle + \langle y, x + y\rangle =$

$\langle x, x\rangle + \langle x, y\rangle + \langle y, x\rangle + \langle y, y\rangle = \|x\|^2 + \langle x, y\rangle + \langle x, y\rangle + \|y\|^2 = \|x\|^2 + 2\langle x, y\rangle + \|y\|^2 \leq \|x\|^2 + 2\|x\|.\|y\| + \|y\|^2 = (\|x\| + \|y\|)^2 \Rightarrow \|x + y\| \leq \|x\| + \|y\|, \forall x, y \in V$. *Em uma das passagens anteriores, usamos a desigualdade* $\langle x, y\rangle \leq \|x\|.\|y\|, \forall x, y \in V$. *Assim, temos uma norma ("natural") em* V. *Resumindo: Se* $\langle , \rangle : V \to \mathbb{R}$ *é um produto interno em* $V \Rightarrow \|.\| : V \to [0, +\infty)$ *dada por* $\|x\| := \sqrt{\langle x, x\rangle}$ *é uma norma em* $V \Rightarrow d : V \times V = V^2 \to [0, +\infty)$ *dada por* $d(x, y) := \|x - y\| := \sqrt{\langle x - y, x - y\rangle}$ *é uma métrica em* V. *Logo, um espaço vetorial com um produto interno sempre possui uma norma ("natural") e por conseguinte, sempre possui uma métrica ("natural").*

Observação 3.17. *Se conseguimos medir comprimentos, então conseguimos medir distâncias. A recíproca pode ser falsa. De fato, toda norma gera uma métrica mas nem toda métrica é oriunda de uma norma. Uma condição necessária para que isso ocorra é que a métrica seja invariante por translações. Mais do que isso, uma métrica é proveniente de uma norma se, e só se, as duas condições seguintes são satisfeitas, a saber: que a métrica seja invariante por translações e que seja não negativamente homogênea. Se conseguimos medir ângulos, então conseguimos medir comprimentos e, portanto, medir distâncias. De fato, todo produto interno gera uma norma que gera uma métrica, mas nem toda norma é oriunda de um produto interno. Isso ocorre se, e só se, a norma satisfaz a lei do paralelogramo. Para mais detalhes convidamos os leitores a consultarem as referências* [3], [9], [15], [16], [20] *e* [21] *das referências bibliográficas ao final do texto. O que vamos fazer aqui nessa observação é apenas "tangenciar" essas questões. Inicialmente, consideremos uma métrica* $d : M \times M = M^2 \to [0, +\infty)$. *Então, ela é:*

(1) Invariante por translação, se $d(x + z, y + z) = d(x, y), \forall x, y, z \in M$.

(2) Não negativamente homogênea, se $d(\lambda x, \lambda y) = |\lambda|.d(x, y), \forall x, y \in M, \forall \lambda \in \mathbb{C}$.

Um teorema importante sobre métricas nos diz que a métrica d *é proveniente de uma norma* $\|.\|$ *se, e só se, a métrica* d *satisfaz as propriedades (1) e (2). Nesse caso, a norma* $\|.\|$ *que gera a métrica* d *será dada por* $\|x\| := d(x, 0)$. *Nesse caso, a norma* $\|x\|$ *pode ser pensada como o "comprimento" do "segmento de reta" que liga a origem até o ponto* x.

Podemos, nesse contexto, exibir uma classe "fechada" de métricas que não são provenientes de norma alguma, a saber, as métricas limitadas. Na verdade, a condição de ser limitada é uma condição suficiente (porém não necessária) para que uma métrica não seja *proveniente de norma alguma. De fato, a homogeneidade garante a não limitação pois, por exemplo, se d é uma métrica limitada, digamos, $\exists k \geq 0; d(x,y) \leq k, \forall x,y \in M$, e supondo por absurdo que d seja homogênea, então sendo $(x_0,y_0) \in M \times M = M^2$ de tal modo que $d(x_0,y_0) \neq 0$ (sendo d uma métrica basta, para isso, que $x_0 \neq y_0$) com $\lambda := \dfrac{k+1}{d(x_0,y_0)}$, então $d(\lambda x_0, \lambda y_0) = \lambda.d(x_0,y_0) = \dfrac{k+1}{d(x_0,y_0)}.d(x_0,y_0) = k+1 > k$, o que contraria o fato de que a métrica d é limitada. Podemos notar que uma métrica limitada, apesar de não poder ser homogênea pode, perfeitamente, ser invariante por translações. Fica como exercício para os leitores encontrarem uma métrica limitada invariante por translações. Além disso, podemos, também, notar que uma métrica não limitada é sempre homogênea, porém não precisa ser invariante por translações e, desse modo, fica como exercício aos leitores encontrarem uma métrica não limitada que não é proveniente de norma alguma.*

Um teorema importante devido à M. Frèchet, J. von Neumann e P. Jordan nos diz que uma condição necessária e também suficiente para que uma norma $||.|| : V \to [0,+\infty)$ seja proveniente de algum produto interno $\langle . \rangle : V \times V = V^2 \to \mathbb{F}$, onde $\mathbb{F} = \mathbb{R}$ ou $\mathbb{F} = \mathbb{C}$ é que essa norma satisfaça a lei do paralelogramo, a saber, $||x+y||^2 + ||x-y||^2 = 2(||x||^2 + ||y||^2), \forall x,y \in V$. Na verdade, já vimos anteriormente, que se V é um espaço vetorial com um produto interno $\langle . \rangle : V \times V = V^2 \to \mathbb{F}$, então ele satisfaz a lei do paralelogramo, onde a norma tomada é a norma "naturalmente" oriunda desse produto interno, a saber, $||.|| : V \to [0,+\infty)$ dada por $||x|| := \sqrt{\langle x,x \rangle}$. Para a "outra parte" do resultado, informamos aos leitores que, sendo positivo a validade da lei do paralelogramo, então a norma será proveniente do seguinte produto interno, a saber:

(1) Para o caso real: $\langle x,y \rangle := \dfrac{||x+y||^2 + ||x-y||^2}{4}, \forall x,y \in V.$

(2) Para o caso complexo: $\langle x,y \rangle := \dfrac{||x+y||^2 + ||x-y||^2 + i(||x+iy||^2 - ||x-iy||^2)}{4}, \forall x,y \in V.$

Por fim, vamos oferecer um exemplo de um espaço vetorial normado o qual a norma não é proveniente de produto interno algum. Seja $V := \{f : [0,1] \to \mathbb{R}; \int_0^1 |f(t)|dt < +\infty\}$ = espaço vetorial constituído pelas funções reais definidas, integráveis com integral finita no intervalo $[0,1]$ da reta real. A norma nesse espaço será $||.|| : V \to [0,+\infty)$ dada por $||f|| := \int_0^1 |f(t)|dt$, a qual já estudamos anteriormente (em outro espaço vetorial). Mostremos que essa norma, nesse espaço, não é proveniente de produto interno algum e, para isso, *mostremos que* $\exists_m f, g \in V; ||f + g||^2 + ||f - g||^2 \neq 2(||f||^2 + ||g||^2)$, *ou seja, exsitem elementos desse espaço que não satisfazem a lei do paralelogramo para essa norma. Sejam* $f, g \in V$ *dadas por*

$$f(t) := \begin{cases} 1, \forall t \in [0, 1/2] \\ 0, \forall t \in (1/2, 1] \end{cases}$$

e

$$g(t) := \begin{cases} 0, \forall t \in [0, 1/2] \\ 1, \forall t \in (1/2, 1] \end{cases}$$

Assim, segue que $f(t) + g(t) = 1, \forall t \in [0, 1]$ *e*

$$f(t) - g(t) = \begin{cases} 1, \forall t \in [0, 1/2] \\ -1, \forall t \in (1/2, 1] \end{cases}$$

e, portanto, $|f(t) - g(t)| = 1, \forall t \in [0, 1]$. *Logo, temos que* $||f + g|| = \int_0^1 1dt = 1 \Rightarrow ||f + g||^2 = 1, ||f - g|| = \int_0^1 1dt = 1 \Rightarrow ||f - g||^2 = 1, ||f|| = \int_0^{1/2} 1dt = \frac{1}{2} \Rightarrow ||f||^2 = \frac{1}{4}$ e $||g|| = \int_{1/2}^1 1dt = \frac{1}{2} \Rightarrow ||g||^2 = \frac{1}{4} \Rightarrow ||f + g||^2 + ||f - g||^2 = 1 + 1 = 2 \neq 2(||f||^2 + ||g||^2) = 2\left(\frac{1}{4} + \frac{1}{4}\right) = 2.\frac{2}{4} = \not{2}.\frac{1}{\not{2}} = 1.$

Exemplo 3.4. *(Discos em espaços de funções contínuas). Seja* $V := \{f : [0, 1] \to \mathbb{R}$ *contínua*$\}$ = *espaço vetorial constituído pelas funções reais de uma única variável real definidas e contínuas no intervalo fechado* $[0, 1]$. *Em* V, *consideremos a norma* $||.|| : V \to [0, +\infty)$ *dada por* $||f|| := \int_0^1 |f(t)|dt$. *O disco de "centro" na função* $f \in V$ *dada por* $f(t) := e^t, \forall t \in [0, 1]$ *e raio igual a 2 é o subconjunto descrito por* $D(f; 2) := \{g \in V; ||f - g|| \leq 2\} = \{g \in V; d(f, g) = \int_0^1 |g(t) - e^t|dt \leq 2\}$. *Como um abuso de linguagem (e também de notação), podemos escrever "*$D(e^t, 2)$*" para designar o disco de centro na função exponencial real (definida no intervalo* $[0, 1]$*) cujo raio é igual a 2. Vamos encontar uma função que esteja nesse disco. Um simples exemplo consiste em se considerar a função* $g \in V$ *dada por* $g(t) := \frac{e^t}{2}, \forall t \in [0, 1]$. *Assim, novamente, como um abuso de notação e também de linguagem, "*$d\left(\frac{e^t}{2}, e^t\right)$*"* $= \int_0^1 \left|\frac{e^t}{2} - e^t\right| dt = \int_0^1 \left|-\frac{e^t}{2}\right| dt = \int_0^1 \left|\frac{e^t}{2}\right| dt = \int_0^1 \frac{e^t}{2} dt = \frac{1}{2}\int_0^1 e^t dt = \frac{1}{2}(e^t)|_0^1 = \frac{1}{2}(e^1 - e^0) = \frac{1}{2}(e - 1)$. *Agora, só nos resta mostrar que o número real* $\frac{e-1}{2}$ *é menor do que 2. De fato, como* $2 < e = 2,71... < 3 \Rightarrow 1 < e - 1 < 2 \Rightarrow \frac{1}{2} < \frac{e-1}{2} < 1.$

Observação 3.18. *Uma outra notação que podemos usar para se designar o disco de centro na função exponencial real (definida no intervalo* $[0,1]$*) e de raio igual a* 2 *é a seguinte:* $D([0,1] \ni t \mapsto e^t; 2) := \{g \in V; d([0,1] \ni t \mapsto e^t, g)\} = \|([0,1] \ni t \mapsto e^t) - g\| = \int_0^1 |g(t) - e^t| dt \leq 2 \subsetneq V$.

Exercício: Encontrem duas funções linearmente independentes que estejam no disco descrito no exemplo acima.

Exercício: Encontrem uma função $h \in V$ *que esteja na "fronteira" do disco de centro na função exponencial real (definida no intervalo* $[0,1]$*) e de raio igual a* 2*, "*$D(e^t, 2)$*", i.e, encontrem* $h \in V$ *que satisfaça a condição de que "*$d(e^t, h)$*"* $:= \int_0^1 |g(t) - e^t| dt = 2$*. Sugestão: Considerem* $h \in V$ *dada por* $h(t) := ke^t, \forall t \in [0,1]$ *onde* $k \in \mathbb{R}$ *é uma constante real a ser determinada de modo conveniente para que se resolva o problema.*

CAPÍTULO 4

Geometria Analítica de Curvas em Dimensão Infinita

Seja $V := \{\{x_n\}_{n\in\mathbb{N}} \subsetneq \mathbb{R}\}$ = *espaço vetorial constituído pelas sequências de números reais. Consideremos duas sequências particulares* $\{x_n\}_{n\in\mathbb{N}}, \{y_n\}_{n\in\mathbb{N}} \in V$ *dadas por* $x_n := \dfrac{n+1}{n}$ *e* $y_n := \dfrac{n^2+1}{n^2}$. *O "segmento de reta" que "liga" essas duas sequências é a imagem da aplicação* $f : [0,1] \to V$ *dada por* $f(t) := tx_n + (1-t)y_n = t\left(\dfrac{n+1}{n}\right) + (1-t)\left(\dfrac{n^2+1}{n^2}\right) = \dfrac{tn(n+1)}{n^2} + \dfrac{(1-t)(n^2+1)}{n^2} = \dfrac{tn^2+tn+n^2+1-tn-t}{n^2} = \dfrac{(tn-t)+n^2+1}{n^2} = \dfrac{t(n-1)+n^2+1}{n^2}$. *Podemos notar que o segmento de reta que liga os "pontos" (ou "vetores")* $\{x_n\}_{n\in\mathbb{N}}$ *e* $\{y_n\}_{n\in\mathbb{N}}$ *em* V *é uma família de sequências a um parâmetro real,* $\{\varphi_n(t)\}_{n\in\mathbb{N}} \subsetneq V$, *dada por* $\varphi_n(t) := \dfrac{t(n-1)+n^2+1}{n^2}$. *Assim, definimos:*

Definição 4.1. *Uma curva em um espaço vetorial constituído por sequências de números reais é uma família de sequências a um parâmetro real.*

Como mais um exemplo, a família de sequências a um parâmetro real $\{\varphi_n(t)\}_{n\in\mathbb{N}} \subsetneq V$, *dada por* $\varphi_n(t) := \dfrac{t}{n}$ *é uma curva no espaço vetorial* V *constituído pelas sequências de números reais.*

Observação 4.1. *Podemos notar que o segmento de reta que liga duas sequências convergentes contêm apenas sequências convergentes. Ainda, o segmento de reta que liga duas sequências limitadas só contém sequências limitadas. Deixamos esses dois casos para que os leitores completem os detalhes. Por fim, o segmento de reta que conecta duas sequências divergentes só possui sequências divergentes. De fato, dadas duas sequências divergentes quaisquer, digamos,* $\{x_n\}_{n\in\mathbb{N}}, \{y_n\}_{n\in\mathbb{N}} \subsetneq \mathbb{R}$, *então o segmento de reta que as conecta é dado por* $tx_n+(1-t)y_n = tx_n+y_n-ty_n = t(x_n-y_n)+y_n$, *onde* $t \in [0,1]$. *Assim, dado e fixado qualquer* $t \in [0,1]$, *a sequência* $\{t(x_n-y_n)+y_n\}_{n\in\mathbb{N}} \subsetneq \mathbb{R}$ *é divergente, pois contém a parcela aditiva* y_n, *oriunda da sequência divergente* $\{y_n\}_{n\in\mathbb{N}} \subsetneq \mathbb{R}$. *Nesse caso, só temos duas possibilidades, a saber, ou* y_n *tende para mais ou menos infinito quando* n *tende para mais infinito (como, por exemplo,* $y_n := n^2+n$*) e, portanto,* $tx_n+(1-t)y_n = t(x_n-y_n)+y_n$ *tende para mais ou menos infinito quando* n *tende a mais infinito, ou não existe o limite de* y_n *quando* n *tende para* *mais ou menos infitino (como, por exemplo,* $y_n := \cos(n)$*) e, portanto, não existe o limite de* $tx_n + (1-t)y_n = t(x_n - y_n) + y_n$ *quando* n *tende a mais infinito.*

Seja, agora, $V := \{f : I \to \mathbb{R}\}$ = *espaço vetorial constituído pelas funções reais de uma única variável real definidas em um intervalo* $I \subseteq \mathbb{R}$ *da reta real. Consideremos duas funções em particular,* $f, g \in V$*, dadas por* $f(x) := e^x$ *e* $g(x) := e^{-x}$*. O "segmento de reta" que "liga" essas duas funções é a imagem da aplicação* $h_x : [0,1] \to V$ *dada por* $h_x(t) := te^x + (1-t)e^{-x} = te^x + e^{-x} - te^{-x} = (te^x - te^{-x}) + e^{-x} = t(e^x - e^{-x}) + e^{-x} = 2t\frac{(e^x + e^{-x})}{2} + e^{-x} = 2t\cosh(x) + e^{-x}$*. Escolhendo, por exemplo,* $t = \frac{1}{2} \in [0,1]$*, então* $h_x(1/2) = \cosh(x) + e^{-x}$ *e, portanto, a função real de uma única variável real* $s = s(x) := \cosh(x) + e^{-x}$ *"está" no segmento de reta que liga as funções* f *e* g*. Ainda, podemos notar que o segmento de reta que liga os "pontos" (ou "vetores")* f *e* g *em* V *é uma* <u>*família de funções a um parâmetro real,*</u> $w_t(x)$*, dada por* $w_t(x) := 2t\cosh(x) + e^{-x}$*. Assim, definimos:*

DEFINIÇÃO 4.2. *Uma curva em um espaço vetorial constituído por funções reais de uma única variável real é uma família de funções a um parâmetro real.*

Como mais um exemplo, a família de funções reais de uma única variável real a um parâmetro real h_t *dada por* $h_t(x) := e^{t+x} = e^t.e^x$ *é uma curva no espaço vetorial* V *constituído das funções reais de uma única variável real.*

Exercício: Encontrem explicitamente a expressão do segmento de reta que liga as sequências $\{x_n\}_{n\in\mathbb{N}}, \{y_n\}_{n\in\mathbb{N}} \in V$*, dadas por* $x_n := n, y_n := 2n^2$*. Perguntas: Esse segmento de reta contém alguma sequência constante? Dê um exemplo de alguma sequência que esteja nesse segmento de reta. A sequência* $\{z_n\}_{n\in\mathbb{N}} \in V$ *dada por* $z_n := \frac{n^2+n}{2}$ *está nesse segmento de reta? Justifiquem. Dica: vejam o exercício resolvido concernente à funções logo adiante.*

Exercício: Encontrem explicitamente a expressão do segmento de reta que liga as sequências $\{x_n\}_{n\in\mathbb{N}}, \{y_n\}_{n\in\mathbb{N}} \subsetneq V$*, dadas por* $x_n := 6n + 5, y_n := 2n^2 + 11$*. Perguntas: Esse segmento de reta contém alguma sequência constante? Dê um exemplo de alguma sequência que esteja nesse segmento de reta. A sequência* $\{z_n\}_{n\in\mathbb{N}} \in V$ *dada por* $z_n := 10n^2 + n$ *está nesse segmento de reta? Justifiquem. Dica: vejam o exercício resolvido concernente à funções logo adiante.*

Exercício resolvido: Vamos encontrar explicitamente a expressão do segmento de reta que liga as funções $f, g \in V$*, dadas por* $f(x) := sen^2(x), g(x) := \cos^2(x)$*. Perguntas: Esse segmento de reta contém alguma função constante? Dê um exemplo de alguma função que esteja nesse segmento de reta. Ainda, a função* $h = h(x) := \cos(2x), \forall x \in \mathbb{R}$ *está nesse segmento de reta? Justifique. Inicialmente, recordamos que* $\cos(2x) = 2\cos^2(x) - 1, \forall x \in \mathbb{R} \Rightarrow \cos^2(x) = \dfrac{\cos(2x)+1}{2}, \forall x \in \mathbb{R}$*. Assim, dado* $t \in [0,1]$ *qualquer, então* $t\,sen^2(x) + (1-t)\cos^2(x) = t\,sen^2(x) + \cos^2(x) - t\cos^2(x) = t(sen^2(x) - \cos^2(x)) + \cos^2(x) = -t(\cos^2(x) - sen^2(x)) + \cos^2(x) = \cos^2(x) - t\cos(2x) = \dfrac{\cos(2x)+1}{2} - t\cos(2x) = \dfrac{\cos(2x)+1-2t\cos(2x)}{2} = \dfrac{(1-2t)\cos(2x)+1}{2}$*. Logo, o segmento de reta que liga as funções* $f = f(x) := sen^2(x)$ *e* $g = g(x) := \cos^2(x)$ *é a imagem da aplicação* $\varphi_x : [0,1] \to \mathbb{R}^2$ *dada por* $\varphi_x(t) := \dfrac{(1-2t)\cos(2x)+1}{2}$*. Para responder a pergunta de que se esse segmento de reta contém alguma função constante, consideramos* $t = \dfrac{1}{2} \in [0,1]$ *e calculamos* $\varphi_x\left(\dfrac{1}{2}\right) = \dfrac{\left(1 - \cancel{2}.\dfrac{1}{\cancel{2}}\right)\cos(2x)+1}{2} = \dfrac{(1-1)\cos(2x)+1}{2} = \dfrac{0.\cos(2x)+1}{2} = \dfrac{0+1}{2} = \dfrac{1}{2}$*. Portanto, esse segmento contém a função constante* $h = h(x) := \dfrac{1}{2}, \forall x \in \mathbb{R}$*. Como um exemplo de outra função que está nesse segmento consideramos, por exemplo,* $t = \dfrac{1}{4} \in [0,1]$ *e calculamos* $\varphi_x\left(\dfrac{1}{4}\right) = \dfrac{\left(1 - 2.\dfrac{1}{4}\right)\cos(2x)+1}{2} = \dfrac{\left(1 - \cancel{2}\dfrac{1}{\cancel{2}.2}\right)\cos(2x)+1}{2} = \dfrac{\left(1-\dfrac{1}{2}\right)\cos(2x)+1}{2} = \dfrac{\dfrac{1}{2}\cos(2x)+1}{2} = \dfrac{1}{2}\left(\dfrac{1}{2}\cos(2x)+1\right)$*. Logo, a função real de uma única variável real* $s : \mathbb{R} \to \mathbb{R}$ *dada por* $s(x) := \dfrac{1}{2}\left(\dfrac{1}{2}\cos(2x)+1\right)$ *está nesse segmento de reta. Por fim, para verificar se a função* $v = v(x) := \cos(2x), \forall x \in \mathbb{R}$ *está nesse segmento de reta, devemos verificar se existe* $t \in [0,1]$ *de tal modo que* $\dfrac{(1-2t)\cos(2x)+1}{2} = \cos(2x), \forall x \in \mathbb{R}$*. Temos que,* $\dfrac{(1-2t)\cos(2x)+1}{2} = \cos(2x), \forall x \in \mathbb{R} \Leftrightarrow (1-2t)\cos(2x)+1 = 2\cos(2x), \forall x \in \mathbb{R} \Leftrightarrow (1-2t)\cos(2x) - 2\cos(2x) + 1 = 0, \forall x \in \mathbb{R} \Leftrightarrow (1-2t-2)\cos(2x)+1 = 0, \forall x \in \mathbb{R} \Leftrightarrow -(1+2t)\cos(2x)+1 = 0, \forall x \in \mathbb{R} \Leftrightarrow (1+2t)\cos(2x)-1 = 0, \forall x \in \mathbb{R} \Leftrightarrow (1+2t)\cos(2x) = 1, \forall x \in \mathbb{R}$*. Feito todas essas simplificações, devemos nos certificar se pode ocorrer que* $(1+2t)\cos(2x) = 1, \forall x \in \mathbb{R}$*. Para isso, seja* $x = \pi/2 \Rightarrow \cos(2x) = \cos(\cancel{2}.\dfrac{\pi}{\cancel{2}}) = \cos(\pi) = -1$ *e, portanto, a equação* $(1+2t)\cos(2x) = 1$ *se torna* $-(1+2t) = 1 \Leftrightarrow 1+2t = -1 \Leftrightarrow \cancel{2}t = -\cancel{2} \Leftrightarrow t = -1 \notin [0,1]$*. Logo, não é possível que a função real de uma única variável real* $v = v(x) := \cos(2x)$ *esteja* *no segmento de reta que une as funções* $f = f(x) := sen^2(x)$ *e* $g = g(x) := \cos^2(x)$, *pois a equação* $(1 + 2t)\cos(2x) = 1, \forall x \in \mathbb{R}$ *nem sempre pode ser resolvida para* $t \in [0, 1]$.

Observação 4.2. *Apesar do fato de que a função real de uma única variável real* $v = v(x) := \cos(2x)$ *não esteja no segmento de reta que une as funções* $f = f(x) := sen^2(x)$ *e* $g = g(x) := \cos^2(x)$, *ela está na reta que contém essas duas funções. De fato, ao passo que o segmento de reta que une as funções* $f = f(x) := sen^2(x)$ *e* $g = g(x) := \cos^2(x)$ *é a imagem da aplicação* $\varphi_x : [0, 1] \to \mathbb{R}^2$ *dada por* $\varphi_x(t) := \dfrac{(1 - 2t)\cos(2x) + 1}{2}$, *a reta que contém* f *e* g *é exatamente a extensão dessa aplicação à reta real* $\mathbb{R}$, *i.e, é a imagem da aplicação* $\widetilde{\varphi}_x : \mathbb{R} \to \mathbb{R}^2$ *dada por* $\widetilde{\varphi}_x(t) := \varphi_x(t) = \dfrac{(1 - 2t)\cos(2x) + 1}{2}$.

Exercício: Encontrem explicitamente a expressão do segmento de reta que liga as funções $f, g \in V$, *dadas por* $f(x) := sen^2(x), g(x) := \cos(2x)$. *Perguntas: Esse segmento de reta contém alguma função constante? Dê um exemplo de alguma função que esteja nesse segmento de reta. Ainda, a função* $h = h(x) := sen(2x), \forall x \in \mathbb{R}$ *está nesse segmento de reta? Justifiquem.*

Exemplo 4.1. *Seja* $V := \{f : \mathbb{R}^2 \to \mathbb{R}\}$ = *espaço vetorial constituído pelas funções reais de duas variáveis reais. Temos que* V *é, de fato, um espaço vetorial, pois a soma de duas funções reais de duas variáveis reais e o produto de uma função real de duas variáveis reais por um escalar real são, ainda, funções reais de duas variáveis reais e, além disso, definindo as operações de soma de elementos de* V *e o produto de um elemento de* V *por um escalar real de maneira pontual, então todas as propriedades concernentes a números reais, como associatividade, comutatividade, existência de elemento nulo, neutro, oposto, bem como a propriedade distributiva da operação de produto por escalar com relação à uma soma, continuam válidas. Consideremos, em* V, *duas funções específicas, a saber,* $f(x, y) := x + y$ *e* $g(x, y) := x - y$. *Então, o segmento de reta que liga* f *e* g *é a imagem da aplicação* $\varphi : [0, 1] \to V$ *dada por* $\varphi_{(x,y)}(t) := t(x + y) + (1 - t)(x - y) = tx + ty + x - y - tx + ty = 2ty - y + x = (2t - 1)y + x$. *Como uma importante observação, apontamos que* $tf + (1 - t)g$ *e* $tg + (1 - t)f$, *onde* $t \in [0, 1]$, *designa o mesmo segmento de reta, mudando apenas o "sentido" (de percurso) do mesmo. Para encerrar este exemplo, notamos que uma curva em* V *é uma família de funções reais de duas variáveis reais a uma parâmetro real,* $\varphi_{(x,y)}(t)$.

Nesse texto, estamos interessados em calcular os comprimentos de tais curvas perante às normas convencionais de se usar nesses espaços, sendos algumas dessas normas oriundas de produtos internos, também, convencionais de serem usados nesses espaços. Todas essas normas e produtos internos foram apresentados e discutidos no capítulo anterior e, agora, passamos ao cálculo de alguns comprimentos dessas curvas em casos específicos (casos didáticos). Vamos a eles.

Seja $V := \{\{x_n\}_{n\in\mathbb{N}} \subsetneq \mathbb{R}\}$ = *espaço vetorial constituído pelas sequências de números reais. Seja* $V_0 := \{\{x_n\}_{n\in\mathbb{N}} \in V; \exists k = k_{\{x_n\}_{n\in\mathbb{N}}} \geq 0, |x_n| \leq k = k_{\{x_n\}_{n\in\mathbb{N}}}, \forall n \in \mathbb{N}\}$ = *subespaço vetorial constituído pelas sequências de números reais que são limitadas em* $\mathbb{R}$. *A notação "*$k = k_{\{x_n\}_{n\in\mathbb{N}}}$*" significa que a constante k depende da sequência proposta. Temos que* V_0 *é, de fato, um subespaço de V, pois a soma de duas sequências limitadas e o produto de uma sequência limitada por um escalar (nesse caso, um escalar real) são, ainda, sequências limitadas, em símbolos:* $\{x_n + \lambda y_n\}_{n\in\mathbb{N}} \in V_0, \forall \{x_n\}_{n\in\mathbb{N}}, \{y_n\}_{n\in\mathbb{N}} \in V_0, \forall \lambda \in \mathbb{R}$. *A norma, tanto em V, quanto em* V_0 *(por restrição), será a aplicação* $\{x_n\}_{n\in\mathbb{N}} \mapsto \|\{x_n\}_{n\in\mathbb{N}}\| := \sup_{n\in\mathbb{N}} |x_n|$. *Observamos, aqui, que quando a sequência for convergente, podemos trocar o símbolo de "supremo",* sup *pelo símbolo de "máximo",* max. *Sejam* $\{x_n\}_{n\in\mathbb{N}}, \{y_n\}_{n\in\mathbb{N}} \in V_0$ *dadas por* $x_n := \dfrac{n+1}{n}$ *e* $y_n := \dfrac{n}{n+1}$. *Essas sequências estão, de fato, em* V_0, *pois sendo convergentes, com* $\lim_{n\to+\infty} x_n = \lim_{n\to+\infty} \dfrac{n+1}{n} = \lim_{n\to+\infty} y_n = \lim_{n\to+\infty} \dfrac{n}{n+1} = 1$, *então elas são limitadas. Vamos calcular o "comprimento" do "segmento de reta" que "liga" essas duas sequências em* V_0. *Temos que, a imagem da aplicação* $\varphi_n : [0,1] \to V_0$ *dada por* $\varphi_n(t) := \dfrac{t(n+1)}{n} + \dfrac{(1-t)n}{n+1}$ *é o tal segmento de reta. Seu "comprimento", por conservação de propriedades concernentes à funções, será dado por* $C(Img\varphi_n) := \int_0^1 \|(\varphi_n(t))'\|dt$. *Para o cálculo, inicialmente temos que* $\varphi_n'(t) = \dfrac{n+1}{n} - \dfrac{n}{n+1} = \dfrac{(n+1)^2}{n(n+1)} - \dfrac{n^2}{n(n+1)} = \dfrac{(n+1)^2 - n^2}{n(n+1)} = \dfrac{n^2 + 2n + 1 - n^2}{n(n+1)} = \dfrac{2n+1}{n(n+1)} > 0, \forall n \in \mathbb{N} := \{1, 2, ...\}$. *Podemos escrever que* $\dfrac{2n+1}{n(n+1)} = \dfrac{2n}{n(n+1)} + \dfrac{1}{n(n+1)} = \dfrac{2}{n+1} + \dfrac{1}{n(n+1)}, \forall n \in \mathbb{N}$. *A sequência* $n \mapsto \dfrac{2}{n+1}$ *é uma sequência decrescente e, portanto, o valor máximo por ela assumido ocorre quando* $n = 1 \Rightarrow x_1 = \dfrac{2}{1+1} = \dfrac{2}{2} = 1$. *Algo parecido ocorre com a sequência* $n \mapsto \dfrac{1}{n(n+1)}$. *Ela é decrescente, e o valor máximo por ela assumido ocorre quando* $n = 1 \Rightarrow y_1 = \dfrac{1}{1.(1+1)} = \dfrac{1}{1.2} = \dfrac{1}{2}$. *Assim, temos que* $\|(\varphi_n(t))'\| = \sup_{n\in\mathbb{N}} \left|\dfrac{2}{n+1} + \dfrac{1}{n(n+1)}\right| = \sup_{n\in\mathbb{N}} \left(\dfrac{2}{n+1} + \dfrac{1}{n(n+1)}\right) = \sup_{n\in\mathbb{N}} \dfrac{2}{n+1} + \sup_{n\in\mathbb{N}} \dfrac{1}{n(n+1)} = \max_{n\in\mathbb{N}} \dfrac{2}{n+1} + \max_{n\in\mathbb{N}} \dfrac{1}{n(n+1)} = 1 + \dfrac{1}{2} = \dfrac{2}{2} + \dfrac{1}{2} = \dfrac{2+1}{2} = \dfrac{3}{2} \Rightarrow C(Img\varphi_n) = \int_0^1 \dfrac{3}{2}dt = \dfrac{3}{2}$.

Vamos fazer mais um exemplo no mesmo contexto do exemplo acima, i.e, calcular o comprimento de uma curva em específico no espaço vetorial constituído pelas sequências limitadas (ou mesmo convergentes). Lembrando que uma curva em um espaço de sequências é uma família de sequências a um parâmetro, consideremos, por exemplo, a imagem da aplicação $\varphi_n : [0,1] \to V$ *dada por* $\varphi_n(t) := \dfrac{4t^2}{n^2+n}$ *é uma curva em* V*. Uma justificativa "rigorosa" de que, de fato, essa família de sequências a um parâmetro está em* V *é que, fixado* $t = t_0$*, então temos que* $\lim_{n\to+\infty} \varphi_n(t_0) = \lim_{n\to+\infty} \dfrac{4t_0^2}{n^2+n} = 4t_0^2 \lim_{n\to+\infty} \dfrac{1}{n^2+n} = 4t_0^2.0 = 0$*. Vamos calcular o comprimento dessa curva. Temos que* $C(Img\varphi_n) := \int_0^1 \|(\varphi_n(t))'\|dt = \int_0^1 \left\|\dfrac{8t}{n^2+n}\right\| dt = \int_0^1 8t.\left\|\dfrac{1}{n^2+n}\right\| dt = \left\|\dfrac{1}{n^2+n}\right\|.\int_0^1 8tdt = \sup_{n\in\mathbb{N}} \left|\dfrac{1}{n^2+n}\right|.\left(\dfrac{8t^2}{2}\right)|_0^1 = 1.(4t^2)|_0^1 = 4(t^2)|_0^1 = 4.1 = 4.$

Seja $V := \{f : [0,1] \to \mathbb{R};$ *contínua*$\}$ = *espaço vetorial constituído pelas funções reais definidas e contínuas no intervalo* $[0,1]$ *da reta real. Em* V*, consideremos a norma* $\|.\| : V \to [0,+\infty)$ *dada por* $\|f\| := \int_0^1 |f(t)|dt$*. Vamos calcular o "comprimento" do "segmento de reta" que "liga" as funções* $f, g \in V$ *dadas por* $f(x) := e^x$ *e* $g(x) := e^{-x}$*. Tal comprimento é, por definição,* $C(Img\varphi_x) := \int_0^1 \|(Img\varphi_x(t))'\|dt$*, onde* $\varphi_x : [0,1] \to V$ *é dada por* $\varphi_x(t) := te^x + (1-t)e^{-x}$*. Para os cálculos, inicialmente notamos que* $e^x - e^{-x} \geq 0, \forall x \in [0,1]$ *e, portanto,* $|e^x - e^{-x}| = e^x - e^{-x}, \forall x \in [0,1]$*. De fato, podemos escrever que* $e^x - e^{-x} = e^x - \dfrac{1}{e^x} = \dfrac{e^{2x}}{e^x} - \dfrac{1}{e^x} = \dfrac{e^{2x}-1}{e^x}, \forall x \in [0,1]$ *e, desse modo, sendo* $e^x > 0, \forall x \in \mathbb{R}$*, devemos mostrar que* $e^{2x} - 1 \geq 0, \forall x \in [0,1]$*. Para tal, notamos que* $0 \leq x \leq 1 \Rightarrow 0 \leq 2x \leq 2 \Rightarrow 1 = e^0 \leq e^{2x} \leq e^2 \Rightarrow 0 = 1 - 1 \leq e^{2x} - 1 \leq e^2 - 1$*. Assim sendo, temos que* $C(Img\varphi_x) := \int_0^1 \|(Img\varphi_x(t))'\|dt = \int_0^1 \|e^x - e^{-x}\|dt = \int_0^1 (\int_0^1 |e^x - e^{-x}|dx)dt = \int_0^1 (\int_0^1 e^x - e^{-x}dx)dt = \int_0^1 (e^x - e^{-x})|_0^1 dt = \int_0^1 e + e^{-1} - (1+1)dt = \int_0^1 e + \dfrac{1}{e} - 2dt = e + \dfrac{1}{e} - 2 = \dfrac{e^2}{e} + \dfrac{1}{e} - \dfrac{2e}{e} = \dfrac{e^2 - 2e + 1}{e}.$ *Assim, em particular, podemos notar que o cálculo do comprimento dessa curva se reduz ao cálculo de uma integral dupla.*

Exercício: Calculem o comprimento da curva que é imagem da aplicação $\varphi_x : [1,2] \to V$ *dada por* $\varphi_x(t) := x^2 + 2tx + 7t$*, segundo a norma e os conceitos estabelecidos anteriormente.*

APÊNDICE 1

Geometria Analítica em $\mathbb{C}^n$

TEOREMA 1.1. *A função $f : \mathbb{R}^2 \to \mathbb{C}$, $(x, y) \mapsto f(x, y) := x + iy$ é uma aplicação isométrica (i.e, preserva distâncias) $\mathbb{R}$-linear (mas não $\mathbb{C}$-linear), uniformemente contínua (i.e, na definição de continuidade $\delta = \delta(\epsilon) > 0$ só depende de $\epsilon > 0$ e não do ponto $(x_0, y_0) \in \mathbb{R}^2$) e bijetiva e, portanto, $\mathbb{R}$ e $\mathbb{C}$, vistos como espaços vetoriais reais, i.e, sobre o corpo de escalares dos reais $\mathbb{R}$, são indistinguíveis de propriedades subjacentes à estrutura de espaço vetorial real, ou seja, são isomorfos. Escrevemos $\mathbb{R}^2_{\mathbb{R}} \sim \mathbb{C}_{\mathbb{R}}$.*

DEMONSTRAÇÃO. Inicialmente, mostremos que f é $\mathbb{R}$-linear. De fato, para provar a aditividade de f, sejam $(x_1, y_1), (x_2, y_2) \in \mathbb{R}^2$ quaisquer. Então, $f((x_1, y_1), (x_2, y_2)) = f(x_1 + x_2, y_1 + y_2) := (x_1 + x_2) + i(y_1 + y_2) = x_1 + x_2 + iy_1 + iy_2 = (x_1 + iy_1) + (x_2 + iy_2) = f(x_1, y_1) + f(x_2, y_2)$. Para mostrar a homogeneidade (ou a homogenia) de f, sejam $(x, y) \in \mathbb{R}^2, \lambda \in \mathbb{R}$ quaisquer. Então, $f(\lambda(x, y)) = f(\lambda x, \lambda y) := \lambda x + i\lambda y = \lambda(x + iy) = \lambda f(x, y)$. Continuando, a função f não é $\mathbb{C}$-linear, i.e, não vale que $f(\lambda(x, y)) = \lambda f(x, y), \forall \lambda \in \mathbb{C}, \forall (x, y) \in \mathbb{R}^2$. De fato, dado $\lambda = \lambda_1 + i\lambda_2 \in \mathbb{C}$ um número complexo qualquer $\Rightarrow f(\lambda(x, y)) = \lambda(x + iy) = (\lambda_1 + i\lambda_2)(x + iy) = (\lambda_1.x - \lambda_2.y) + i(\lambda_1.y + \lambda_2.x) \neq \lambda x + i\lambda y = \lambda(x + iy)$, se $\lambda \in \mathbb{C}/\mathbb{R}$, i.e, se λ é um número complexo não real. Ainda, para mostrar que f é (uniformemente) contínua, por definição, devemos mostrar que, em um ponto $(x_0, y_0) \in \mathbb{R}^2$ qualquer, tenha se: $\forall \epsilon > 0$, $\exists \delta > 0$; $\forall (x, y) \subset \mathbb{R}^2$, $\|(x, y) - (x_0, y_0)\| < \delta \Rightarrow |f(x, y) - f(x_0, y_0)| = |(x + iy) - (x_0 + iy_0)| < \epsilon$. Mas, como $\|(x, y)\| = |x + iy| = \sqrt{x^2 + y^2} \Rightarrow \|(x, y) - (x_0, y_0)\| = |(x + iy) - (x_0 + iy_0)| = \sqrt{(x - x_0)^2 + (y - y_0)^2}$ e, assim, bastar tomar qualquer $\delta \in (0, \epsilon]$ que teremos o resultado desejado. Em particular, f é uma isometria, pois a norma (comprimento) do vetor $(x, y) \in \mathbb{R}^2$ é igual ao módulo do número complexo $x + iy \in \mathbb{C}$, a saber, ambos iguais a $\sqrt{x^2 + y^2}$. Mostremos que f é injetiva de dois modos distintos. Temos que $f(x_1, y_1) = f(x_2, y_2) \Leftrightarrow x_1 + iy_1 = x_2 + iy_2 \Leftrightarrow x_1 = x_2, y_1 = y_2 \Leftrightarrow (x_1, y_1) = (x_2, y_2)$. Uma outra maneira consiste em se lembrar de que uma aplicação linear é injetiva se, e só se, seu núcleo é trivial, ou seja, se, e só se, seu núcleo só contém o vetor nulo de $\mathbb{R}^2$, $(0, 0)$, onde o núcleo de f, $\ker(f) := \{(x, y) \in \mathbb{R}^2; f(x, y) = 0 = 0 + i0\}$. Assim, temos que $f(x, y) = x + iy = 0 = 0 + i0 \Leftrightarrow x = y = 0 \Leftrightarrow (x, y) = (0, 0) \Leftrightarrow \ker(f) = \{(0, 0)\}$. Para finalizar, notamos que a função f é sobrejetiva por construção. □

Observação 1.1. *De maneira um pouco mais compacta, para mostrar que f é linear, i.e, simultaneamente aditiva e homogênea (de grau igual a 1), poderíamos ter mostrado que, dados $(x_1, y_1), (x_2, y_2) \in \mathbb{R}^2, \lambda \in \mathbb{R}$ quaisquer, vale que $f((x_1, y_1) + \lambda(x_2, y_2)) = f(x_1, y_1) + \lambda f(x_2, y_2)$.*

Teorema 1.2. *Seja a função complexa de uma única variável complexa $T : \mathbb{C} \to \mathbb{C}$, $z \mapsto T(z) = T(z, \bar{z}) := az + b\bar{z}$, $a, b \in \mathbb{C}$ constantes complexas. Então, temos que:*

(1) T é $\mathbb{R}$-linear.

(2) T é $\mathbb{C}$-linear se, e só se, $b = 0$, i.e, se, e só se, $T(z) = az$, $a \in \mathbb{C}$ constante complexa.

Demonstração. Para provar o item 1), inicialmente mostremos a aditividade de T. Para isso, sejam $z, w \in \mathbb{C}$ quaisquer. Então, $T(z+w) = a(z+w)+b(\overline{z+w}) = az+aw+b(\bar{z}+\bar{w}) = az+aw+b\bar{z}+b\bar{w} = (az+b\bar{z})+(aw+b\bar{w}) = T(z)+T(w)$. Agora, para provar a $\mathbb{R}$-homogeneidade de T, sejam $z \in \mathbb{C}, \lambda \in \mathbb{R}$ quaisquer. Então, como λ é real, segue que $\bar{\lambda} = \lambda$ e, portanto, $T(\lambda z) = a(\lambda z) + b(\overline{\lambda z}) = \lambda az + b\bar{\lambda}\bar{z} = \lambda az + b\lambda\bar{z} = \lambda az + \lambda b\bar{z} = \lambda(az + b\bar{z}) = \lambda T(z)$. O item 2) se mostra de maneira inteiramente analógica ao caso real, i.e, da mesma maneira que se mostra que a função $g : \mathbb{R} \to \mathbb{R}$ dada por $g(x) := kx, k =$ const. real é $\mathbb{R}$-linear.

□

A verificação do próximo teorema é deixada a cargo dos leitores bem como sua generalização.

Teorema 1.3. *A forma geral de uma aplicação $T : \mathbb{C}^2 \to \mathbb{C}^2$ $\mathbb{C}$-linear é $T(z, w) = (az + bw, cz + dw)$, onde a, b, c, d são constantes complexas arbitrárias. Já a forma geral de uma aplicação $T : \mathbb{C}^2 \to \mathbb{C}^2$ $\mathbb{R}$-linear é $T(z, w) = (az + b\bar{z} + cw + d\bar{w}, \widetilde{a}z + \widetilde{b}\bar{z} + \widetilde{c}w + \widetilde{d}\bar{w})$ onde $a, b, c, d, \widetilde{a}, \widetilde{b}, \widetilde{c}, \widetilde{d}$ são constantes complexas arbitrárias. Generalizem para aplicações $T : \mathbb{C}^n \to \mathbb{C}^m$ $\mathbb{C}$−lineares e $\mathbb{R}$−lineares.*

Antes de resolvermos e propormos alguns exercícios, vamos relembrar, em formato de teorema, algumas propriedades da função exponencial complexa, pois vamos usar algumas (poucas) de suas propriedades a seguir. Para ver a maioria das demonstrações dessas propriedades os leitores podem consultar um de meus livros, a saber, a referência de número [11], *mencionada nas referências bibliográficas ao final do livro.*

Teorema 1.4. *Algumas propriedades da função exponencial complexa* $\exp : \mathbb{C} \to \mathbb{C}, z \mapsto \exp(z) = e^{x+iy} := e^x e^{iy} = e^x(\cos(y) + i\,sen(y))$ *são:*

(1) *A função exponencial complexa generaliza a exponencial real no sentido de que se a restringirmos ao conjunto dos números reais* $\mathbb{R}$ *então recairemos na função exponencial real. Em outras palavras, ao tomar um número complexo* $z \in \mathbb{C}$, $Im(z) = 0$, *i.e, um número complexo com parte imaginária nula,* $z = x + 0.i = x$ *então* $\exp(z) = \exp(x)$ *tem exatamente as mesmas propriedades da função exponencial real. Mais do que isso, a função exponencial complexa como acima definida é a única função complexa de variável complexa que generaliza a função exponencial real no sentido mencionado anteriormente.*

(2) *Assim como para função exponencial real, a função exponencial complexa satisfaz a propriedade:*

$$exp(z + w) = exp(z)exp(w),\ \forall z, w \in \mathbb{C}.$$

Isso significa que a exponencial complexa é um homomorfismo entre o grupo aditivo dos números complexos $G_1 = (\mathbb{C}, +)$ *e o grupo multiplicativo dos números complexos não nulos* $G_2 = (\mathbb{C}/\{0\}, \times)$.

(3) $\overline{\exp(z)} = \exp(\overline{z}), \forall z \in \mathbb{C}$.

(4) *Temos:* $|\exp(z)| = \exp(Re(z)) = \exp(x),\ \forall\ z \in \mathbb{C}$. *Dessa forma, assim como a exponencial real, a exponencial complexa nunca se anula, i.e,* $\exp(z) \neq 0,\ \forall\ z \in \mathbb{C}$. *Em particular,* $|e^{it}| = 1, \forall t \in \mathbb{R}$.

(5) $|\exp(z)| \leq \exp(|z|), \forall z \in \mathbb{C}$.

(6) *Diferentemente da exponencial real que é uma bijeção crescente de* $\mathbb{R}$ *em* $(0, +\infty)$, *a exponencial complexa, exp(z), é uma função periódica de período puramente imaginário igual a* $2\pi i$ *(é "razoável" esperar que, sendo uma função complexa de uma única variável complexa periódica, então seu período é possivelmente complexo), i.e,* $\exp(z + 2k\pi i) = \exp(z), \forall z \in \mathbb{C}, \forall k \in \mathbb{Z}$. *Assim, a função exponencial complexa satisfaz:* $\exp(z) = 1 \Leftrightarrow z = 2k\pi i,\ k \in \mathbb{Z}$. *Mais geralmente, dado* $a \in \mathbb{R}/\{0\}$ *qualquer, então* $\exp(z) = a \Leftrightarrow z = \ln(a) + 2k\pi i, k \in \mathbb{Z}$, *se* $a > 0$ *ou* $z = \ln(-a) + (1 + 2k)\pi i, k \in \mathbb{Z}$,

se $a < 0$. Continuando, a função exponencial complexa satisfaz: $\exp(z) = i \Leftrightarrow z = \left(\frac{4k+1}{2}\right)\pi i, k \in \mathbb{Z}$. *Mais geralmente, seja $z \in \mathbb{C}$ um número complexo com parte real nula, i.e, $z = 0 + bi = bi \in \mathbb{C}$. Então* $\exp(z) = bi \Leftrightarrow z = \ln(b) + i\left(\frac{4k+1}{2}\right)\pi, k \in \mathbb{Z}$, *se $b > 0$ ou* $z = \ln(-b) + i\left(\frac{4k+3}{2}\right)\pi, k \in \mathbb{Z}$, *se $b < 0$.*

(7) *Seja y_0 um número real fixo. Considere o conjunto*

$$A_{y_0} := \{z = x + iy; x \in \mathbb{R}, y_0 \leq y < y_0 + 2\pi\}.$$

Então, $\exp(z)$ *é uma função bijetora de A_{y_0} em $\mathbb{C}/\{0\}$. Assim, a função $f : A_{y_0} \to \mathbb{C}/\{0\}$, $z \mapsto f(z) := e^z$ é inversível. Sua inversa é a função*

$$f^{-1} : \mathbb{C}/\{0\} \to A_{y_0}, z \mapsto f^{-1}(z) := \ln(|z|) + i\theta, \theta = \arg(z) \in A_{y_0}.$$

Esta função f^{-1} não é holomorfa.

(8) *A função* $\exp(z)$ *é inteira (holomorfa em todo plano complexo $\mathbb{C}$) e $exp'(z) = exp(z)$, $\forall z \in \mathbb{C}$.*

(9) *Em termos de expansão em série de potências: $exp(z) = \sum_{n=0}^{\infty} \frac{z^n}{n!}$, $\forall z \in \mathbb{C}$, em torno do ponto $z_0 = 0$.*

(10) *Novamente em termos de expansão em série de potências: $exp(z) = \sum_{n=0}^{\infty} \frac{e^{z_0}(z - z_0)^n}{n!}$, $\forall z \in \mathbb{C}$, em torno do ponto $z_0 \in \mathbb{C}$.*

(11) *(Uma Propriedade de Mapeamento da Exponencial Complexa) A função exponencial complexa leva (mapeia) o disco unitário (i.e, de raio $r = 1$) de centro na origem 0, $D(0, 1) := \{z \in \mathbb{C}; |z| = 1\} = \{z \in \mathbb{C}; z = e^{i\theta} = \cos(\theta) + i\,sen(\theta), \theta \in \mathbb{R}\} \subset \mathbb{C}$ no anel de raio interno igual a $r_1 = e^{-1} = \frac{1}{e}$ e raio externo igual a $r_2 = e$ de centro na origem 0, $A := \{z \in \mathbb{C}; e^{-1} \leq |z| \leq e\} \subset \mathbb{C}$. Mais geralmente, a exponencial complexa leva o disco de raio $r > 0$ de centro na origem 0, $\{z \in \mathbb{C}; |z| = r\} = \{z \in \mathbb{C}; z = re^{i\theta} = r(\cos(\theta) + i\,sen(\theta)), \theta \in \mathbb{R}\} \subset \mathbb{C}$ no anel de raio interno igual a $\widetilde{r_1} = e^{-r} = \frac{1}{e^r}$ e raio externo igual a $\widetilde{r_2} = e^r$, $A_r := \{z \in \mathbb{C}; e^{-r} \leq |z| \leq e^r\}$. Isso por sua vez descreve uma maneira alternativa (podemos dizer, uma maneira "geométrica") de mostrar o fato de que a exponencial complexa é uma sobrejeção entre o plano complexo $\mathbb{C}$ e o plano complexo menos a origem 0, $\mathbb{C}/\{0\}$, já que se fizermos o raio r tender a*

infinito, i.e, $r \to \infty$, *então temos que* $\lim_{r\to\infty} e^r = \infty$ *e* $\lim_{r\to\infty} e^{-r} = \lim_{r\to\infty} \frac{1}{e^r} = 0$, *i.e, a medida que o raio* $r > 0$ *cresce, o disco* $D(0, r)$ *tende a "varrer" todo o plano complexo* $\mathbb{C}$ *e em relação ao anel* A_r*, a medida em que* $r > 0$ *cresce, a circunferência externa tende a "varrer" todo o plano complexo* $\mathbb{C}$ *e a circunferência interna tende a se reduzir a um único ponto que é a origem* 0 *(mas nunca atinge a origem* 0*), i.e, a uma circunferência de raio nulo,* 0*. Além disso, temos algumas variações desse fato, como: A exponencial complexa leva o interior do disco unitário de centro na origem (i.e, a "fronteira" do disco foi "removida")* $B := Int(D(0, 1)) = \{z \in \mathbb{C}; |z| < 1 \subset \mathbb{C}\}$ *no anel de raio interno igual a* $r_1 = \frac{1}{e}$ *e raio externo* $r_2 = e$ *de centro na origem cujas "fronteiras" das circunferências interna e externa foram "removidas", i.e, o conjunto* $Int(A) = \{z \in \mathbb{C}; e^{-1} < |z| < e\} \subset \mathbb{C}$*. Ainda, a exponencial complexa leva o disco unitário de centro na origem "mais" o seu interior (i.e, o disco unido com seu interior)* $\{z \in \mathbb{C}; |z| \leq 1\}$ *no próprio anel* $A = \{z \in \mathbb{C}; e^{-1} \leq |z| \leq e\} \subset \mathbb{C}$*. Esses resultados, assim como o primeiro apresentado nesse item, podem ser adaptados para o caso em que o raio é* $r > 0$ *qualquer em vez do caso particular em que o raio é unitário, i.e,* $r = 1$.

Exercício resolvido: Vamos calcular a norma do vetor complexo $v = (z, w) = (\sqrt{2} + \sqrt{3}i, \sqrt{5} + \sqrt{6}i) \in \mathbb{C}^2$*. Para isso, como foi visto acima, lembramos que* $\mathbb{C}^2_{\mathbb{R}} \sim \mathbb{R}^4_{\mathbb{R}}$*, i.e,* $\mathbb{C}^2_{\mathbb{R}}$ *e* $\mathbb{R}^4_{\mathbb{R}}$ *são isomorfos como espaços vetoriais reais, e sendo* $\sqrt{2} + \sqrt{3}i \in \mathbb{C}_{\mathbb{R}} \sim (\sqrt{2}, \sqrt{3}) \in \mathbb{R}^2_{\mathbb{R}}$ *e* $\sqrt{5} + \sqrt{6}i \in \mathbb{C}_{\mathbb{R}} \sim (\sqrt{5}, \sqrt{5}) \in \mathbb{R}^2_{\mathbb{R}}$*, então* $(\sqrt{2} + \sqrt{3}i, \sqrt{5} + \sqrt{6}i) \in \mathbb{C}^2_{\mathbb{R}} \sim (\sqrt{2}, \sqrt{3}, \sqrt{5}, \sqrt{6}) \in \mathbb{R}^4_{\mathbb{R}} \Rightarrow \|(\sqrt{2} + \sqrt{3}i, \sqrt{5} + \sqrt{6}i)\| = \|(\sqrt{2}, \sqrt{3}, \sqrt{5}, \sqrt{6})\| = \sqrt{(\sqrt{2})^2 + (\sqrt{3})^2 + (\sqrt{5})^2 + (\sqrt{6})^2} = \sqrt{2 + 3 + 5 + 6} = \sqrt{16} = 4$.

Observação 1.2. *Podemos notar que* $\|(\sqrt{2} + \sqrt{3}i, \sqrt{5} + \sqrt{6}i)\| = \sqrt{|\sqrt{2} + \sqrt{3}i|^2 + |\sqrt{5} + \sqrt{6}i|^2}$*, lembrando que* $|x + iy| = \sqrt{x^2 + y^2}$.

Exercício: Calculem a norma do vetor complexo $v = (z, w) = (\sqrt{3} + \sqrt{5}i, \sqrt{7} + \sqrt{10}i) \in \mathbb{C}^2$.

Exercício: Calculem a norma do vetor complexo $v = (z, w) = (4 + 3i, 2 + i) \in \mathbb{C}^2$.

Exercício resolvido: Vamos calcular o ângulo geométrico entre os vetores complexos $(z_1, w_1) = (1 + i, 2 + i) \in \mathbb{C}^2$ *e* $(z_2, w_2) = (3 + i, 4 + i) \in \mathbb{C}^2$*. Como* $1 + i \sim (1, 1), 2 + i \sim (2, 1), 3 + i \sim (3, 1)$ *e* $4 + i \sim (4, 1)$*, então* $(1 + i, 2 + i) \sim (1, 1, 2, 1)$ *e* $(3 + i, 4 + i) \sim (3, 1, 4, 1)$ *e, portanto, a* *resposta será dada pelo ângulo geométrico θ entre os vetores $(1,1,2,1)$ e $(3,1,4,1)$. Vamos, para isso, usar o produto escalar de $\mathbb{R}^4$. Temos que*

$$\langle(1,1,2,1),(3,1,4,1)\rangle = \|(1,1,2,1)\|.\|(3,1,4,1)\|.\cos(\theta) \Rightarrow 1.3+1.1+2.4+1.1 =$$
$$\sqrt{1^2+1^2+2^2+1^2}.\sqrt{3^2+1^2+4^2+1^2}.\cos(\theta) \Rightarrow 3+1+8+1 =$$
$$\sqrt{1+1+4+1}.\sqrt{9+1+16+1}.\cos(\theta) \Rightarrow 13 = \sqrt{7}.\sqrt{27}.\cos(\theta) = \sqrt{7}\sqrt{3^2.3}.\cos(\theta) =$$
$$\sqrt{7}.3\sqrt{3}.\cos(\theta) = 3\sqrt{21}\cos(\theta) \Rightarrow \cos(\theta) = \frac{13}{3\sqrt{21}} = \frac{13\sqrt{21}}{63} \Rightarrow \theta = \arccos\left(\frac{13\sqrt{21}}{63}\right).$$

Assim, o ângulo geométrico entre os vetores complexos $(1+i,2+i)$ e $(3+i,4+i)$ é dado por $\theta = \arccos\left(\frac{13\sqrt{21}}{63}\right)$.

Exercício: Determinem o ângulo geométrico entre os vetores complexos $(8+7i,6+5i) \in \mathbb{C}^2$ e $(4+3i,2+i) \in \mathbb{C}^2$.

Exercício: Calculem a norma do vetor complexo $(z,w) = (e^{it}, e^{2+77i}) \in \mathbb{C}^2$, onde $t \in \mathbb{R}$ é um número real qualquer.

Exercício: Calculem a norma do vetor complexo $(z,w) = (e^{it^2}, e^{22i+1001}) \in \mathbb{C}^2$, onde $t \in \mathbb{R}$ é um número real qualquer.

Exercício: Calculem o ângulo geométrico entre os vetores complexos $(z_1,w_1) = (e^i, e^{1+i}) \in \mathbb{C}^2$ e $(z_2,w_2) = (e^{2i}, e^{2+2i}) \in \mathbb{C}^2$.

Exercício: Calculem o ângulo geométrico entre os vetores complexos $(z_1,w_1) = (e^{2i}, e^{2+i}) \in \mathbb{C}^2$ e $(z_2,w_2) = (e^{3i}, e^{3+i}) \in \mathbb{C}^2$.

Exercício: Provem que o ângulo geométrico entre os vetores complexos $(z_1,w_1) = (e^{i\theta}, e^{i\theta})$ e $(z_2,w_2) = (e^{i\beta}, e^{i\beta})$ é dado por $\gamma = \theta - \beta$.

Exercício: Determinem a norma do vetor complexo $v = (e^z, e^w) \in \mathbb{C}^2$, onde $z = x_1+iy_1$, $w = x_2+iy_2 \in \mathbb{C}$.

Exercício: Determinem o ângulo geométrico entre os vetores complexos $(e^z,e^w) \in \mathbb{C}^2$ e $(e^w,e^z) \in \mathbb{C}^2$, onde $z = x_1+iy_1$, $w = x_2+iy_2 \in \mathbb{C}$.

Exercício: Determinem a norma do vetor complexo $v = (e^z, e^{\bar{z}}) \in \mathbb{C}$, *onde* $z = x + iy \in \mathbb{C}$.

Exercício: Determinem o ângulo geométrico entre os vetores complexos $(e^z, e^{\bar{z}}) \in \mathbb{C}^2$ *e* $(e^{\bar{z}}, e^z) \in \mathbb{C}^2$.

APÊNDICE 2

Teorema ou Lei das Tangentes

Nesse apêndice vamos enunciar, provar e verificar para um caso particular (e didático) o chamado teorema das tangentes e, também, relembrar os teoremas do seno e do cosseno, bem como entender o que "seriam" os teoremas das secantes, das cossecantes e das cotangentes.

Inicialmente, vamos relembrar o teorema dos senos e, a partir dele, formular o teorema das cossecantes. Seja um triângulo qualquer cujos lados medem x, y e z. Vamos supor que o ângulo oposto ao lado que mede z seja igual a γ, que o ângulo oposto ao lado que mede y seja β e que o ângulo oposto ao lado que mede x seja igual a θ. Adicionalmente, seja R o raio da circunferência circunscrita a esse triângulo (sugerimos que os leitores façam um desenho dessa situação). Então, o teorema dos senos nos diz que

$$\frac{x}{sen(\theta)} = \frac{y}{sen(\beta)} = \frac{z}{sen(\gamma)} = 2R.$$

Podemos notar que esse teorema nos afirma que o quociente entre o comprimento de um lado de um triângulo qualquer e o seno do ângulo oposto a esse lado é uma constante, a saber, o diâmetro da circunferência circunscrita a esse triângulo. A partir disso, temos como "formular" o chamado "teorema das cossecantes". De fato, lembrando que $\csc(\theta) := \frac{1}{sen(\theta)}, \forall \theta \neq k\pi, k \subset \mathbb{Z} \Rightarrow x\csc(\theta) = y\csc(\beta) - z\csc(\gamma) = 2R$. *Com isso, concluímos que em um triângulo qualquer, o produto da cossecante de um ângulo pelo comprimento do lado oposto a esse ângulo é constante, a saber, o diâmetro da circunferência que o circunscreve.*

Vamos, agora, ao teorema dos cossenos, bem como sua consequência, a saber, o teorema das secantes. Seja um triângulo qualquer cujos lados medem x, y e z e vamos supor que o ângulo que se opõe ao lado que mede z tenha magnitude igual a γ. Então, o teorema dos cossenos afirma que

$$z^2 = x^2 + y^2 - 2xy\cos(\gamma).$$

Em relação ao teorema das secantes, temos o seguinte: como $\sec(\gamma) := \frac{1}{\cos(\gamma)}, \forall \gamma \neq \frac{\pi}{2} + k\pi, k \in \mathbb{Z} \Rightarrow \cos(\gamma) = \frac{1}{\sec(\gamma)}, \forall \gamma \neq \frac{\pi}{2} + k\pi, k \in \mathbb{Z} \Rightarrow z^2 = x^2 + y^2 - \frac{2xy}{\sec(\gamma)} \Rightarrow \sec(\gamma)z^2 = \sec(\gamma)x^2 + \sec(\gamma)y^2 - 2xy \Rightarrow \sec(\gamma)x^2 + \sec(\gamma)y^2 - \sec(\gamma)z^2 = 2xy \Rightarrow \sec(\gamma)(x^2 + y^2 - z^2) =$

$2xy \Rightarrow \sec(\gamma) = \dfrac{2xy}{x^2+y^2-z^2}$. *Podemos, com isso, notar que o teorema das secantes não é válido para quando o ângulo* γ *é reto, i.e, para quando* $\gamma = \dfrac{\pi}{2}$ *pois, nesse caso,* $\cos(\gamma) = 0$, *ou seja,* $x^2 + y^2 - z^2 = 0$.

Resumindo: Seja um triângulo de lados medindo x, y *e* z. *Suponha que* γ *é o ângulo que se opõe ao lado medindo* z *e que ele não seja reto, i.e,* $\gamma \neq \dfrac{\pi}{2}$. *Prove que vale o teorema das secantes, i.e, que vale que* $\sec(\gamma) = \dfrac{2xy}{x^2+y^2-z^2}$.

Por fim, vamos enunciar, provar e verificar para um caso particular (didático) o teorema das tangentes, bem como entender o que vem a ser o teorema das cotangentes. O teorema das tangentes foi estabelecido por volta do ano de 1580 pelo matemático francês Franciscus Vieta. O enunciado é o seguinte:

Teorema 2.1. *(Teorema das tangentes). Seja um triângulo não isósceles e não retângulo cujos lados medem* x, y *e* z. *Seja* γ *o ângulo que se opõe ao lado que mede* z *e* θ *o ângulo que se opõe ao lado que mede* x. *Então, vale que*

$$\frac{z-x}{z+x} = \frac{tg(\frac{1}{2}(\gamma-\theta))}{tg(\frac{1}{2}(\gamma+\theta))}.$$

Demonstração. Para demonstrar esse teorema, vamos fazer uso dos seguintes resultados, a saber:

a) (Resultado sobre proporções). Se $\dfrac{k_1}{k_2} = \dfrac{s_1}{s_2}$, então vale que $\dfrac{k_1+k_2}{k_1-k_2} = \dfrac{s_1+s_2}{s_1-s_2}$.

b) (Fórmulas de prostaférese ou fórmulas de Werner). São as fórmulas de transformação de somas entre senos e cossenos em produtos. Os dois casos utilizados serão os seguintes:

$$\text{sen}(\gamma) + \text{sen}(\theta) = 2\,\text{sen}(\tfrac{1}{2}(\theta+\gamma)).\cos(\tfrac{1}{2}(\theta-\gamma)), \forall\theta,\gamma \in \mathbb{R}$$

e

$$\text{sen}(\gamma) - \text{sen}(\theta) = 2\,\text{sen}(\tfrac{1}{2}(\theta-\gamma)).\cos(\tfrac{1}{2}(\theta+\gamma)), \forall\theta,\gamma \in \mathbb{R}.$$

Feito isso, a partir do teorema dos senos e dos resultados mencionados acima, temos que

$$\frac{x}{\operatorname{sen}(\theta)} = \frac{z}{\operatorname{sen}(\gamma)} \Rightarrow \frac{z}{x} = \frac{\operatorname{sen}(\gamma)}{\operatorname{sen}(\theta)} \Rightarrow \frac{z-x}{z+x} = \frac{\operatorname{sen}(\gamma) - \operatorname{sen}(\theta)}{\operatorname{sen}(\gamma) + \operatorname{sen}(\theta)} =$$

$$\frac{\not 2 \operatorname{sen}(\frac{1}{2}(\theta - \gamma)).\cos(\frac{1}{2}(\theta + \gamma))}{\not 2 \operatorname{sen}(\frac{1}{2}(\theta + \gamma)).\cos(\frac{1}{2}(\theta - \gamma))} = \frac{\operatorname{sen}(\frac{1}{2}(\theta - \gamma))}{\cos(\frac{1}{2}(\theta - \gamma))}.\frac{\cos(\frac{1}{2}(\theta + \gamma))}{\operatorname{sen}(\frac{1}{2}(\theta + \gamma))} = \operatorname{tg}(\tfrac{1}{2}(\gamma - \theta)).\cot(\tfrac{1}{2}(\gamma + \theta)) =$$

$$\frac{\operatorname{tg}(\frac{1}{2}(\gamma - \theta))}{\operatorname{tg}(\frac{1}{2}(\gamma + \theta))}.$$

□

Vamos, agora, verificar o teorema (ou lei) das tangentes para o triângulo cujos lados medem 1, $\frac{\sqrt{6}}{2}$ *e* $\frac{\sqrt{3}+1}{2}$. *Isso é importante de ser feito pois, para isso, vamos utilizar muitos dos conceitos apresentados até aqui e, também, para se treinar certos tipos de cálculos, bem como simplificações e manipulações algébricas. Fica a cargo dos leitores verificarem que, de fato, existe um triângulo cujos lados possuem essas medidas. Para isso, relembramos que é suficiente provar que o comprimento do maior lado é menor do que a soma dos comprimentos dos outros dois lados (a propósito: quem é o maior lado desse triângulo? Ele é o lado que mede* $\frac{\sqrt{6}}{2}$ *ou o lado que mede* $\frac{\sqrt{3}+1}{2}$*? Para isso, decida, usando as técnicas apresentadas nesse texto, ou no meu livro "Introdução ao Cálculo Numérico em Uma Única Variável Complexa via o Princípio da Conservação das Propriedades Funcionais", o qual é a referência de número [11], contida nas referências bibliográficas ao final do texto, se* $\sqrt{6}$ *é maior ou menor do que* $\sqrt{3}+1$*).*

Sejam γ *o ângulo oposto ao lado que mede* $\frac{1+\sqrt{3}}{2}$, β *o ângulo oposto ao lado que mede* $\frac{\sqrt{6}}{2}$ *e* θ *o ângulo oposto ao lado que mede* 1. *Faremos, a seguir, o caso para os lados que medem* 1 *e* $\frac{1+\sqrt{3}}{2}$ *e, consequentemente, para os ângulos* γ *e* θ, *sendo os outros dois casos deixamos como exercícios para que os leitores os façam. Assim, devemos checar que vale que,*

$$\frac{tg(\frac{1}{2}(\gamma - \theta))}{tg(\frac{1}{2}(\gamma + \theta))} = \frac{\frac{\sqrt{3}+1}{2} - 1}{\frac{\sqrt{3}+1}{2} + 1}.$$

Para isso, devemos fazer os seguintes cálculos: simplificar a expressão $\frac{\frac{\sqrt{3}+1}{2} - 1}{\frac{\sqrt{3}+1}{2} + 1}$, *calcular explicitamente a magnitude dos ângulos* γ *e* θ *usando, para tal, o teorema dos cossenos e depois calcular, separadamente, os valores de* $tg\left(\frac{1}{2}(\gamma - \theta)\right)$ *e* $tg\left(\frac{1}{2}(\gamma + \theta)\right)$. *Temos que,*

$$\frac{\frac{\sqrt{3}+1}{2}-1}{\frac{\sqrt{3}+1}{2}+1} = \frac{\sqrt{3}+1-2}{\sqrt{3}+1+2} = \frac{\sqrt{3}-1}{3+\sqrt{3}} = \frac{(\sqrt{3}-1).(3-\sqrt{3})}{(3+\sqrt{3}).(3-\sqrt{3})} = \frac{3\sqrt{3}-3-3+\sqrt{3}}{9-3} = \frac{4\sqrt{3}-6}{6} = \frac{2\sqrt{3}-3}{3}.$$

Vamos calcular primeiro o ângulo θ. Pelo teorema dos cossenos, segue que

$$1^2 = \left(\frac{\sqrt{6}}{2}\right)^2 + \left(\frac{\sqrt{3}+1}{2}\right)^2 - \cancel{2}.\frac{\sqrt{6}}{\cancel{2}}.\left(\frac{\sqrt{3}+1}{2}\right).\cos(\theta) \Rightarrow 1 = \frac{6}{4} + \frac{3+2\sqrt{3}+1}{4} - \frac{2\sqrt{6}(\sqrt{3}+1)}{4}\cos(\theta) \Rightarrow \cancel{4} = 6 + \cancel{4} + 2\sqrt{3} - 2\sqrt{6}(\sqrt{3}+1)\cos(\theta) \Rightarrow 2\sqrt{6}(\sqrt{3}+1)\cos(\theta) = 6 + 2\sqrt{3} \Rightarrow \sqrt{6}(\sqrt{3}+1)\cos(\theta) = 3+\sqrt{3} \Rightarrow \cos(\theta) = \frac{3+\sqrt{3}}{\sqrt{6}(\sqrt{3}+1)} = \frac{(3+\sqrt{3})(\sqrt{3}-1)}{\sqrt{6}(\sqrt{3}+1)(\sqrt{3}-1)} = \frac{3\sqrt{3}-\cancel{3}+\cancel{3}-\sqrt{3}}{\sqrt{6}(3-1)} = \frac{\cancel{2}\sqrt{3}}{\cancel{2}\sqrt{6}} = \sqrt{\frac{3}{6}} = \sqrt{\frac{\cancel{3}}{2.\cancel{3}}} = \sqrt{\frac{1}{2}} = \frac{1}{\sqrt{2}} = \frac{\sqrt{2}}{2} \Rightarrow \theta = \frac{\pi}{4},$$

já que $\theta \in (0, \pi/2)$, pois é ângulo interno de um triângulo com cosseno positivo.

Vamos, agora, calcular β. Temos que, novamente pelo teorema dos cossenos, então

$$\left(\frac{\sqrt{6}}{2}\right)^2 = 1^2 + \left(\frac{\sqrt{3}+1}{2}\right)^2 - 2.1.\frac{(\sqrt{3}+1)}{2}.\cos(\beta) \Rightarrow \frac{6}{4} = 1 + \frac{3+2\sqrt{3}+1}{4} - \frac{4(\sqrt{3}+1)}{4}\cos(\beta) \Rightarrow 6 = 4+4+2\sqrt{3} - 4(\sqrt{3}+1)\cos(\beta) \Rightarrow 6 = 8 + 2\sqrt{3} - 4(\sqrt{3}+1)\cos(\beta) \Rightarrow 3 = 4 + \sqrt{3} - 2(\sqrt{3}+1)\cos(\beta) \Rightarrow -\sqrt{3}-1 = -2(1+\sqrt{3})\cos(\beta) \Rightarrow -(1+\sqrt{3}) = -2(1+\sqrt{3})\cos(\beta) \Rightarrow 2\cos(\beta) = 1 \Rightarrow \cos(\beta) = \frac{1}{2} \Rightarrow \beta = \frac{\pi}{3}.$$

Finalmente, para se calcular γ, relembramos que a soma dos ângulos internos de um triângulo é dada por π e, portanto, sendo γ o ângulo que se opõe ao lado que mede $\frac{\sqrt{3}+1}{2}$, então $\frac{\pi}{3} + \frac{\pi}{4} + \gamma = \pi \Rightarrow \gamma = \pi - \frac{\pi}{4} - \frac{\pi}{3} = \pi\left(1 - \frac{1}{4} - \frac{1}{3}\right) = \pi\left(\frac{12}{12} - \frac{3}{12} - \frac{4}{12}\right) = \pi\left(\frac{12-3-4}{12}\right) = \pi\left(\frac{12-7}{12}\right) = \frac{5\pi}{12}$. *Logo, em graus, os ângulos internos desse triângulo são dados por* $45°$, $60°$ *e* $105°$ *(deixamos a cargo dos leitores averiguarem esses fatos).*

Para completar a verificação do teorema das tangentes para esse triângulo em específico, nos resta checar agora que

$$\frac{tg(\frac{1}{2}(75° - 45°))}{tg(\frac{1}{2}(75° + 45°))} = \frac{2\sqrt{3}-3}{3}.$$

Mas, $tg\left(\frac{1}{2}(75^\circ - 45^\circ)\right) = tg\left(\frac{1}{2}.30^\circ\right) = tg(15^\circ) = tg(45^\circ - 30^\circ) = \frac{tg(45^\circ) - tg(30^\circ)}{1 + tg(45^\circ).tg(30^\circ)} =$ $\frac{1 - \frac{\sqrt{3}}{3}}{1 + \frac{\sqrt{3}}{3}} = \frac{3 - \sqrt{3}}{3 + \sqrt{3}} = \frac{(3 - \sqrt{3})(3 - \sqrt{3})}{(3 + \sqrt{3})(3 - \sqrt{3})} = \frac{9 - 6\sqrt{3} + 3}{9 - 3} = \frac{12 - 6\sqrt{3}}{6} = \frac{\not{6}(2 - \sqrt{3})}{\not{6}}$ *e* $tg\left(\frac{1}{2}(75^\circ + 45^\circ)\right) = tg\left(\frac{1}{2}.120^\circ\right) = tg(60^\circ) = \sqrt{3}$ *e, portanto,* $\frac{tg(\frac{1}{2}(75^\circ - 45^\circ))}{tg(\frac{1}{2}(75^\circ + 45^\circ))} = \frac{tg(15^\circ)}{tg(60^\circ)} =$ $\frac{2 - \sqrt{3}}{\sqrt{3}} = \frac{2\sqrt{3} - 3}{3}$.

Assim, verificamos o teorema das tangentes para um par de lados (e, consequentemente, um par de ângulos) do triângulo proposto.

Como uma aplicação parcial do que foi visto nesse apêndice, vejamos um exercício resolvido, bem como um exercício proposto.

Exercício resolvido: Determine o comprimento e a área da circunferência circunscrita ao triângulo de lados medindo $1, \frac{3}{2}$ *e* 2. *Para tal, precisamos determinar o raio R dessa circunferência. Inicialmente, vamos provar que, de fato, existe um triângulo com essas medidas. Para isso, é suficiente provar que o comprimento do maior lado, a saber, 2, é menor do que a soma dos comprimentos dos dois outros lados do triângulo. Temos que,* $1 + \frac{3}{2} = 1 + 1,5 = 2,5 > 2$. *Feito isso, o método para se determinar o raio R será o seguinte: Escolhemos um dos ângulos do triângulo em questão, por exemplo, o maior deles, que é o que se opõe ao maior lado. Seja* γ *esse ângulo. O calculamos por intermédio do teorema dos cossenos. Logo, teremos o cosseno de* γ *e, a partir da relação fundamental da trigonometria, teremos o seno de* γ. *Agora, aplicamos o teorema dos senos e encontramos o valor de 2R. Vamos aos cálculos. Pelo teorema dos cossenos, temos que* $2^2 = 1^2 + \left(\frac{3}{2}\right)^2 - 2.1.\frac{3}{2}\cos(\gamma) \Rightarrow 4 = 1 + \frac{9}{4} + \frac{12}{4}\cos(\gamma) \Rightarrow 3 = \frac{9}{4} + \frac{12}{4}\cos(\gamma) \Rightarrow 12 =$ $9 + 12\cos(\gamma) \Rightarrow 12\cos(\gamma) = 3 \Rightarrow \cos(\gamma) = \frac{1}{4} \Rightarrow \cos^2(\gamma) = \frac{1}{16} \Rightarrow 1 = sen^2(\gamma) + \cos^2(\gamma) =$ $\frac{1}{16} + sen^2(\gamma) \Rightarrow sen^2(\gamma) = 1 - \frac{1}{16} = \frac{16}{16} - \frac{1}{16} = \frac{16-1}{16} = \frac{15}{16} \Rightarrow sen(\gamma) = \frac{\sqrt{15}}{4}$.

Por sua vez, pelo teorema dos senos, temos que $\frac{2}{sen(\gamma)} = 2R \Rightarrow \frac{1}{\frac{\sqrt{15}}{4}} = R \Rightarrow R =$ $\frac{4}{\sqrt{15}} = \frac{4\sqrt{15}}{15}$ *e, portanto, o comprimento e a área da circunferência circunscrita a esse triângulo são, respectivamente, dados por* $C = 2\pi R = 2\pi.\frac{4\sqrt{15}}{15} = \frac{8\sqrt{15}\pi}{15}$ *e* $A = \pi R^2 =$

$\pi.\dfrac{16}{15} = \dfrac{16\pi}{15}.$

Exercício: Encontrem o comprimento e a área da circunferência circunscrita ao triângulo cujos lados medem $2, 3$ *e* 4.

Exercício resolvido: Seja um triângulo de lados medindo $5, 7$ *e* 9. *Seja* γ *o ângulo que se opõe ao maior lado e* θ *o ângulo que se opõe ao menor lado. Vamos calcular o valor de* $\dfrac{tg(\frac{1}{2}(\gamma - \theta))}{tg(\frac{1}{2}(\gamma + \theta))}$ *sem, para isso, calcular os valores de* γ *e* θ. *Para tal, basta usar o teorema das tangentes (notando que esse triângulo não é isósceles nem retângulo), que nos diz que* $\dfrac{tg(\frac{1}{2}(\gamma - \theta))}{tg(\frac{1}{2}(\gamma + \theta))} = \dfrac{9-5}{9+5} = \dfrac{4}{14} = \dfrac{2}{7}.$

Exercício: Seja um triângulo de lados medindo $4, 5$ *e* 6. *Seja* γ *o ângulo que se opõe ao maior lado e* θ *o ângulo que se opõe ao menor lado. Calculem o valor de* $\dfrac{tg(\frac{1}{2}(\gamma - \theta))}{tg(\frac{1}{2}(\gamma + \theta))}$ *sem, para isso, calcular os valores de* γ *e* θ.

Exercício: Seja um triângulo de lados medindo $6, 10$ *e* 11. *Seja* γ *o ângulo que se opõe ao maior lado e* β *o ângulo que se opõe ao lado de comprimento intermediário. Calculem o valor de* $\dfrac{tg(\frac{1}{2}(\gamma - \beta))}{tg(\frac{1}{2}(\gamma + \beta))}$ *sem, para isso, calcular os valores de* γ *e* β.

Exercício: Seja um triângulo de lados medindo $7, 12$ *e* 17. *Seja* θ *o ângulo que se opõe ao menor lado e* β *o ângulo que se opõe ao lado de comprimento intermediário. Calculem o valor de* $\dfrac{tg(\frac{1}{2}(\beta - \theta))}{tg(\frac{1}{2}(\beta + \theta))}$ *sem, para isso, calcular os valores de* θ *e* β.

Exercício resolvido: Vamos determinar o raio, o comprimento e a área da circunferência circunscrita a um triângulo equilátero de lado medindo L. *Para tal, notamos que os ângulos internos desse triângulo são iguais e tem magnitude igual a* $\frac{\pi}{3}$. *De fato, um triângulo equilátero tem os três ângulos internos iguais, e como sua soma é igual a* π, *segue que cada um mede* $\frac{\pi}{3}$. *Usando o teorema dos senos, temos que* $\dfrac{L}{sen(\pi/3)} = 2R \Rightarrow R = \dfrac{L}{\not{2}\frac{\sqrt{3}}{\not{2}}} = \dfrac{L\sqrt{3}}{3}$. *O comprimento será dado por* $C = \dfrac{2\sqrt{3}}{3}L$ *e a área será dada por* $A = \dfrac{\pi L^2}{3}$.

Exercício: Usando as fórmulas obtidas no exercício resolvido acima, determine o raio, o comprimento e a área da circunferência circunscrita ao triângulo equilátero de lados medindo $\sqrt{6}$.

APÊNDICE 3

Desigualdade de Cauchy-Schwarz para Números Complexos

Para as duas desigualdades que iremos provar logo mais adiante, precisaremos de diversas propriedades elementares concernentes aos números complexos. Por isso, vamos oferecer diversas propriedades em forma de lista para que os leitores possam consultá-las, bem como prová-las.

TEOREMA 3.1. *(Propriedades elementares dos números complexos).*

(1) $\overline{z \pm w} = \overline{z} \pm \overline{w}$, $\overline{z.w} = \overline{z}.\overline{w}$, $\forall z, w \in \mathbb{C}$ *e* $\overline{(z/w)} = \overline{z}/\overline{w}$, $\forall z \in \mathbb{C}, \forall w \in \mathbb{C}/\{0\}$.

(2) $z \in \mathbb{C} \Rightarrow z \in \mathbb{R} \Leftrightarrow z = \overline{z}$.

(3) $|z| \geq 0$, $\forall z \in \mathbb{C}$ *e* $|z| = 0 \Leftrightarrow z = 0$, *ou seja,* $z \neq 0 \Leftrightarrow |z| \neq 0$.

(4) $|z| = |-z| = |\overline{z}|$, $\forall z \in \mathbb{C}$.

(5) $z.\overline{z} = |z|^2$, $\forall z \in \mathbb{C}$. *Logo,* $z^{-1} = \dfrac{\overline{z}}{|z|^2}$, $\forall z \in \mathbb{C}/\{0\}$.

(6) $|z.w| = |z|.|w|$, $\forall z, w \in \mathbb{C}$. *Mais geralmente,* $|z_1.z_2.....z_{n-1}.z_n| = |z_1|.|z_2|.....|z_{n-1}|.|z_n|$, $\forall z_k \in \mathbb{C}, k \in \{1, 2, ..., n\} \subsetneq \mathbb{N}$. *Em particular,* $|z^n| = |z|^n$, $\forall z \in \mathbb{C}, \forall n \in \mathbb{N}$.

(7) $\left|\dfrac{z}{w}\right| = \dfrac{|z|}{|w|}$, $\forall z \in \mathbb{C}$, $\forall w \in \mathbb{C}/\{0\}$.

(8) Se $z \in \mathbb{C}/\{0\}$ *é um número complexo não nulo, então o número complexo não nulo* $\dfrac{z}{|z|} \in \mathbb{C}/\{0\}$, *tem módulo unitário, 1, i.e,* $\left|\dfrac{z}{|z|}\right| = 1$. *Mais ainda, sendo* k *um número real arbitrário, então o número complexo* $\dfrac{kz}{|z|}$ *tem módulo igual a* $|k|$.

(9) $Re(z) \leq |Re(z)| \leq |z|$, $Im(z) \leq |Im(z)| = |z|$, $\forall z \in \mathbb{C}$.

(10) $Re(z) = \dfrac{z + \bar{z}}{2}$, $Im(z) = \dfrac{z - \bar{z}}{2i}$, $\forall z \in \mathbb{C}$.

(11) $|z + w| \leq |z| + |w|$, $\forall z, w \in \mathbb{C}$. *Esta propriedade é chamada de primeira desigualdade triangular ou primeira desigualdade do triângulo, que condiz com a propriedade de que, em um triângulo qualquer, a soma dos comprimentos de dois de seus lados é sempre maior do que o comprimento do outro lado. Vale, também, a desigualdade triangular generalizada,*

$$|z_1 + z_2 + ... + z_{n-1} + z_n| \leq |z_1| + |z_2| + ... + |z_{n-1}| + |z_n|, \forall z_k \in \mathbb{C}, k \in \{1, 2, ..., n\} \subsetneq \mathbb{N}.$$

Em notação de somatório,

$$\left|\sum_{j=1}^{n} z_j\right| \leq \sum_{j=1}^{n} |z_j|.$$

Ainda, vale a segunda desigualdade triangular,

$$|z| - |w| \leq ||z| - |w|| \leq |z \pm w|, \forall z, w \in \mathbb{C},$$

que condiz com a propriedade de que, em um triângulo qualquer, o comprimento de um dos seus lados é sempre maior do que a subtração dos comprimentos dos seus outros dois lados. Portanto, resumindo parcialmente o que foi dito acima nesse item, temos que

$$|z| - |w| \leq ||z| - |w|| \leq |z \pm w| \leq |z| + |w|, \forall z, w \in \mathbb{C}.$$

Ou seja, isso traduz a propriedade de que em um triângulo qualquer, a soma dos comprimentos de dois de seus lados é sempre maior do que a medida do comprimento do outro lado e a medida de um lado qualquer é sempre maior do que a subtração dos comprimentos dos outros dois lados.

(12) $|z + w|^2 + |z - w|^2 = 2(|z|^2 + |w|^2)$, $\forall z, w \in \mathbb{C}$. *Esta propriedade é chamada de lei do paralelogramo, que condiz com a propriedade de que em um paralelogramo, a soma dos quadrados dos comprimentos de suas diagonais é igual a soma dos quadrados de cada um de seus lados. Como em um paralelogramo os comprimentos de lados paralelos são iguais, podemos dizer que a propriedade da lei do paralelogramo é que a soma dos quadrados de suas diagonais é igual ao dobro da soma dos quadrados de dois lados adjacentes (i.e, lados não paralelos).*

(13) $|z| \leq |Re(z)| + |Im(z)| \leq \sqrt{2}|z|$, $\forall z \in \mathbb{C}$.

(14) $\forall z \in \mathbb{C}/\{0\}, \exists! w \in \mathbb{C}/\{0\}, |w| = 1, \exists! r > 0;\ z = rw$". *Leia-se: "Para todo número complexo não nulo z existe um único número complexo w de módulo unitário (que necessariamente é não nulo) e um único número real positivo r tal que seu produto rw é igual a z". Equivalentemente: "Um número complexo não nulo é sempre o produto entre um único número real positivo e um único número complexo de módulo unitário, i.e, de módulo igual a 1".*

(15) Todo número complexo de módulo igual a 1 pode ser escrito sob a forma $\dfrac{1+it}{1-it} \in \mathbb{C}$, *para algum* $t \in \mathbb{R}$. *Em símbolos:* $\forall z = e^{i\theta} \in \mathbb{C},\ \theta \in \mathbb{R},\ \exists t \in \mathbb{R};\ z = \dfrac{1+it}{1-it} \in \mathbb{C}$. *Ou ainda,* $z = e^{i\theta} \in \mathbb{C},\ \theta \in \mathbb{R} \Leftrightarrow \exists t \in \mathbb{R};\ z = e^{i\theta} = \cos(\theta) + i\,sen(\theta) = \dfrac{1+it}{1-it} \in \mathbb{C}$.

(16) $\arg(z_1.z_2) = \arg(z_1) + \arg(z_2),\ \forall z_1, z_2 \in \mathbb{C},\ \arg\left(\dfrac{z_1}{z_2}\right) = \arg(z_1) - \arg(z_2),\ \forall z_1 \in \mathbb{C},$ $\forall z_2 \in \mathbb{C}/\{0\}$, *ou seja, o argumento de um produto é a soma dos argumentos e o argumento de um quociente é a subtração dos argumentos. Funcionalmente esta propriedade é semelhante à do logaritmo, i.e, transforma produtos em somas e quocientes em subtrações.*

(17) (Identidade de Apolônio [1] *para Números Complexos). Vale que*

$$|z-w|^2 + |z-p|^2 = \frac{1}{2}|w-p|^2 + 2\left|z - \frac{1}{2}(w+p)\right|^2,\ \forall z, w, p \in \mathbb{C},$$

onde a interpretação geométrica para essa identidade é a seguinte: "A soma dos quadrados dos comprimentos de dois lados quaisquer de um triângulo qualquer é equivalente à metade do quadrado do comprimento do terceiro lado somado com o dobro do quadrado do comprimento da mediana que bissecta o terceiro lado", ou seja, este é um resultado que relaciona o comprimento da mediana de um triângulo relativo a um de seus lados (bem como o comprimento deste mesmo lado) com os comprimentos de seus dois outros lados.

(18) $|x^3 - y^3| \leq (x^2 + y^2)^{3/2}, \forall x, y \in \mathbb{R}$. *O caso complexo é o seguinte:* $|z^3 - w^3| \leq (|z|^2 + |w|^2)^{3/2}, \forall z, w \in \mathbb{C}$.

[1] Apolônio de Perga, geômetra e astrônomo grego nascido na cidade de Perga por volta do final do século *III* e início do século *II* antes de Cristo, conhecido por seus trabalhos nas teorias envolvendo secções cônicas.

TEOREMA 3.2. *Sejam $z_1, z_2, ..., z_n, w_1, w_2, ..., w_n \in \mathbb{C}$ duas sequências finitas de números complexos. Então valem as desigualdades de Cauchy-Schwarz (a qual é um caso particular da desigualdade de Hölder) e a desigualdade triangular de Minkowski para o caso $\mathbb{N} \ni p = 2$, a saber:*

(1) $\left|\sum_{k=1}^{n} z_k w_k\right| \leq \sqrt{\sum_{k=1}^{n} |z_k|^2}.\sqrt{\sum_{k=1}^{n} |w_k|^2}$

(2) $\sqrt{\sum_{k=1}^{n} |z_k + w_k|^2} \leq \sqrt{\sum_{k=1}^{n} |z_k|^2} + \sqrt{\sum_{k=1}^{n} |w_k|^2}$

DEMONSTRAÇÃO. (1) Dados $z_1, z_2, ..., z_n, w_1, w_2, ..., w_n \in \mathbb{C}$ e $t \in \mathbb{R}$, então vale que $0 \leq |z_n + tw_n|^2 = (z_n + tw_n).\overline{(z_n + tw_n)} = (z_n + tw_n).(\overline{z_n} + t\overline{w_n}) = z_n\overline{z_n} + z_n\overline{w_n}t + \overline{z_n}w_nt + t^2w_n\overline{w_n} = |z_n|^2 + (z_n\overline{w_n} + \overline{z_n}w_n)t + |w_n|^2t^2 = |z_n|^2 + (z_n\overline{w_n} + \overline{z_n\overline{w_n}})t + |w_n|^2t^2 = |z_n|^2 + 2Re(z_n\overline{w_n})t + |w_n|^2t^2 \leq |z_n|^2 + 2|z_n\overline{w_n}|t + |w_n|^2t^2 = |z_n|^2 + 2|z_n||\overline{w_n}|t + |w_n|^2t^2 = |z_n|^2 + 2|z_n||w_n|t + |w_n|^2t^2 = |z_n|^2 + 2|z_nw_n|t + |w_n|^2t^2(= (|z_n| + t|w_n|)^2)$. Logo, vale que $0 \leq \sum_{k=1}^{n} |z_n + tw_n|^2 \leq \sum_{k=1}^{n}(|z_n|^2 + 2|z_nw_n|t + |w_n|^2t^2) = \sum_{k=1}^{n} |z_n|^2 + \sum_{k=1}^{n} 2|z_nw_n|t + \sum_{k=1}^{n} |w_n|^2t^2 = \left(\sum_{k=1}^{n} |w_n|^2\right)t^2 + \left(2\sum_{k=1}^{n} |z_nw_n|\right)t + \sum_{k=1}^{n} |z_n|^2$. Assim, podemos notar que o polinômio real $q(t) := at^2 + bt + c$, onde $a := \sum_{k=1}^{n} |w_n|^2$, $b := 2\sum_{k=1}^{n} |z_nw_n|$ e $c := \sum_{k=1}^{n} |z_n|^2$, sendo sempre não negativo, i.e, $q(t) \geq 0, \forall t \in \mathbb{R}$, então seu discriminante é não positivo, ou seja, vale que $b^2 - 4ac \leq 0$ e, portanto, $b^2 \leq 4ac$. Desse modo, vale que $\left(2\sum_{k=1}^{n} |z_nw_n|\right)^2 \leq 4\sum_{k=1}^{n} |z_n|^2.\sum_{k=1}^{n} |w_n|^2$ e, assim, $\not{4}\left(\sum_{k=1}^{n} |z_nw_n|\right)^2 \leq \not{4}\sum_{k=1}^{n} |z_n|^2.\sum_{k=1}^{n} |w_n|^2$ e, portanto, $\left(\sum_{k=1}^{n} |z_kw_k|\right)^2 \leq \sum_{k=1}^{n} |z_n|^2.\sum_{k=1}^{n} |w_n|^2$. Continuando, ao se extrair a raiz quadrada positiva em ambos os membros da última desigualdade, vamos obter que $\sum_{k=1}^{n} |z_kw_k| \leq \sqrt{\underbrace{\sum_{k=1}^{n} |z_n|^2}_{\geq 0}.\underbrace{\sum_{k=1}^{n} |w_n|^2}_{\geq 0}} = \sqrt{\sum_{k=1}^{n} |z_n|^2}.\sqrt{\sum_{k=1}^{n} |w_n|^2}$. Para completar a demonstração, lembramos que vale a desigualdade triangular generalizada para números complexos, a saber $\left|\sum_{k=1}^{n} h_k\right| \leq \sum_{k=1}^{n} |h_k|, \forall h_k \in \mathbb{C}, k \in \{1, 2, ..., n\} \subsetneq \mathbb{N}$ e, desse modo, vale que $\left|\sum_{k=1}^{n} z_kw_k\right| \leq \sum_{k=1}^{n} |z_kw_k|$ e isso, por sua vez, implicando que $\left|\sum_{k=1}^{n} z_kw_k\right| \leq \sum_{k=1}^{n} |z_kw_k| \leq \sqrt{\sum_{k=1}^{n} |z_n|^2}.\sqrt{\sum_{k=1}^{n} |w_n|^2}$, e o resultado segue.

(2) Dados $z_1, z_2, ..., z_n, w_1, w_2, ..., w_n \in \mathbb{C}$, então vale que $0 \leq |z_n+w_n|^2 = (z_n+w_n).\overline{(z_n + w_n)} = (z_n+w_n).(\overline{z_n}+\overline{w_n}) = z_n\overline{z_n}+z_n\overline{w_n}+\overline{z_n}w_n+w_n\overline{w_n} = |z_n|^2+z_n\overline{w_n}+\overline{z_n\overline{w_n}}+|w_n|^2 = |z_n|^2+2Re(z_n\overline{w_n})+|w_n|^2 \leq$

$|z_n|^2 + 2|z_n\overline{w_n}| + |w_n|^2 = |z_n|^2 + 2|z_n||\overline{w_n}| + |w_n|^2 = |z_n|^2 + 2|z_n||w_n| + |w_n|^2 = |z_n|^2 + 2|z_nw_n| + |w_n|^2 (= (|z_n| + |w_n|)^2)$. Desse modo, segue que $0 \leq \sum_{k=1}^{n} |z_k + w_k|^2 \leq \sum_{k=1}^{n}(|z_k|^2 + 2|z_kw_k| + |w_k|^2) = \sum_{k=1}^{n} |z_k|^2 + 2\sum_{k=1}^{n} |z_kw_k| + \sum_{k=1}^{n} |w_k|^2 \leq \sum_{k=1}^{n} |z_k|^2 + 2\sqrt{\sum_{k=1}^{n} |z_n|^2}.\sqrt{\sum_{k=1}^{n} |w_n|^2} + \sum_{k=1}^{n} |w_k|^2 = \left(\sqrt{\sum_{k=1}^{n} |z_n|^2} + \sqrt{\sum_{k=1}^{n} |w_n|^2}\right)^2 \Rightarrow \sqrt{\sum_{k=1}^{n} |z_k + w_k|^2} \leq \sqrt{\sum_{k=1}^{n} |z_k|^2} + \sqrt{\sum_{k=1}^{n} |w_k|^2}$.

□

Observação 3.1. *A desigualdade de Cauchy-Schwarz continua válida para séries infinitas de números complexos, para isso, bastando-se trocar k por n e n por $+\infty$ na desigualdade em questão. O mesmo vale para a desigualdade triangular de Minkowski para o caso $\mathbb{N} \ni p = 2$. Além disso, essas desigualdades também são válidas para séries números reais (por restrição). Por fim, notamos que essas desigualdades são válidas, também, para integrais reais bastando, para isso, trocar os símbolos de somatório "$\sum_{k=1}^{n}$" pelos símbolos de integral (em um dado intervalo I) "$\int_I$". De fato, vale que:*

(1) (Desigualdade de Cauchy-Scharwz para integrais reais ou caso particular desigualdade de Hölder real para integrais reais). Dadas duas funções reais de uma única variável real $f, g : I \to \mathbb{R}$, então vale que $|\int_I f(x)g(x)dx| \leq \sqrt{\int_I |f(x)|^2dx}.\sqrt{\int_I |g(x)|^2dx}$. Em particular, como para números reais vale que, se $s \geq 0 \Rightarrow |s|^2 = s^2$, então podemos simplesmente reescrever a última desigualdade como sendo $|\int_I f(x)g(x)dx| \leq \sqrt{\int_I (f(x))^2dx}.\sqrt{\int_I (g(x))^2dx}$.

(2) (desigualdade triangular de Minkowski para o caso $\mathbb{N} \ni p = 2$ para integrais reais). Dadas duas funções reais de uma única variável real (integráveis) $f, g : I \to \mathbb{R}$, então vale que $\sqrt{\int_I |f(x) + g(x)|^2dx} \leq \sqrt{\int_I |f(x)|^2dx}.\sqrt{\int_I |g(x)|^2dx}$. Em particular, novamente notamos que, como para números reais vale que, se $s \geq 0 \Rightarrow |s|^2 = s^2$, então podemos simplesmente reescrever a última desigualdade como sendo $\sqrt{\int_I (f(x) + g(x))^2dx} \leq \sqrt{\int_I (f(x))^2dx}.\sqrt{\int_I (g(x))^2dx}$.

Para demonstrar a primeira desigualdade, escolhemos duas funções reais de uma única variável real quaisquer (integráveis), digamos, $f, g : I \to \mathbb{R}$ e um escalar $t \in \mathbb{R}$ qualquer e escrevemos $0 \leq |f(x) + tg(x)|^2 = (f(x) + tg(x))^2$, desenvolvemos esse quadrado e usamos o fato de que o operador linear integral é monotônico, i.e, se h_1, h_2 são duas funções reais de uma única variável real (integráveis) as quais satisfazem $h_1 \leq h_2$ em um intervalo I, então *vale que* $\int_I h_1(x)dx \leq \int_I h_2(x)dx$. *Assim, ao se escrever que vale que* $0 \leq \int_I |f(x) + tg(x)|^2 dx = \int_I (f(x) + tg(x))^2 dx$ *e se usar a linearidade do operador integral, assim como no caso para séries, chegaremos em um polinômio* $q(t) := at^2 + bt + c$ *que é sempre não negativo e, assim, seu discriminante, a saber,* $b^2 - 4ac \leq 0$ *e o resultado segue. Deixamos a cargo dos leitores completarem os detalhes. A prova é substancialmente analógica ao caso de séries feito anteriormente. Para o caso da segunda desigualdade, usamos o fato de que vale que* $0 \leq |f(x) + g(x)|^2 = (f(x) + g(x))^2$, *desenvolvemos este quadrado e usamos a monotonicidade do operador integral para escrever que vale que* $0 \leq \int_I |f(x) + g(x)|^2 dx = \int_I (f(x) + g(x))^2 dx$ *e desenvolvemos a última integral usando a linearidade do operador integral. O resultado seguirá ao usarmos conjuntamente a primeira desigualdade e o fato de que vale que* $s \leq |s|, \forall s \in \mathbb{R}$.

Uma pergunta que cabe aqui, a qual a resposta ficará a cargo dos leitores, é que se essas últimas inequações envolvendo integrais reais ainda são válidas para integrais complexas. Aqui relembramos que se $f : A \to \mathbb{C}$ *é uma função complexa de uma única variável complexa definida e holomorfa em um aberto do plano complexo, e dada uma curva de classe* C^1, $\varphi : [a, b] \to \mathbb{C}$, *então define-se que a integral de* f *ao longo de* φ *é o número complexo* $\int_\varphi f(z)dz := \int_a^b f(\varphi(t)).\varphi'(t)dt \in \mathbb{C}$.

Exercício: (Demonstração alternativa da desigualdade de Cauchy-Scharwz para números complexos). Inicialmente, provem que vale que $ab \geq \frac{1}{2}(a^2 + b^2), \forall a, b \in \mathbb{R}$, *para tal, partindo do fato de que* $(a - b)^2 \geq 0, \forall a, b \in \mathbb{R}$. *Considerem* $||z|| := \left(\sum_{k=1}^{n} |z_k|^2\right)^{1/2}$, $z_k \in \mathbb{C}, \forall k \in \{1, 2, ..., n\} \subsetneq \mathbf{N}$ *e sejam* $a := \frac{|z_k|}{||z||}$ *e* $b := \frac{|w_k|}{||w||}$. *Concluam a prova.*

APÊNDICE 4

Identidade de Polarização para Operadores Lineares

TEOREMA 4.1. *Sejam V um espaço vetorial com um produto interno complexo $\langle . \rangle : V \times V = V^2 \to \mathbb{C}$ e $T : V \to V$ um operador linear em V. Então vale a identidade de polarização para este operador, i.e, vale que $\langle T(x+y), x+y\rangle - \langle T(x-y), x-y\rangle = 2(\langle Tx, y\rangle + \langle Ty, x\rangle), \forall x, y \in V$.*

DEMONSTRAÇÃO. Por um lado, sendo $T(x + y) = T(x) + T(y), \forall x, y \in V$, então temos que $\langle T(x + y), x + y\rangle = \langle T(x) + T(y), x + y\rangle = \langle T(x), x + y\rangle + \langle T(y), x + y\rangle = \langle T(x), x\rangle + \langle T(x), y\rangle + \langle T(y), x\rangle + \langle T(y), y\rangle, \forall x, y \in V$. Por outro lado, sendo $T(x - y) = T(x) + T(-y) = T(x) - T(y), \forall x, y \in V$, então segue que $\langle T(x - y), x - y\rangle = \langle T(x) - T(y), x - y\rangle = \langle T(x), x - y\rangle + \langle -T(y), x - y\rangle = \langle T(x), x\rangle + \langle T(x), -y\rangle + \langle -T(y), x\rangle + \rangle - T(y), -y\rangle = \langle T(x), x\rangle - \langle T(x), y\rangle - \langle T(y), x\rangle + \langle T(y), y\rangle, \forall x, y \in V$. Portanto, temos que $\langle T(x + y), x + y\rangle - \langle T(x - y), x - y\rangle = \langle T(x), x\rangle + \langle T(x), y\rangle + \langle T(y), x\rangle + \langle T(y), y\rangle - (\langle T(x), x\rangle - \langle T(x), y\rangle - \langle T(y), x\rangle + \langle T(y), y\rangle) = \langle T(x), x\rangle + \langle T(x), y\rangle + \langle T(y), x\rangle + \langle T(y), y\rangle - \langle T(x), x\rangle + \langle T(x), y\rangle + \langle T(y), x\rangle - \langle T(y), y\rangle = 2\langle T(x), y\rangle + 2\langle T(y), x\rangle = 2(\langle T(x), y\rangle + \langle T(y), x\rangle), \forall x, y \in V$.

□

Como um escólio (corolário da demonstração) do último resultado, temos que $\langle T(x + y), x+y\rangle + \langle T(x-y), x-y\rangle = 2(\langle T(x), x\rangle + \langle T(y), y\rangle), \forall x, y \in V$. De fato, $\langle T(x+y), x+y\rangle + \langle T(x-y), x-y\rangle = \langle T(x), x\rangle + \langle T(x), y\rangle + \langle T(y), x\rangle + \langle T(y), y\rangle + \langle T(x), x\rangle - \langle T(x), y\rangle - \langle T(y), x\rangle + \langle T(y), y\rangle = 2\langle T(x), x\rangle + 2\langle T(y), y\rangle = 2(\langle T(x), x\rangle + \langle T(y), y\rangle), \forall x, y \in V$.

Como uma importante consequência da fórmula de polarização de operadores lineares em espaços vetoriais com produto interno, temos o seguinte resultado, a saber:

TEOREMA 4.2. *Seja V um espaço vetorial complexo com um produto interno complexo $\langle . \rangle : V \times V = V^2 \to \mathbb{C}$ e consideremos um operador linear em V, $T : V \to V$. Se ocorre que $\langle Tx, x\rangle = 0, \forall x \in V$, então T é o perador nulo em V, ou seja, $T \equiv 0$.*

DEMONSTRAÇÃO. Consideremos a identidade de polarização para operadores lineares em espaços vetoriais com produto interno, $\langle T(x + y), x + y\rangle - \langle T(x - y), x - y\rangle = 2(\langle Tx, y\rangle + \langle Ty, x\rangle), \forall x, y \in V$. Se vale que $\langle Tx, x\rangle = 0, \forall x \in V \Rightarrow \langle T(x + y), x + y\rangle = \langle T(x - y), x - y\rangle = 0, \forall x, y \in V$ e, portanto, a fórmula de polarização para operadores lineares se torna igual a $2(\langle Tx, y\rangle + \langle Ty, x\rangle) = 0, \forall x, y \in V \Rightarrow \langle Tx, y\rangle + \langle Ty, x\rangle = 0, \forall x, y \in V$. Na última expressão obtida, ao substituirmos $x \in V$ por $ix \in V$, vamos ter que $\langle T(ix), y\rangle + \langle T(y), ix\rangle = \langle iT(x), y\rangle + \bar{i}\langle T(y), x\rangle = i\langle T(x), y\rangle - i\langle T(y), x\rangle = i(\langle T(x), y\rangle - \langle T(y), x\rangle) = 0, \forall x, y \in V \Rightarrow \langle T(x), y\rangle - \langle T(y), x\rangle = 0, \forall x, y \in V$. Logo, obtemos as identidades simultâneas dadas por $\langle T(x), y\rangle + \langle T(y), x\rangle = 0, \forall x, y \in V$ e $\langle T(x), y\rangle - \langle T(y), x\rangle = 0, \forall x, y \in V$. Desse modo, somando-as membro a membro, vamos obter que $2\langle T(x), y\rangle = 0, \forall x, y \in V \Rightarrow \langle T(x), y\rangle = 0, \forall x, y \in V \Rightarrow T(x) = 0, \forall x \in V \Rightarrow T \equiv 0$. Aqui, usamos a seguinte propriedade do produto interno, a saber, que se vale que $\langle v, w\rangle = 0, \forall w \in V \Rightarrow v = 0_V$.

□

OBSERVAÇÃO 4.1. *Podemos notar que o teorema acima não é verdadeiro para o caso real. De fato, por exemplo, uma rotação não nula pode, perfeitamente, mapear qualquer vetor não nulo em um vetor perpendicular a esse vetor não nulo. De modo analítco-algébrico, a diferença desse resultado entre os casos em* $\mathbb{R}$ *e em* $\mathbb{C}$ *é que no caso em* $\mathbb{C}$ *podemos substituir* x *por* ix *e se obter um sistema, o qual nos garante que* $\langle Tx, y\rangle = 0, \forall x, y \in V$ *e, portanto,* $T \equiv 0$*, ao passo que no caso real não podemos fazer tal substituição. Assim, podemos dizer que o caso em* $\mathbb{C}$ *é "rígido".*

Exercício: Usem a identidade de polarização para operadores lineares em espaços vetoriais com produto interno para mostrar que se $T : V \to V$ *é um operador linear no espaço vetorial com produto interno* V*, de tal modo que se existe um número real não negativo* $c \geq 0$ *satisfazendo a condição de que* $|\langle Ax, x\rangle| \leq c||x||^2, \forall x \in V$*, então segue que* $|\langle Ax, y\rangle + \langle Ay, x\rangle| \leq c(||x||^2 + ||y||^2), \forall x, y \in V$.

APÊNDICE 5

Conjuntos Convexos

Ao longo desse presente texto, falamos sobre segmentos de reta em espaços vetoriais de dimensão finita e infinita e, dessa forma, vamos falar aqui um pouco sobre conjuntos convexos.

Seja V um espaço vetorial (de dimensão finita ou infinita e não precisa ser normado) sobre $\mathbb{K}$ que pode ser tanto $\mathbb{R}$ ou $\mathbb{C}$. Dizemos que um subconjunto $A \subseteq V$ é um conjunto convexo se dados quaisquer $x, y \in A$ e qualquer escalar $\lambda \in [0,1]$, então o "segmento de reta" $\lambda x + (1-\lambda)y \in A$, ou seja, sempre que dois elementos estão nesse conjunto, então o segmento de reta que os liga ainda está nesse conjunto.

Vejamos, agora, alguns exemplos de conjuntos convexos (em alguns espaços vetoriais normados).

(1) Todo subespaço vetorial V_0 de um espaço vetorial V é um conjunto convexo. De fato, por definição de subespaço vetorial, se $x, y \in V_0 \Rightarrow k_1x + k_2y \in V_0, \forall k_1, k_2 \in \mathbb{F}$, i.e, se x e y são elementos de V_0, então uma combinação linear entre eles também é um elemento de V_0. Em particular, considerando $k_1 := \lambda$ e $k_2 := 1-\lambda$, onde $\lambda \in [0,1]$, então $\lambda x + (1-\lambda)y \in V_0$ sempre que $x, y \in V_0$.

(2) (Conjuntos convexos e equações diferenciais ordinárias). Seja $A := \{x = x(t) : I \to \mathbb{R}; x' + 2x = sen(t)\}$ = conjunto constituído pelas funções reais definidas e deriváveis no intervalo I da reta real que satisfazem a equação diferencial ordinária dada por $x' + 2x = sen(t)$. Esse conjunto é um subconjunto do espaço vetorial $V := \{x = x(t) : I \to \mathbb{R}\}$ = espaço vetorial constituído pelas funções reais definidas no intervalo I da reta real. Mostremos que A é um subconjunto convexo de V. Para tal, devemos mostrar que se $x_1 = x_1(t)$ e $x_2 = x_2(t)$ são elementos de A, i.e, se as funções x_1 e x_2 satisfazem a equação diferencial ordinária proposta, então o segmento de reta que une as funções x_1 e x_2, a saber, $\lambda x_1 + (1-\lambda)x_2, \lambda \in [0,1]$, também satisfaz a equação diferencial ordinária proposta. De fato, mostremos que se valem as condições $x_1' + 2x_1 = sen(t)$ e $x_2' + 2x_2 = sen(t)$, então vale que $(\lambda x_1 + (1-\lambda)x_2)' + 2(\lambda x_1 + (1-\lambda)x_2) = sen(t), \forall \lambda \in [0,1]$. Temos que $(\lambda x_1 + (1-\lambda)x_2)' +$

$2(\lambda x_1 + (1-\lambda)x_2) = \lambda x_1' + (1-\lambda)x_2' + 2\lambda x_1 + 2(1-\lambda)x_2 = (\lambda x_1' + 2\lambda x_1) + ((1-\lambda)x_2' + 2(1-\lambda)x_2) = \lambda\underbrace{(x_1' + 2x_1)}_{= sen(t)} + (1-\lambda)\underbrace{(x_2' + 2x_2)}_{sen(t)} = \lambda\, sen(t) + (1-\lambda)\, sen(t) = \lambda\, sen(t) + sen(t) - \lambda\, sen(t) = sen(t).$

(3) Sejam V e W dois espaços vetoriais quaisquer sobre o mesmo corpo de escalares $\mathbb{F}$ dos reais ou dos complexos e consideremos uma aplicação linear $T : V \to W$, i.e, uma aplicação que satisfaz $T(x + \lambda y) = T(x) + \lambda T(y), \forall x, y \in V, \forall \lambda \in \mathbb{F}$. Seja $A \subseteq V$ um subconjunto convexo de V. Provemos que $T(A) \subseteq W$ é um subconjunto convexo de W. Para tal, sejam dados quaisquer $w_1, w_2 \in T(A)$ e qualquer $\lambda \in [0, 1]$. Mostremos que $\lambda w_1 + (1 - \lambda)w_2 \in T(A)$. De fato, $\exists_m x, y \in A; T(x) = w_1$ e $T(y) = w_2$. Desse modo, segue que $\lambda w_1 + (1-\lambda)w_2 = \lambda T(x) + (1-\lambda)T(y) = T(\lambda x) + T((1-\lambda)y) = T(\lambda x + (1-\lambda)y)$. Como o subconjunto A é, por hipótese, convexo, então temos que $\lambda x + (1 - \lambda y) \in A$ e, portanto, $T(\lambda x + (1-\lambda)y) \in T(A)$. Isso, por sua vez, significa que $\lambda w_1 + (1-\lambda)w_2 \in T(A)$, e o resultado segue, já que $w_1, w_2 \in T(A)$ e $\lambda \in [0, 1]$ são quaisquer.

Exercício: Seja $V := \{f : [0,1] \to \mathbb{R}, \quad contínua\}$ = espaço vetorial constituído pelas funções reais definidas e contínuas no intervalo $[0, 1]$ da reta real. Seja $A \subsetneq V$ o subconjunto próprio de V definido por $A := \{f \in V; f(0) = 0, f(1) = 1, \quad estritamente\ crescente\}$ = subconjunto constituído pelas funções reais definidas e contínuas no intervalo $[0, 1]$ da reta real que fixam 0 e 1 e que são estritamente crescentes. Provem que A é um subconjunto convexo de V.

Teorema 5.1. *Seja V um espaço vetorial (de dimensão finita ou infinita) com uma norma $||.|| : V \to [0, +\infty)$. Sejam $V \supsetneq B := \{x \in V; ||x|| \leq 1\}$ = bola fechada de centro na origem, 0_V e raio igual a 1 em V e $V \supsetneq B \supsetneq U := \{x \in V; ||x|| < 1\}$ = bola aberta de centro na origem, 0_V e raio igual a 1 em V. Então, B e U são subconjuntos convexos do espaço vetorial V.*

Demonstração. Mostremos, inicialmente, que o subconjunto B é convexo. Para tal, sejam $x, y \in B$ (i.e, $||x||, ||y|| \leq 1$) e $\lambda \in [0, 1]$ quaisquer. O objetivo é provar que $\lambda x + (1-\lambda)y \in B$. Para tal, devemos mostrar que $||\lambda x + (1 - \lambda)y|| \leq 1$. De fato, temos que $||\lambda x + (1 - \lambda)y|| \leq ||\lambda x|| + ||(1 - \lambda)y|| \leq |\lambda| \underbrace{||x||}_{\leq 1} + |1 - \lambda| ||y|| \leq |\lambda| + |1 - \lambda| \underbrace{||y||}_{\leq 1} \leq |\lambda| + |1 - \lambda| = \lambda + 1 - \lambda = 1$, já que, sendo $0 \leq \lambda \leq 1 \Rightarrow |\lambda| = \lambda$ e $-1 \leq -\lambda \leq 0 \Rightarrow 0 \leq 1 - \lambda \leq 1 \Rightarrow |1 - \lambda| = 1 - \lambda$.

A prova de que o subconjunto U é convexo é substancialmente analógica, bastando-se, para isso, trocar o símbolo de menor ou igual, " $\leq$ " pelo símbolo de desigualdade estrita, " $<$ " quando necessário.

□

Observação 5.1. *O resultado se mantém inalterado se trocarmos o raio igual a* 1 *das bolas B e U pelo raio igual a $r > 0$ qualquer. Aqui segue uma pergunta aos leitores, a saber: Se trocarmos o centro das bolas U e V da origem por um elemento $x_0 \in V$ qualquer, então esses conjuntos continuam convexos? Justifiquem.*

APÊNDICE 6

Filosofia Cartesiana

"Em minha solidão, vi coisas muito claras que não são verdadeiras". Essa última frase é devida ao poeta Antonio Machado, a qual encontra-se presente na excelente referência de número [22], contida nas referências bibliográficas ao final do texto, bem como em um de meus livros, a saber, a referência de número [5], também presente nas referências bibliográficas ao final do texto. Em [22] podemos perceber as falhas e as vantagens do método cartesiano de Descartes. De fato, do ponto de vista filosófico, o "penso, logo existo" nos conduz a diversas trivialidades pois, por exemplo, uma cadeira "não pensa", e nem por isso ela deixa de existir. Além disso, devemos ter "consciência" de que nem tudo o que pensamos é necessariamente real e, dessa forma, pensar em algo que simplesmente não existe não é parâmetro suficiente para se caracterizar a existência orgânica de um indivíduo. Ainda, o que um indivíduo não pensa simplesmente não existe? Apesar das inconsistências filosóficas (praticamente imediatas), o método de coordenadas cartesianas de Descartes é muito eficaz para, por exemplo, se resolver problemas de geometria plana clássica que, sem o uso do sistema de coordenadas cartesianas, se tornariam muito mais difícies de serem resolvidos. De fato, a "técnica" principal consiste em se "colocar" determinados "pontos notáveis" de certos desenhos geométricos em coordenadas estratégicas, facilitando assim, os cálculos e as demonstrações. Vejamos alguns exemplos a seguir.

Vamos usar técnicas de geometria analítica no plano para provar que as diagonais do quadrado (de lados medindo L) se encontram no seu ponto médio. O "truque" que facilita muito a solução do problema, consiste em se colocar um dos vértices do quadrado na origem do plano cartesiano, $(0,0)$, e sendo L o comprimento do seus lados, os demais três vértices se tornam os pontos de coordenadas dadas por $(L,0), (0,L)$ e (L,L). Recomendamos que os leitores façam um desenho dessa situação, para uma melhor assimilação do que está ocorrendo. Agora, vamos encontrar equação da reta que passa pelos pontos $(0,0)$ e (L,L), bem como a equação da reta que passa pelos pontos $(L,0)$ e $(0,L)$, as quais correspondem as diagonais do quadrado e, assim, encontraremos seu (único) ponto de intersecção, o qual constataremos se tratar do ponto médio entre elas. De fato, a equação da reta que passa pelos pontos $(0,0)$ e (L,L) é a bissectriz dos quadrantes ímpares, a qual possui equação *cartesiana dada por* $y = f(x) := x$. *Agora, seja* $y = g(x) := kx + s$ *a equação da reta que passa pelos pontos* $(L,0)$ *e* $(0,L)$. *Temos que* $g(0) = L \Leftrightarrow s = L \Leftrightarrow y = g(x) = kx + L$. *Ainda,* $g(L) = 0 \Leftrightarrow kL + L = 0 \Leftrightarrow L(k+1) = 0 \Leftrightarrow L = 0$ *(o que não convém) ou* $k + 1 = 0 \Rightarrow k = -1 \Leftrightarrow y = g(x) = L - x$. *O (único) ponto onde as diagonais do quadrado se encontram, é o ponto obtido a se solucionar a equação* $f(x) = g(x)$. *Temos que* $f(x) = g(x) \Leftrightarrow x = L - x \Leftrightarrow 2x = L \Leftrightarrow x = \frac{L}{2} \Leftrightarrow y = \frac{L}{2} \Leftrightarrow (x,y) = \left(\frac{L}{2}, \frac{L}{2}\right) = \frac{L}{2}(1,1)$. *O ponto* $\left(\frac{L}{2}, \frac{L}{2}\right) = \frac{L}{2}(1,1)$ *é exatamente o ponto médio das diagonais do quadrado, e o resultado segue.*

Exercício: Usando as técnicas de geometria analítica apresentadas ao longo desse presente texto, provem que as diagonais do quadrado de lado medindo L se encontram ortogonalmente. Recomendamos que os leitores façam um desenho dessa situação, para uma melhor assimilação do que está ocorrendo.

APÊNDICE 7

Miscelâneas

1) A função exponencial (tanto a real quanto a complexa) pode ser utilizada como "estabilizadora" do grau de funções polinomiais via derivação sucessiva. Mais do que isso, vamos determinar explicitamente a sequência de funções polinomiais resultantes via recorrência. Faremos os dois primeiros casos, sendo o terceiro caso e o caso geral deixados a cargo dos leitores.

Caso 1) Funções polinomiais de grau igual a 1: Seja $f : \mathbb{R} \to \mathbb{R}, f(x) := xe^x \Rightarrow f'(x) = e^x + xe^x = (x+1)e^x \Rightarrow f''(x) = e^x + (x+1)e^x = (x+2)e^x \Rightarrow f'''(x) = e^x + (x+2)e^x = (x+3)e^x \Rightarrow \ldots \Rightarrow f^{(n)}(x) = (x+n)e^x, \forall x \in \mathbb{R}, \forall n \in \mathbb{N}$. *A sequência assim obtida* $\{P_n(x)\}_{n\in\mathbb{N}}$ *é uma sequência de funções polinomiais de grau igual a 1 dada por* $P_n(x) = x + n$. *Por exemplo, a derivada de ordem 55 da função* f *será dada por* $f^{(55)}(x) = (x+55)e^x$ *e, por sua vez, a função polinomial associada será dada por* $P_{55}(x) = x + 55$. *Além disso, os zeros da equação* $P_n(x) = 0$ *são obtidos da seguinte forma:* $P_n(x) = 0 \Leftrightarrow x + n = 0 \Leftrightarrow x = -n$. *Como* $n \in \mathbb{N}$ *é um número natural (pois é numericamente igual a ordem de uma derivada ordinária), então* $-n \in \mathbb{Z}$ *é um número inteiro negativo. Por exemplo, o zero da equação* $P_{55}(x) = 0$ *é o número inteiro negativo dado por* $n = -55 \in \mathbb{Z}$.

Caso 2) Funções polinomiais de grau igual a 2: Seja $f : \mathbb{R} \to \mathbb{R}, f(x) := x^2e^x \Rightarrow f'(x) = 2xe^x + x^2e^x = (x^2+2x)e^x \Rightarrow f''(x) = (2x+2)e^x + (x^2+2x)e^x = (x^2+4x+2)e^x \Rightarrow f'''(x) = (2x+4)e^x + (x^2+4x+2)e^x = (x^2+6x+6)e^x \Rightarrow f^{(4)}(x) = (2x+6)e^x + (x^2+6x+6)e^x = (x^2+8x+12)e^x \Rightarrow f^{(5)}(x) = (2x+8)e^x + (x^2+8x+12)e^x = (x^2+10x+20)e^x \Rightarrow f^{(6)}(x) = (2x+10)e^x + (x^2+10x+20)e^x = (x^2+12x+30)e^x \Rightarrow f^{(7)}(x) = (2x+12)e^x + (x^2+12x+30)e^x = (x^2+14x+42)e^x$. *Uma pergunta que surge agora é a seguinte: Qual a expressão geral para* $f^{(n)}(x)$*? Para responder a pergunta, podemos notar que* $f^n(x) = x^2 + 2nx + g(n)$, *onde* $g(n)$ *vamos determinar agora. Para* $n = 0$ *(e, consequentemente,* $P_0(x) = x^2$*) tem-se que* $g(n) \equiv 0$. *Para* $n = 1$ *(e, consequentemente,* $P_1(x) = x^2 + 2x$*) tem-se que* $g(n) \equiv 0 = 1.0$. *Para* $n = 2$ *(e, consequentemente,* $P_2(x) = x^2 + 4x + 2$*) tem-se que* $g(n) = 2 = 2.1$. *Para* $n = 3$ *(e, consequentemente,* $P_3(x) = x^2 + 6x + 6$*) tem-se que* $g(n) = 6 = 3.2$. *Para* $n = 4$ *(e, consequentemente,* $P_4(x) = x^2 + 8x + 12$*) tem-se que* $g(n) = 12 = 4.3$. *Para* $n = 5$ *(e, consequentemente,* $P_5(x) = x^2 + 10x + 20$*) tem-se que* $g(n) = 20 = 5.4$. *Para* $n = 6$ *(e,* *consequentemente,* $P_6(x) = x^2 + 12x + 30$*) tem-se que* $g(n) = 30 = 6.5$*. Para* $n = 7$ *(e, consequentemente,* $P_7(x) = x^2 + 14x + 42$*) tem-se que* $g(n) = 42 = 7.6$*. Concluímos, com isso, que* $g(n) = n(n-1), \forall n \in \mathbb{N}$*. Logo, a derivada n-ésima da função* f *será dada por*

$$f^{(n)}(x) = (x^2 + 2nx + n(n-1))e^x, \forall x \in \mathbb{R}, \forall n \in \mathbb{N}$$

e, portanto, a sequência de funções polinomiais resultante será dada por

$$P_n(x) = x^2 + 2nx + n(n-1), \forall x \in \mathbb{R}, \forall n \in \mathbb{N},$$

a qual é uma sequência de funções polinomiais de grau igual a 2. Por exemplo, $P_{20}(x) = x^2 + 2.20x + 20.19 = x^2 + 40x + 20.(20-1) = x^2 + 40x + 20.20 - 20 = x^2 + 40x + 400 - 20 = x^2 + 40x + 380$ *e, portanto, a derivada de ordem igual a 20 da função* f *será dada por* $(x^2 + 40x + 380)e^x$.

Vamos obter os zeros da equação $P_n(x) = 0$*, onde* $P_n(x) = x^2 + 2nx + n(n-1)$*. Temos que*

$$P_n(x) = 0 \Leftrightarrow x^2 + 2nx + n(n-1) = 0 \Leftrightarrow x = \frac{-2n \pm \sqrt{4n^2 - 4n(n-1)}}{2} = \frac{-2n \pm \sqrt{4n^2 - 4n^2 + 4n}}{2} = \frac{-2n \pm \sqrt{4n}}{2} = \frac{-2n \pm 2\sqrt{n}}{2} = -n \pm \sqrt{n}, \forall n \in \mathbb{N}.$$

Assim, podemos notar que as raízes da função polinomial $P_n(x) = x^2 + 2nx + n(n-1)$ *são sempre números reais, já que sendo* $n \in \mathbb{N}$ *um número natural, então em particular ele é um número positivo e, portanto, o número* $\sqrt{n}$ *é um número real (positivo). Por exemplo, vamos calcular explicitamente as raízes da função polinomial* $P_{200}(x)$*. Serão dadas por* $x = -200 \pm \sqrt{200} = -200 \pm \sqrt{2.10^2} = -200 \pm 10\sqrt{2} = 10(-20 \pm \sqrt{2})$*. Portanto,* $P_{200}(x) = x^2 + 2.200x + 200.199 = x^2 + 400x + 200(200-1) = x^2 + 400x + 200^2 - 200 = x^2 + 400x - 40000 - 200 = x^2 + 400x + 39800 = 0 \Leftrightarrow x \in \{10(-20 + \sqrt{2}), -10(20 + \sqrt{2})\}$*. Além disso, podemos notar que sempre que* $\mathbb{N} \ni n \geq 2$*, então as raízes de* $P_n(x)$ *serão números reais negativos. De fato,* $n > \sqrt{n}, \forall \mathbb{N} \ni n \geq 2$ *e, portanto,* $-n \pm \sqrt{n} < 0, \forall \mathbb{N} \ni n \geq 2$.

Caso 3) Funções polinomiais de grau igual a 3: Derivações sucessivas da função $f(x) := x^3 e^x$ *geram uma função* $f^{(n)}(x) = P_n(x)e^x$*, onde* $\{P_n(x)\}_{n \in \mathbb{N}}$ *é uma sequência de funções polinomiais de grau igual a 3 e pode ser "descoberta" procedendo-se do mesmo modo como nos casos 1) e 2), porém com cálculos um pouco mais carregados. Deixamos os detalhes a cargo dos leitores.*

Caso k) Funções polinomiais de grau igual a $k \in \mathbb{N}$*: Derivações sucessivas da função* $f(x) := x^k e^x$ *geram uma função* $f^{(n)}(x) = P_n(x)e^x$*, onde* $\{P_n(x)\}_{n \in \mathbb{N}}$ *é uma sequência de funções polinomiais de grau igual a k a qual pode ser "encontrada" de dois modos distintos, porém equivalentes, a saber: (a) Procedendo-se como nos casos anteriores 1), 2) e 3); ou (b) "Encontrando-se" um "padrão" em* $P_n(x)$ *para* $n = 1, 2, 3$ *e o estendendo para* $n = k \in \mathbb{N}$

qualquer.

Exercício: Façam a mesma análise para o caso de integração (ou melhor dizendo, de primitização), i.e, considerem a função exponencial real ou complexa $t \mapsto e^t$ *e vejam como ficam as operações sucessivas em relação às primitivas* $f(t) := \int te^t dt$, $\int f(t)dt$, *etc. Façam o mesmo para o caso* $g(t) := \int t^2 e^t dt$, $\int g(t)dt$, *etc, bem como o caso mais geral* $h(t) := \int t^n e^t dt$, $\int h(t)dt$, *etc.*

2) Vamos usar a primeira fórmula de De Moivre, que diz que, dado um número complexo em sua forma polar

$$z = |z|(\cos(\theta) + i\,sen(\theta)) \in \mathbb{C},\ |z| = \sqrt{Re^2(z) + Im^2(z)},\ \theta = \arg(z),$$

então vale que

$$z^n = |z|^n(\cos(n\theta) + i\,sen(n\theta)),\ \forall n \in \mathbb{Z},\ \forall \theta \in \mathbb{R},$$

para provar (simultaneamente) que valem as seguintes identidades:

$$sen(3\theta) = 3\,sen(\theta) - 4\,sen^3(\theta),\ \forall \theta \in \mathbb{R},$$

$$\cos(3\theta) = 4\cos^3(\theta) - 3\cos(\theta),\ \forall \theta \in \mathbb{R},$$

e, também, para provar (simultaneamente) que valem as seguintes identidades:

$$\cos(4\theta) = 8\cos^4(\theta) - 8\cos^2(\theta) + 1,\ \forall \theta \in \mathbb{R},$$

$$sen(4\theta) = 2\,sen(2\theta)(1 - sen^2(\theta)),\ \forall \theta \in \mathbb{R}$$

Com isso, podemos notar que conseguimos escrever $sen(3\theta)$ *em função apenas de* $sen(\theta)$ *e* $\cos(3\theta)$ *em função apenas de* $\cos(\theta)$ *e, ainda,* $\cos(4\theta)$ *em função apenas de* $\cos(\theta)$*, porém não conseguimos escrever* $sen(4\theta)$ *em função apenas de* $sen(\theta)$*, mas sim em função de* $sen(\theta)$ *e de* $sen(2\theta)$*, pois como veremos mais adiante, tem-se que* $sen(4\theta) = 4\,sen(\theta)\cos^3(\theta) - 4\cos(\theta)\,sen^3(\theta), \forall \theta \in \mathbb{R}$. *Além disso,* $sen(3\theta)$ *e* $\cos(3\theta)$ *são polinômios trigonométricos incompletos de grau igual a 3 em* $sen(\theta)$ *e* $\cos(\theta)$*, respectivamente. Finalmente, também podemos notar que* $\cos(4\theta)$ *é um polinômio trigonométrico biquadrado em* $\cos(\theta)$.

Com tudo isso, vamos conseguir mostrar que os números $sen(10^\circ) = sen\left(\frac{\pi}{18}\right)$, $\cos(20^\circ) = \cos\left(\frac{\pi}{9}\right)$ *são números irracionais (algébricos, i.e, são zeros de polinômios com coeficientes racionais). Além disso, vamos usar o formato biquadrado de* $\cos(4\theta)$ *para se resolver alguns tipos de equações trigonométricas de maneira explícita envolvendo* $\cos(4\theta)$*. Para isso, inicialmente observamos que, tomando* $|z| = 1$ *na primeira fórmula de De Moivre, obtemos que*

$$(\cos(\theta) + i\,sen(\theta))^n = \cos(n\theta) + i\,sen(n\theta),\ \forall n \in \mathbb{Z},\ \forall \theta \in \mathbb{R}.$$

Logo, sendo $e^{i\theta} := \cos(\theta) + i\,sen(\theta)$, $\theta \in \mathbb{R} \Rightarrow (e^{i\theta})^n = e^{in\theta}$, $\forall n \in \mathbb{Z}$, $\forall \theta \in \mathbb{R}$. *Portanto, tomando* $n = 3 \Rightarrow (\,sen(\theta) + i\,sen(\theta))^3 = sen(3\theta) + i\,sen(3\theta)$, $\forall \theta \in \mathbb{R}$. *Lembrando (pela fórmula do Binômio de Newton) que*

$$(x + y)^3 = x^3 + 3x^2y + 3xy^2 + y^3,\ \forall x, y \in \mathbb{R},$$

então temos que

$$sen(3\theta) + i\,sen(3\theta) = (\,sen(\theta) + i\,sen(\theta))^3 = \cos^3(\theta) + 3\cos^2(\theta) i\,sen(\theta) + 3\cos(\theta)(i\,sen(\theta))^2 + (i\,sen(\theta))^3 = \cos^3(\theta) + 3\cos^2(\theta) i\,sen(\theta) + 3\cos(\theta)(i\,sen(\theta))^2 + (i\,sen(\theta))^3 = (\cos^3(\theta) - 3\cos(\theta)(1 - \cos^2(\theta))) + i(3\cos^2(\theta)\,sen(\theta) + (-1)\,sen^3(\theta)) = (\cos^3(\theta) - 3\cos(\theta)(1 - \cos^2(\theta))) + i(3(1 - sen^2(\theta))\,sen(\theta) - sen^3(\theta)) = (\cos^3(\theta) - 3\cos(\theta) + 3\cos^3(\theta)) + i(3\,sen(\theta) - 3\,sen^3(\theta) - sen^3(\theta)) = (4\cos^3(\theta) - 3\cos(\theta)) + i(3\,sen(\theta) - 4\,sen^3(\theta)),\ \forall \theta \in \mathbb{R}.$$

Com isso, provamos então que

$$\cos(3\theta) + i\,sen(3\theta) = (4\cos^3(\theta) - 3\cos(\theta)) + i(3\,sen(\theta) - 4\,sen^3(\theta)),\ \forall \theta \in \mathbb{R},$$

e como dois números complexos são iguais se, e somente se, suas partes real e imaginárias são iguais, então concluímos que valem as identidades

$$sen(3\theta) = 3\,sen(\theta) - 4\,sen^3(\theta),\ \forall \theta \in \mathbb{R},$$

$$\cos(3\theta) = 4\cos^3(\theta) - 3\cos(\theta),\ \forall \theta \in \mathbb{R}.$$

Isso nos mostra que $\cos(3\theta)$, $sen(3\theta)$ *são polinômios trigonométricos de "grau" igual a* 3 *em função de* $\cos(\theta)$, $sen(\theta)$, *respectivamente. Ainda, pela natureza da fórmula de De Moivre, vai valer que* $\cos(n\theta)$, $sen(n\theta)$ *são polinômios trigonométricos de "grau" igual a* n *em função de* $\cos(\theta)$, $sen(\theta)$. *(Vejam o exercício proposto ao final desse item).*

Mostramos, agora, que os números $sen(10^\circ) = sen\left(\frac{\pi}{18}\right)$, $\cos(20^\circ) = \cos\left(\frac{\pi}{9}\right)$ *são números irracionais (algébricos, pois serão zeros de polinômios com coeficientes inteiros). Inicialmente, vamos mostrar que,* $sen(10^\circ) = sen\left(\frac{\pi}{18}\right)$ *é irracional. De fato, denotemos por* $sen(10^\circ) = sen\left(\frac{\pi}{18}\right) = x \Rightarrow sen(3.10^\circ) = sen(30^\circ) = sen\left(\frac{3\pi}{18}\right) = sen\left(\frac{\pi}{6}\right) = \frac{1}{2} = 3\,sen(10^\circ) - 4\,sen^3(10^\circ) = 3x - 4x^3 \Rightarrow 3x - 4x^3 = \frac{1}{2} \Rightarrow 8x^3 - 6x + 1 = 0$. *Por construção, o número* $sen(10^\circ)$ *é solução da equação polinomial incompleta de grau* 3 *dada por* $8x^3 - 6x + 1 = 0$. *Sabemos que, pelo fato de que o grau desta função polinomial é um número ímpar (no caso igual a* 3*), então pelo menos uma de suas três raízes (contadas suas multiplicidades algébricas) é real, e vai valer, nesse caso, que a (única)* *raiz real é exatamente o número sen*(10°). *Isso ocorre pelo fato de que, sempre que tivermos uma função polinomial de grau igual a três incompleta sem o termo quadrático (com coeficientes reais), então este polinômio tem sempre duas raízes complexas conjugadas (deixamos a cargo dos leitores verificarem esse fato). Vamos, então, mostrar que equação* $8x^3 - 6x + 1 = 0$ *não possui sequer alguma raiz racional. Para isso, mostramos (de acordo com a teoria de raízes de equações polinomiais) que sendo* $\pm 1, \pm 2, \pm 4, \pm 8$ *os possíveis divisores do número* 8, *coeficiente da maior potência de* x *nesta equação polinomial e sendo* 1 *o coeficiente independente da função polinomial, então os números* $1, \pm\frac{1}{2}, \pm\frac{1}{4}, \pm\frac{1}{8}$ *que são as possíveis raízes racionais da equação* $8x^3 - 6x + 1 = 0$ *não são sequer alguma delas, de fato, raízes da equação* $8x^3 - 6x + 1 = 0$, *i.e, sendo* $p(x) := 8x^3 - 6x + 1 = 0 \Rightarrow p(\pm 1), p\left(\pm\frac{1}{2}\right), p\left(\pm\frac{1}{4}\right), p\left(\pm\frac{1}{2}\right) \neq 0$. *De fato, como a soma dos coeficientes da função polinomial* $8x^3 - 6x + 1$ *é* $\neq 0$ *e igual a* $8 - 6 + 1 = 3 \Rightarrow p(1) = 3 \neq 0$. *Agora, para se determinar o valor de* $p(-1)$ *basta trocar o sinal das duas primeiras parcelas anteriormente calculadas para se determinar o valor de* $p(1)$ *e teremos que* $p(-1) = -8 + 6 + 1 = -1 \neq 0$. *Ainda,* $p\left(\frac{1}{2}\right) = 8.\frac{1}{8} - 6.\frac{1}{2} + 1 = 1 - 3 + 1 = -1 \neq 0$. *Agora, para se determinar o valor de* $p\left(\frac{-1}{2}\right)$ *basta trocar o sinal das duas primeiras parcelas anteriormente calculadas para se determinar o valor de* $p\left(\frac{1}{2}\right)$ *e teremos que* $p\left(\frac{-1}{2}\right) = -1 + 3 + 1 = 3 \neq 0$. *Continuando, temos que* $p\left(\frac{1}{4}\right) = 2^3.\frac{1}{2^6} - 6.\frac{1}{4} + 1 = \frac{1}{8} - \frac{3}{2} + 1 = \frac{1}{8} - \frac{12}{8} + \frac{8}{8} = \frac{-3}{8} \neq 0$. *Agora, para se determinar o valor de* $p\left(\frac{-1}{4}\right)$ *basta trocar o sinal das duas primeiras parcelas anteriormente calculadas para se determinar o valor de* $p\left(\frac{1}{4}\right)$ *e teremos que* $p\left(\frac{-1}{4}\right) = \frac{-1}{8} + \frac{12}{8} + \frac{8}{8} = \frac{19}{8} \neq 0$. *Prosseguindo,* $p\left(\frac{1}{8}\right) = 8.\frac{1}{8^3} - 6.\frac{1}{8} + 1 = \frac{1}{64} - \frac{48}{64} + \frac{64}{64} = \frac{64 - 47}{64} = \frac{17}{64} \neq 0$. *Finalmente, para se determinar o valor de* $p\left(\frac{-1}{8}\right)$ *basta trocar o sinal das duas primeiras parcelas anteriormente calculadas para se determinar o valor de* $p\left(\frac{1}{8}\right)$ *e teremos que* $p\left(\frac{-1}{8}\right) = \frac{-1}{64} + \frac{48}{8} + \frac{64}{64} = \frac{47 + 64}{64} = \frac{111}{64} \neq 0$. *Dessa forma, concluímos que número algum do conjunto* $\left\{\pm 1, \pm\frac{1}{2}, \pm\frac{1}{4}, \pm\frac{1}{8}\right\}$ *é raiz da equação polinomial* $8x^3 - 6x + 1 = 0$ *e, portanto, essa equação não possui raiz racional e, assim, obtemos que o número sen*$(10^\circ) \in \mathcal{I} = \mathbb{R}/\mathbb{Q}$ *é um número irracional, já que ele é a (única) raiz real dessa equação. Vamos provar agora, de maneira substancialmente análoga, que o número* $\cos(20^0)$ *também é um número irracional. De fato, denotemos por* $x = \cos(20^\circ) = \cos\left(\frac{\pi}{9}\right) \Rightarrow \frac{1}{2} = \cos\left(3\frac{\pi}{9}\right) = \cos\left(\frac{\pi}{3}\right) = 4\cos^3\left(\frac{\pi}{9}\right) - 3\cos\left(\frac{\pi}{9}\right) = 4x^3 - 3x \Leftrightarrow \frac{1}{2} =$

$4x^3 - 3x \Leftrightarrow 1 = 8x^3 - 6x \Leftrightarrow 8x^3 - 6x - 1 = 0$. *Vamos definir o polinômio real incompleto de grau igual a 3 dado por* $p(x) := 8x^3 - 6x - 1$ *e mostrar que* $p(\pm 1), p\left(\pm\frac{1}{2}\right), p\left(\pm\frac{1}{4}\right), p\left(\pm\frac{1}{8}\right) \neq 0$ *e, portanto,* $\cos(20°) = \cos\left(\frac{\pi}{9}\right) \in \mathcal{I}$, *ou seja,* $\cos(20°) = \cos\left(\frac{\pi}{9}\right)$ *é um número irracional, já que, por construção, é a única raiz real da equação polinomial* $8x^3 - 6x - 1 = 0$. *Temos que* $p(1)$ = *soma dos coeficientes de* $8x^3 - 6x - 1 = 8 - 6 - 1 = 1 \neq 0$. *Ao trocar o sinal do número 1, + por −1, − (e, consequentemente, nos demais casos) podemos calcular a soma anterior trocando-se os sinais das primeiras duas parcelas. De fato,* $p(-1) = -8 + 6 - 1 = -3 \neq 0$. *Ainda,* $p\left(\frac{1}{2}\right) = 8.\frac{1}{2^3} - 6.\frac{1}{2} - 1 = 1 - 4 = -3 \neq 0$ *(e, assim, a função* $x \mapsto p(x) := 8x^3 - 6x - 1$ *não é injetiva, pois* $p(-1) = p\left(\frac{1}{2}\right) = 3$*). Continuando,* $p\left(\frac{-1}{2}\right) = 8.\frac{1}{(-2)^3} + 6.\frac{1}{2} - 1 = \frac{-8}{8} + 3 - 1 = -1 + 3 - 1 = -2 + 3 = 1 \neq 0$. *Prosseguindo,* $p\left(\frac{1}{4}\right) = 8.\frac{1}{4^3} - 6.\frac{1}{4} - 1 = 2^3.\frac{1}{2^6} - \frac{3}{2} - 1 = \frac{1}{8} - \frac{3}{2} - 1 = \frac{1}{8} - \frac{12}{8} - \frac{8}{8} = \frac{1 - 12 - 8}{8} = \frac{-19}{8} \neq 0$. *Prosseguindo,* $p\left(\frac{-1}{4}\right) = \frac{-1}{8} + \frac{3}{2} - 1 = \frac{-1}{8} + \frac{12}{8} - \frac{8}{8} = \frac{-1 + 12 - 8}{8} = \frac{3}{8} \neq 0$. *Prosseguindo,* $p\left(\frac{1}{8}\right) = 8.\frac{1}{8^3} - 6.\frac{1}{8} - 1 = \frac{1}{64} - \frac{6}{8} - \frac{64}{64} = \frac{1 - 48 - 64}{64} = \frac{-47 - 64}{64} = \frac{-47 - 63 - 1}{64} = \frac{-110 - 1}{64} = \frac{-111}{64} \neq 0$. *Finalmente,* $p\left(\frac{-1}{8}\right) = \frac{-1}{64} + \frac{48}{64} - \frac{64}{64} = \frac{-1 + 48 - 64}{64} = \frac{48 - 65}{64} = \frac{45 - 65 + 3}{64} = \frac{-20 + 3}{64} = \frac{-17}{64} \neq 0$. *Desse modo, concluímos que o número* $\cos(20°) = \cos\left(\frac{\pi}{9}\right) \in \mathcal{I}$, *ou seja, é um número irracional, já que as possíveis raízes racionais da equação* $8x^3 - 6x - 1 = 0$, *que são os elementos do conjunto* $\{\pm 1, \pm\frac{1}{2}, \pm\frac{1}{4}, \pm\frac{1}{8}\} \subsetneq \mathbb{Q}$ *não a satisfazem, e* $\cos(20°) = \cos\left(\frac{\pi}{9}\right) \in \mathcal{I}$ *é, por construção, raiz dessa equação, e logo não pode ser racional.*

Façamos, agora, o caso $n = 4$. *Temos que, pela fórmula de De Moivre, então* $(\cos(\theta) + i\,sen(\theta))^4 = \cos(4\theta) + i\,sen(4\theta), \forall \theta \in \mathbb{R}$. *Para desenvolver a potência* $(\cos(\theta) + i\,sen(\theta))^4$, *notamos que* $(\cos(\theta) + i\,sen(\theta))^4 = (\cos(\theta) + i\,sen(\theta))^2.(\cos(\theta) + i\,sen(\theta))^2, \forall \theta \in \mathbb{R}$ *e, portanto,*

$$\cos(4\theta) + i\,sen(4\theta) = (\cos(\theta) + i\,sen(\theta))^2.(\cos(\theta) + i\,sen(\theta))^2 = ((\cos(\theta) + i\,sen(\theta))^2)^2 =$$
$$((\cos^2(\theta) - sen^2(\theta)) + i(2\,sen(\theta)\cos(\theta)))^2 =$$
$$(\cos^2(\theta) - sen^2(\theta))^2 - (2\,sen(\theta)\cos(\theta))^2 + i(4(\cos^2(\theta) - sen^2(\theta))\,sen(\theta)\cos(\theta)) =$$
$$\cos^4(\theta) - 2\,sen^2(\theta)\cos^2(\theta) + sen^4(\theta) - 4\,sen^2(\theta)\cos^2(\theta) + i(4(\,sen(\theta)\cos^3(\theta) - \cos(\theta)\,sen^3(\theta))) =$$
$$\cos^4(\theta) - 6\,sen^2(\theta)\cos^2(\theta) + sen^4(\theta) + i(4\,sen(\theta)\cos(\theta)(\cos^2(\theta) - sen^2(\theta))) =$$
$$\cos^4(\theta) - 6(1 - \cos^2(\theta)\cos^2(\theta) + (1 - \cos^2(\theta))^2) + i(2.2\,sen(\theta)\cos(\theta)(1 - 2\,sen^2(\theta))) =$$
$$\cos^4(\theta) - 6(\cos^2(\theta) - \cos^4(\theta)) + 1 - 2\cos^2(\theta) + \cos^4(\theta) + i(2\,sen(2\theta)(1 - sen^2(\theta))) =$$

$$2\cos^4(\theta) - 6\cos^2(\theta) + 6\cos^4(\theta) + 1 - 2\cos^2(\theta) + i(2\,sen(2\theta)(1 - sen^2(\theta))) =$$
$$8\cos^4(\theta) - 8\cos^2(\theta) + 1 + i(2\,sen(2\theta)(1 - sen^2(\theta))), \forall\theta \in \mathbb{R}.$$

Como dois números complexos são iguais se, e só se, suas partes real e imaginária são iguais, então provamos que

$$\cos(4\theta) = 8\cos^4(\theta) - 8\cos^2(\theta) + 1, \ \forall\theta \in \mathbb{R},$$

$$sen(4\theta) = 2\,sen(2\theta)(1 - sen^2(\theta)), \ \forall\theta \in \mathbb{R}.$$

Como uma aplicação, supondo que $\cos(4\theta) = \frac{3}{4}$, *então vamos calcular o valor de* $\cos(\theta)$ *e, consequentemente, determinar os valores de* θ *que satisfazem essa equação. Temos que,*

$$\cos(4\theta) = \frac{3}{4} \Leftrightarrow 8\cos^4(\theta) - 8\cos^2(\theta) + 1 = \frac{3}{4} \Leftrightarrow 32\cos^4(\theta) - 32\cos^2(\theta) + 4 = 3 \Leftrightarrow$$
$$32\cos^4(\theta) - 32\cos^2(\theta) + 1 = 0 \Leftrightarrow 2(2^4\cos^4(\theta)) - 8(2^2\cos^2(\theta)) + 1 = 0 \Leftrightarrow$$
$$2(2\cos(\theta))^4 - 8(2\cos(\theta))^2 + 1 = 0 \underbrace{\Leftrightarrow}_{2\cos(\theta):=y} 2y^4 - 8y^2 + 1 = 0 \underbrace{\Leftrightarrow}_{y^2:=s} 2s^2 - 8s + 1 = 0 \Leftrightarrow s =$$
$$\frac{8 \pm \sqrt{64-8}}{4} = \frac{8 \pm \sqrt{56}}{4} = \frac{8 \pm \sqrt{2^2.14}}{4} = \frac{8 \pm 2\sqrt{14}}{4} = \frac{4 \pm \sqrt{14}}{2} \Rightarrow s = \frac{4 \pm \sqrt{14}}{2}.$$

Como $s = y^2$ *e* $y^2 \geq 0, \forall y \in \mathbb{R}$, *devemos nos certificar primeiro que os dois números, a saber,* $\frac{4 \pm \sqrt{14}}{2}$ *são positivos. De fato, o número* $\frac{4 + \sqrt{14}}{2}$ *é positivo, pois é a soma de dois números positivos. Vejamos, agora, que o número* $\frac{4 - \sqrt{14}}{2}$ *também é positivo. Para isso, basta verificar que o número* $4 - \sqrt{14}$ *é positivo. Temos que,* $3^2 = 9 < 14 < 16 = 4^2 \Rightarrow \sqrt{3^2} = \sqrt{9} = 3 < \sqrt{14} < 4 = \sqrt{16} = \sqrt{4^2} \Rightarrow -4 < -\sqrt{14} < -3 \Rightarrow 4 - 4 = 0 < 4 - \sqrt{14} < 1 = 4 - 3$. *Logo, segue que* $0 < \frac{4 - \sqrt{14}}{2} < \frac{1}{2}$ *e, portanto,* $\frac{4 + \sqrt{14}}{2} > 0 \Rightarrow y = \pm\sqrt{s} = \pm\frac{\sqrt{4 \pm \sqrt{14}}}{\sqrt{2}}$.

Por sua vez, como $y = 2\cos(\theta) \Rightarrow \cos(\theta) = \pm\frac{\sqrt{4 \pm \sqrt{14}}}{2\sqrt{2}}$. *Para que essa última equação tenha solução real deve-se ter que* $\left|\pm\frac{\sqrt{4-14}}{2\sqrt{2}}\right| \in (0,1) \subsetneq \mathbb{R}$. *Mas, logo acima, já vimos que* $0 < \frac{4 - \sqrt{14}}{2} < \frac{1}{2}$ *e, portanto, segue que* $0 < \sqrt{\frac{4 - \sqrt{14}}{2}} = \frac{\sqrt{4-14}}{\sqrt{2}} < \frac{1}{\sqrt{2}} \Rightarrow 0 < \frac{\sqrt{4-14}}{2\sqrt{2}} < \frac{1}{2\sqrt{2}} < 1 \Rightarrow \left|\pm\frac{\sqrt{4-14}}{2\sqrt{2}}\right| \in \left(0, \frac{1}{2\sqrt{2}}\right) \subsetneq (0,1) \Rightarrow \exists\theta \in \mathbb{R}; \cos(\theta) = \pm\frac{\sqrt{4-14}}{2\sqrt{2}} \Rightarrow \theta = \arccos\left(\pm\frac{\sqrt{4-14}}{2\sqrt{2}}\right)$. *Nesse momento, devemos analisar o número real* $\frac{4 + \sqrt{14}}{2} \in \mathbb{R}$, *no sentido de que se está ou não no intervalo aberto* $(0,1) \subsetneq \mathbb{R}$, *condição para que exista um número real* $\theta \in \mathbb{R}$ *de tal modo que* $\cos(\theta) = \pm\frac{\sqrt{4+14}}{2\sqrt{2}} \Rightarrow \theta = \arccos\left(\pm\frac{\sqrt{4+14}}{2\sqrt{2}}\right)$. *Para isso, notamos que, como* $3 < \sqrt{14} < 4 \Rightarrow 3 + 4 = 7 < 4 + \sqrt{14} < 8 = 4 + 4 \Rightarrow$

$\sqrt{7} < \sqrt{4+\sqrt{14}} < 2\sqrt{2} = \sqrt{8} \Rightarrow \dfrac{\sqrt{7}}{2\sqrt{2}} < \dfrac{\sqrt{4+\sqrt{14}}}{2\sqrt{2}} < 1$. *Feito tudo isso, concluímos que* $\cos(4\theta) = \dfrac{3}{4} \Rightarrow \cos(\theta) = \pm\dfrac{\sqrt{4\pm\sqrt{14}}}{2\sqrt{2}} \Rightarrow \theta = \arccos\left(\pm\dfrac{\sqrt{4\pm\sqrt{14}}}{2\sqrt{2}}\right)$. *Em particular, mostramos que* $\arccos\left(\pm\dfrac{\sqrt{4\pm\sqrt{14}}}{2\sqrt{2}}\right) = \dfrac{1}{4}\arccos\left(\dfrac{3}{4}\right)$, *já que, sendo* $\cos(4\theta) = \dfrac{3}{4} \Rightarrow$ $\arccos(\cos(4\theta)) = 4\theta = \arccos\left(\dfrac{3}{4}\right) \Rightarrow \theta = \dfrac{1}{4}\arccos\left(\dfrac{3}{4}\right)$. *Resumindo:* $\cos(4\theta) = \dfrac{3}{4} \Leftrightarrow \theta =$ $\arccos\left(\pm\dfrac{\sqrt{4\pm\sqrt{14}}}{2\sqrt{2}}\right) = \dfrac{1}{4}\arccos\left(\dfrac{3}{4}\right)$.

Exercício: Sendo $\cos(4\theta) = \dfrac{2}{3}$, *determinem explicitamente todos os (quatro) valores possíveis para* $\cos(\theta)$, *assim como fizemos no item acima.*

3) (Conjectura de João): Analisando o item 2) acima, podemos perceber o seguinte:

Caso $n = 2$ *para o seno:* $sen(2\theta) = 2\,sen(\theta)\cos(\theta), \forall\theta \in \mathbb{R}$ *e, portanto,* $sen(2\theta)$ *não pode ser escrito somente em função de* $sen(\theta)$.

Caso $n = 2$ *para o cosseno:* $\cos(2\theta) = 2\cos^2(\theta) - 1, \forall\theta \in \mathbb{R}$ *e, portanto,* $\cos(2\theta)$ *pode ser escrito como um polinômio trigonométrico de grau igual a* 2 *somente em função de* $\cos(\theta)$.

Caso $n = 3$ *para o seno:* $sen(3\theta) = 3\,sen(\theta) - 4\,sen^3(\theta), \forall\theta \in \mathbb{R}$ *e, portanto,* $sen(3\theta)$ *pode ser escrito como um polinômio trigonométrico de grau igual a* 3 *somente em função de* $sen(\theta)$.

Caso $n = 3$ *para o cosseno:* $\cos(3\theta) = 4\cos^3(\theta) - 3\cos(\theta), \forall\theta \in \mathbb{R}$ *e, portanto,* $\cos(3\theta)$ *pode ser escrito como um polinômio trigonométrico de grau igual a* 3 *somente em função de* $\cos(\theta)$.

Caso $n = 4$ *para o seno:* $sen(4\theta) = 2\,sen(2\theta)(1 - 2\,sen^2(\theta)), \forall\theta \in \mathbb{R}$ *e, portanto,* $sen(4\theta)$ *não pode ser escrito como um polinômio trigonométrico de grau igual a* 3 *somente em função de* $sen(\theta)$.

Caso $n = 4$ *para o cosseno:* $\cos(4\theta) = 8\cos^4(\theta) - 8\cos^2(\theta) + 1, \forall\theta \in \mathbb{R}$ *e, portanto,* $\cos(4\theta)$ *pode ser escrito como um polinômio trigonométrico biquadrado somente em função de* $\cos(\theta)$.

As perguntas que surgem agora são as seguintes: É verdade que quando $n = 2k$, *i.e, quando* n *é um número par, então* $sen(n\theta)$ *não pode ser escrito como um polinômio trigonométrico de grau igual a* n *somente em função de* $sen(\theta)$ *e que* $\cos(n\theta)$ *pode ser escrito como um polinômio trigonométrico de grau igual a* n *somente em função de* $\cos(\theta)$*? Será, também, verdade que quando* $n = 2k + 1$, *i.e, quando* n *é um número ímpar, então* $sen(n\theta)$ *pode ser escrito como um polinômio trigonométrico de grau igual a* n *somente em função de* $sen(\theta)$ *e que* $\cos(n\theta)$ *pode ser escrito como um polinômio trigonométrico de grau igual a* n *somente em função de* $\cos(\theta)$*? Para se investigar tais questões, os leitores podem achar úteis as seguintes fórmulas de multiplicação de arcos, a saber:*

$$sen(n\theta) = sen(\theta)\cos((n-1)\theta) + \cos(\theta)\,sen((n-1)\theta), \forall n \in \mathbb{N}, \forall\theta \in \mathbb{R}$$

e

$$\cos(n\theta) = \cos(\theta)\cos((n-1)\theta) - sen(\theta)\,sen((n-1)\theta), \forall n \in \mathbb{N}, \forall\theta \in \mathbb{R}.$$

Para demonstrá-las, podemos escrever $n\theta = (n-1)\theta + \theta$ *e usar as fórmulas de adição de arcos para* $\cos(n\theta) = \cos((n-1)\theta+\theta)$ *e para* $sen(n\theta) = sen((n-1)\theta+\theta)$. *Podemos notar que, a cada vez que usamos essas fórmulas, "reduzimos" a ordem em* n *de uma unidade. Trata-se de uma espécie de "recorrência" para fórmulas de multiplicação de arcos em trigonometria.*

4) Vamos resolver a equação trigonométrica dada por $sen(3x) = \cos(4x)$ *e, mais geralmente, a equação* $sen(sx) = \cos(vx)$, *onde* $s, v \in \mathbb{R}/\{0\}$ *são constantes reais não nulas. Primeiramente, temos que,* $\cos(4x) = sen(\pi/2 - 4x), \forall x \in \mathbb{R}$, *pois pela fórmula de adição de arcos para o seno, temos que* $sen(\pi/2 - 4x) = sen(\pi/2)\cos(4x) - \cos(\pi/2)\,sen(4x) = 1.\cos(4x) - 0.\,sen(4x) = \cos(4x), \forall x \in \mathbb{R}$, *já que* $sen(\pi/2) = 1$ *e* $\cos(\pi/2) = 0$. *Assim, temos que* $sen(3x) = \cos(4x) \Leftrightarrow sen(3x) = sen(\pi/2 - 4x)$. *Para resolver essa última equação, lembramos que a função seno real é periódica de período igual a* 2π, *i.e,* $sen(x + 2k\pi) = sen(x), \forall x \in \mathbb{R}, k \in \mathbb{Z}$ *e, portanto,* $sen(y_1) = sen(y_2) \Leftrightarrow y_1 - y_2 = 2k\pi, k \in \mathbb{Z}$. *Logo,* $sen(3x) = sen(\pi/2 - 4x) \Leftrightarrow 3x - (\pi/2 - 4x) = 2k\pi, k \in \mathbb{Z} \Leftrightarrow 3x + 4x - \pi/2 = 2k\pi, k \in \mathbb{Z} \Leftrightarrow 7x = \frac{\pi}{2} + 2k\pi = \frac{\pi + 4k\pi}{2} = \frac{(4k+1)\pi}{2}, k \in \mathbb{Z} \Leftrightarrow x = \frac{(4k+1)\pi}{14}, k \in \mathbb{Z}$. *Resumindo:*

$sen(3x) = \cos(4x) \Leftrightarrow x = \dfrac{(4k+1)\pi}{14}, k \in \mathbb{Z}$. *Quanto a equação* $sen(sx) = \cos(vx)$, *temos que,* $sen(sx) = \cos(vx) \Leftrightarrow sen(sx) = sen(\pi/2 - vx) \Leftrightarrow sx - (\pi/2 - vx) = 2k\pi, k \in \mathbb{Z} \Leftrightarrow sx + vx - \pi/2 = 2k\pi, k \in \mathbb{Z} \Leftrightarrow sx + vx = \dfrac{\pi}{2} + 2k\pi, k \in \mathbb{Z} \Leftrightarrow (s+v)x = \dfrac{(4k+1)\pi}{2} \Leftrightarrow x = \dfrac{(4k+1)\pi}{2(s+v)}, k \in \mathbb{Z}$.

Resumindo: $sen(sx) = \cos(vx) \Leftrightarrow x = \dfrac{(4k+1)\pi}{2(s+v)}, k \in \mathbb{Z}$.

Podemos generalizar a última equação dada acima um "pouco" mais, a saber, a equação trigonométrica dada por $sen(ax + b) = \cos(cx + d)$, *onde* a, b, c, d *são constantes reais quaisquer, com* $a, b \neq 0$. *Empregamos a mesma técnica dada acima, i.e,* $sen(ax + b) = \cos(cx + d) \Leftrightarrow sen(ax + b) = \cos(\pi/2 - (cx + d)) \Leftrightarrow ax + b - (\pi/2 - (cx + d)) = 2k\pi, k \in \mathbb{Z} \Leftrightarrow ax + b - \dfrac{\pi}{2} + cx + d = 2k\pi, k \in \mathbb{Z} \Leftrightarrow ax + cx = 2k\pi + \dfrac{\pi}{2} - (b + d), k \in \mathbb{Z} \Leftrightarrow (a + c)x = \dfrac{4k\pi + \pi - 2(b+d)}{2}, k \in \mathbb{Z} \Leftrightarrow x = \dfrac{(4k+1)\pi - 2(b+d)}{2(a+c)}, k \in \mathbb{Z}$. *Resumindo:* $sen(ax + b) = \cos(cx + d) \Leftrightarrow x = \dfrac{(4k+1)\pi - 2(b+d)}{2(a+c)}, k \in \mathbb{Z}$.

Ainda, novamente, usando exatamente as mesmas técnicas apresentadas acima, vai valer que $sen(ax^3 + b) = \cos(cx^3 + d) \Leftrightarrow x = \sqrt[3]{\dfrac{(4k+1)\pi - (b+d)}{2}}, k \in \mathbb{Z}$ *e, mais geralmente,* $sen(ax^{2n+1} + b) = \cos(cx^{2n+1} + d) \Leftrightarrow x = \sqrt[2n+1]{\dfrac{(4k+1)\pi - (b+d)}{2}}, k \in \mathbb{Z}, n \in \mathbb{N}$.

Continuando, vamos resolver explicitamente a equação dada por $sen(a\ln(x) + b) = \cos(b\ln(x) + d)$, *para* $x \in (0, +\infty)$. *Aqui, vamos usar o fato de que a função logaritmo real é sobrejetiva, i.e, dado qualquer* $y \in \mathbb{R}$, *sempre existe um* $x \in (0, +\infty)$ *de tal modo que* $\ln(x) = y$. *Na verdade, esse* x *é único, pois ela também é injetiva. De fato, ela é a inversa da função* $h : \mathbb{R} \to (0, +\infty)$ *dada por* $h(x) := e^x$. *Assim, temos que, dado qualquer* $x \in (0, +\infty)$, *então* $sen(a\ln(x) + b) = \cos(b\ln(x) + d) \Leftrightarrow sen(a\ln(x) + b) = sen(\pi/2 - (c\ln(x) + d)) \Leftrightarrow a\ln(x) + b - (\pi/2 - (c\ln(x) + d)) = 2k\pi, k \in \mathbb{Z} \Leftrightarrow a\ln(x) + b - \dfrac{\pi}{2} + c\ln(x) + d = 2k\pi, k \in \mathbb{Z} \Leftrightarrow (a + c)\ln(x) = 2k\pi + \dfrac{\pi}{2} - (b + d), k \in \mathbb{Z} \Leftrightarrow \ln(x) = \dfrac{4k\pi + \pi - 2(b+d)}{2(a+c)}, k \in \mathbb{Z} \Leftrightarrow \ln(x) = \dfrac{(4k+1)\pi - 2(b+d)}{2(a+c)}, k \in \mathbb{Z} \Leftrightarrow x = \exp\left(\dfrac{(4k+1)\pi - 2(b+d)}{2(a+c)}\right), k \in \mathbb{Z}$. *Resumindo:* $sen(a\ln(x) + b) = \cos(b\ln(x) + d) \Leftrightarrow x = \exp\left(\dfrac{(4k+1)\pi - 2(b+d)}{2(a+c)}\right), k \in \mathbb{Z}$. *Mais geralmente, usando exatamente os mesmos argumentos acima, temos que, se* $f : \mathbb{R} \to \mathbb{R}$ *é uma função real definida em toda reta real e que seja inversível (i.e, simultaneamente injetiva e sobrejetiva), então a solução da equação* $sen(af(x) + b) = \cos(cf(x) + d)$ *é dada por* $x = f^{-1}\left(\dfrac{(4k+1)\pi - 2(b+d)}{2(a+c)}\right), k \in \mathbb{Z}$. *Um bom exemplo de função que pode ser usada nesse caso, além da função logaritmo real, é a função tangente real, a qual já provamos ser sobrejetiva no capítulo 2, ao descrevermos a parametrização racional do círculo unitário centrado na origem,* S^1. *Assim, por exemplo, dado qualquer* $x \neq \pi/2 + k\pi, k \in \mathbb{Z}$, *então a solução da equação* $sen(a\,tg(x) + b) = \cos(c\,tg(x) + d)$ *é dada por* $\arctan\left(\dfrac{(4k+1)\pi - 2(b+d)}{2(a+c)}\right), k \in \mathbb{Z}$.

Exercício: Resolvam a equação trigonométrica dada por $sen(77x) = \cos(66x)$, *bem como a equação trigonométrica dada por* $sen(707x + 55) = \cos(505x + 77)$. *Ainda, resolvam as duas equações trigonométricas dadas por* $sen(10x^3 + 221) = \cos(-11x^3 + 122)$ *e* $sen(22x^{11} + 101) = \cos(10x^{11} - 111)$. *Por fim, resolvam as equações* $sen(100\ln(x) + 101) = \cos(-102\ln(x) + 104)$, $sen(\ln(x^2) + 99) = \cos(88\ln(x^2) + 55)$ *e, mais geralmente, a equação* $sen(a\ln(x^n)+b) = \cos(b\ln(x^n)+d)$, *bem como a equação* $sen(66\,tg(x)+79) = \cos(79\,tg(x)+66)$, *para* $x \neq \pi/2 + k\pi, k \in \mathbb{Z}$. *Lembrem-se:* $\ln(x^r) = r\ln(x), \forall x \in (0, +\infty), \forall r \in \mathbb{R}$.

Exercício: (ITA-SP-1993-Adaptado). Prove que o conjunto das soluções da equação $sen(5x) = \cos(3x)$ *<u>contém</u> o seguinte conjunto:* $\left\{x \in \mathbb{R}; x = \dfrac{\pi}{4} + 2k\pi, k \in \mathbb{Z}\right\}$.

5) Vamos provar, por indução, que os números da forma $(3+\sqrt{5})^n + (3-\sqrt{5})^n = 2s, s \in \mathbb{N}, \forall n \in \mathbb{N}$, *ou seja, que sempre são números pares. De fato, para* $n = 1 \Rightarrow (3+\sqrt{5})^1 + (3-\sqrt{5})^1 = 3 + \sqrt{5} + 3 - \sqrt{5} = 6 = 2.3$. *Para* $n = 2 \Rightarrow (3+\sqrt{5})^2 + (3-\sqrt{5})^2 = 9+6\sqrt{5}+5+9-6\sqrt{5}+5 = 18+10 = 28 = 2.14$. *Fica como um bom exercício para os leitores provarem que* $(3+\sqrt{5})^3 + (3-\sqrt{5})^3$ *é um número par. Agora que já "desconfiamos" de que esses números são pares, vamos usar indução para provar tal fato. Sejam* $a := 3 + \sqrt{5}$ *e* $b := 3 - \sqrt{5}$. *Vamos assumir que a nossa afirmação vale para* $k \in \mathbb{N}$ *e provemos que vale para* $k + 1 \in \mathbb{N}$. *Fica como exercício para os leitores provarem que vale que* $a^{k+1} + b^{k+1} = (a^k + b^k)(a+b) - (a^{k-1} + b^{k-1})ab$ *quaisquer que sejam* $a, b \in \mathbb{R}$ *e qualquer que seja* $k \in \mathbb{N}$. *Sendo* $a + b = 3 + \sqrt{5} + 3 - \sqrt{5} = 6$ *e* $ab = (3+\sqrt{5})(3-\sqrt{5}) = 9 - 5 = 4$, *então segue que* $a^{k+1} + b^{k+1} = 6(a^k + b^k) - 4(a^{k-1} + b^{k-1})$. *O resultado segue, pois pela nossa hipótese de indução, os números* $a^k + b^k$ *e* $a^{k-1} + b^{k-1}$ *são pares.*

6) Vamos mostrar como se pode construir uma sequência convergente de números complexos com a seguinte propriedade: o k-ésimo termo da sequência é o próprio limite da sequência. Em símbolos, fixado um número complexo arbitrário $\tilde{z} \in \mathbb{C}$, $\exists\ \{z_n\}_{n\in\mathbb{N}} \subsetneq \mathbb{C}$; $z_k = \tilde{z}$, *para algum* $k \in \mathbb{N}$ *e* $\lim_{n\to\infty} z_n = \tilde{z}$. *De fato, vamos inicialmente considerar o caso em que o limite da sequência é* $1 \in \mathbb{R}$ *e o seu primeiro termo,* $z_1 = 1$. *Para isso notamos que a sequência* $\{z_n\}_{n\in\mathbb{N}} \subsetneq \mathbb{C}$, *dada por* $z_n := 1 + \dfrac{1}{n} - \dfrac{1}{n^2}$ *satisfaz as seguintes condições:* $\lim_{n\to\infty} z_n = \lim_{n\to\infty} 1 + \frac{1}{n} - \frac{1}{n^2} = 1 + \lim_{n\to\infty}\frac{1}{n} - \lim_{n\to\infty}\frac{1}{n^2} = 1 + 0 + 0 = 1$ *e, ainda,* $z_1 = 1 + \frac{1}{1} - \frac{1}{1^2} = 1 + 1 - \frac{1}{1} = 1 + 1 - 1 = 1 + 0 = 1 \Rightarrow \lim_{n\to\infty} z_n = z_1$. *Observamos agora, que se trocarmos o número* $1 \in \mathbb{R}$ *por qualquer número complexo fixado* $\overline{z} \in \mathbb{C}$, *vai ocorrer que a sequência* $\{z_n\}_{n\in\mathbb{N}} \subsetneqq \mathbb{C}$, *dada por* $z_n := \overline{z} + \frac{1}{n} - \frac{1}{n^2}$ *é tal que* $\lim_{n\to\infty} z_n = \overline{z}$ *e* $\lim_{n\to\infty} z_n = z_1 = \overline{z}$. *Continuando, considerando a sequência* $\{z_n\}_{n\in\mathbb{N}} \subsetneqq \mathbb{C}$, *dada por* $z_n := \overline{z} + \frac{7}{n} - \frac{49}{n^2} = \overline{z} + \frac{7}{n} - \left(\frac{7}{k}\right)^2$, *satisfaz as seguintes condições:* $\lim_{n\to\infty} z_n = \lim_{n\to\infty}\overline{z} + \frac{7}{n} - \frac{49}{n^2} = \overline{z} + 7.\lim_{n\to\infty}\frac{1}{n} - 49.\lim_{n\to\infty}\frac{1}{2} = \overline{z} + 7.0 - 49.0 = \overline{z} + 0 - 0 = \overline{z} + 0 = \overline{z}$ *e* $z_7 = \overline{z} + \frac{7}{7} - \left(\frac{7}{7}\right)^2 = \overline{z} + 1 - 1^2 = \overline{z} + 1 - 1 = \overline{z} + 0 = \overline{z} \Rightarrow \lim_{n\to\infty} z_n = z_7$. *Finalmente, fixado um número complexo* $\overline{z} \in \mathbb{C}$ *qualquer e sendo* $k \in \mathbb{N}$ *um número natural fixado qualquer, obtemos que a sequência* $\{z_n\}_{n\in\mathbb{N}} \subsetneqq \mathbb{C}$, *dada por* $z_n := \overline{z} + \frac{k}{n} - \left(\frac{k}{n}\right)^2$ *satisfaz as seguintes condições:* $\lim_{n\to\infty} z_n = \overline{z}$ *e* $z_k = \overline{z} + \frac{k}{k} - \left(\frac{k}{k}\right)^2 = \overline{z} + 1 - 1^2 = \overline{z} + 1 - 1 = \overline{z} + 0 = \overline{z}$, *i.e,* $\lim_{n\to\infty} z_n = z_k$, *ou seja, a sequência é convergente e o seu limite é exatamente o seu k-ésimo termo.*

Observação 7.1. *Às vezes, quando temos um problema de matemática para se resolver, como o que foi feito acima, devemos começar com alguns casos particulares e gradativamente retirando essas particularidades solucionamos o caso mais geral.*

Exercício: De acordo com o item visto logo acima, determinem uma sequência convergente cujo limite é $i := \sqrt{-1}$ *de modo que esse limite* i *seja o vigésimo segundo termo da sequência.*

7) Vamos provar a versão "tangente" da fórmula de De Moivre, a saber, que vale que

$$\left(\frac{1 + i\,tg(\theta)}{1 - i\,tg(\theta)}\right)^n = \frac{1 + i\,tg(n\theta)}{1 - i\,tg(n\theta)}, \forall n \in \mathbb{N}, \forall \theta \neq \frac{\pi}{2} + k\pi, k \in \mathbb{Z}.$$

Inicialmente, temos que

$$\frac{1 + i\,tg(\theta)}{1 - i\,tg(\theta)} = \frac{1 + \frac{i\,sen(\theta)}{\cos(\theta)}}{1 - \frac{i\,sen(\theta)}{\cos(\theta)}} = \frac{\cos(\theta) + i\,sen(\theta)}{\cos(\theta) - i\,sen(\theta)} = \frac{(\cos(\theta) + i\,sen(\theta))(\cos(\theta) + i\,sen(\theta))}{(\cos(\theta) - i\,sen(\theta))(\cos(\theta) + i\,sen(\theta))} =$$

$$\frac{(\cos^2(\theta) - sen^2(\theta)) + i(2\,sen(\theta)\cos(\theta))}{\cos^2(\theta) + sen^2(\theta)} = \frac{\cos(2\theta) + i\,sen(2\theta)}{1} = \cos(2\theta) + i\,sen(2\theta), \forall \theta \neq \frac{\pi}{2} + k\pi, k \in \mathbb{Z}.$$

Agora, podemos notar o seguinte, a saber: pela fórmula de De Moivre original, temos que vale que

$$\left(\frac{1+i\,tg(\theta)}{1-i\,tg(\theta)}\right)^n = (\cos(2\theta)+i\,sen(2\theta))^n = \cos(2n\theta)+i\,sen(2n\theta), \forall n\in\mathbb{N}, \forall\theta\neq\frac{\pi}{2}+k\pi, k\in\mathbb{Z}.$$

Por fim, temos que

$$\cos(n(2\theta))+i\,sen(n(2\theta)) = \frac{\cos(n\theta)+i\,sen(n\theta)}{\cos(n\theta)-i\,sen(n\theta)} = \frac{\dfrac{\cos(n\theta)+i\,sen(n\theta)}{\cos(n\theta)}}{\dfrac{\cos(n\theta)-i\,sen(n\theta)}{\cos(n\theta)}} = \frac{1+i\,tg(n\theta)}{1-i\,tg(n\theta)}, \forall n\in\mathbb{N}, \forall\theta\neq\frac{\pi}{2}+k\pi, k\in\mathbb{Z}.$$

Portanto, as relações $\left(\frac{1+i\,tg(\theta)}{1-i\,tg(\theta)}\right)^n = \cos(2n\theta)+i\,sen(2n\theta), \forall n\in\mathbb{N}, \forall\theta\neq\frac{\pi}{2}+k\pi, k\in\mathbb{Z}$ *e* $\frac{1+i\,tg(n\theta)}{1-i\,tg(n\theta)} = \cos(2n\theta)+i\,sen(2n\theta), \forall n\in\mathbb{N}, \forall\theta\neq\frac{\pi}{2}+k\pi, k\in\mathbb{Z}$ *provam que o que queríamos mostrar, i.e, que vale que* $\left(\frac{1+i\,tg(\theta)}{1-i\,tg(\theta)}\right)^n = \frac{1+i\,tg(n\theta)}{1-i\,tg(n\theta)}, \forall n\in\mathbb{N}, \forall\theta\neq\frac{\pi}{2}+k\pi, k\in\mathbb{Z}.$

8) Vamos apresentar, agora, uma técnica para se determinar todas as funções trigonométricas do ângulo não notável de $\frac{\pi}{5}=36°$*, e consequentemente, do ângulo de* $\frac{2\pi}{5}=72°$ *(e mostremos sua relação com o número de ouro, o qual também é chamado de número áureo). Para isso, seja* $\theta=\frac{2\pi}{5}$ *e denotemos por* $\cos(2\theta)=\cos\left(\frac{4\pi}{5}\right)=x$*. Então, temos que*

$$0 = sen(0) = sen(2\pi) = sen(5\theta) = sen(\theta+4\theta) = sen(\theta)\cos(4\theta)+\cos(\theta)\,sen(4\theta) = sen(\theta)(2\cos^2(2\theta)-1)+\cos(\theta).2\,sen(2\theta)\cos(2\theta) = sen(\theta)(2x^2-1)+\cos(\theta).2.2\,sen(\theta)\cos(\theta).x = sen(\theta)(2x^2-1)+4\,sen(\theta)\cos^2(\theta).x = sen(\theta)(2x^2-1)+4x\,sen(\theta)\left(\frac{\cos(2\theta)+1}{2}\right) = sen(\theta)(2x^2-1)+2x\,sen(\theta)(x+1) = sen(\theta)(2x^2-1)+sen(\theta)(2x^2+2x) = sen(\theta)(2x^2-1)+sen(\theta)(2x^2-1+2x^2+2x) = \underbrace{sen(\theta)}_{\neq 0}(4x^2+2x-1) \Rightarrow 4x^2+2x-1=0,$$

pois $sen(\beta)=0 \Leftrightarrow \beta=k\pi, k\in\mathbb{Z}$ *e* $\nexists k\in\mathbb{Z}; k\pi=\frac{2\pi}{5}$*, pois isso acarretaria em* $k=\frac{1}{5}\notin\mathbb{Z}$ *e, portanto,* $sen\left(\frac{2\pi}{5}\right)\neq 0 \Rightarrow x = \frac{-2\pm\sqrt{4+16}}{2.4} = \frac{-2\pm\sqrt{20}}{2.4} = \frac{-2\pm\sqrt{4.5}}{2.4} = \frac{-2\pm\sqrt{2^2.5}}{2.4} = \frac{-2\pm2\sqrt{5}}{2.4} = \frac{\not{2}(-1\pm\sqrt{5})}{\not{2}.4} = \frac{-1\pm\sqrt{5}}{4} \underbrace{\Rightarrow}_{\frac{2\pi}{5}\in(\pi/2,\pi)} \cos\left(\frac{4\pi}{5}\right) =$ *raiz negativa da equação* $4x^2+2x-1=0=\frac{-1-\sqrt{5}}{4}<0$*, pois* $\frac{4\pi}{5}=\pi-\frac{\pi}{5}\in(\pi/2,\pi)$ *é um ângulo do segundo quadrante do ciclo trigonométrico, e o cosseno é negativo para esses ângulos (observando também que* $\frac{-1+\sqrt{5}}{4}>0$*). Reduzindo ao ângulo do primeiro quadrante (cujo ângulo,* *como vimos anteriormente, é dado por* $\frac{\pi}{5}$*) vamos obter que*

$$\cos\left(\frac{\pi}{5}\right) = |\cos\left(\frac{4\pi}{5}\right)| = \frac{1+\sqrt{5}}{4} = \frac{\phi}{2},\ \text{onde } \phi = \frac{1+\sqrt{5}}{2} \in \mathcal{I}_a \text{ é o número de ouro.}$$

Determinemos agora os valores de $sen\left(\frac{\pi}{5}\right)$ *e* $tg\left(\frac{\pi}{5}\right)$*, sendo as demais, como secante, cossecante e cotangente, os inversos dos valores obtidos tomados de maneira pertinente. Pela relação fundamental da trigonometria circular plana vale que* $sen^2(\pi/5) + \cos^2(\pi/5) = 1 \Rightarrow$ $sen^2(\pi/5) = 1 - \left(\frac{1+\sqrt{5}}{4}\right)^2 = \frac{16-(1+\sqrt{5})^2}{16} = \frac{4^2-(1+\sqrt{5})^2}{16} = \frac{(4+1+\sqrt{5}).(4-1-\sqrt{5})}{16} = \frac{(5+\sqrt{5}).(3-\sqrt{5})}{16} = \frac{15-5\sqrt{5}+3\sqrt{5}-5}{16} = \frac{10-2\sqrt{5}}{16} = \frac{\not{2}.(5-\sqrt{5})}{\not{2}.8} = \frac{5-\sqrt{5}}{8} \Rightarrow sen\left(\frac{\pi}{5}\right) = \frac{\sqrt{5-\sqrt{5}}}{2\sqrt{2}} = \frac{\sqrt{2.(5-\sqrt{5})}}{4} \Rightarrow tg\left(\frac{\pi}{5}\right) = \frac{sen(\pi/5)}{\cos(\pi/5)} = \frac{\sqrt{2.(5-\sqrt{5})}}{\not{4}}.\frac{\not{4}}{1+\sqrt{5}} = \frac{\sqrt{2.(5-\sqrt{5})}}{1+\sqrt{5}}.$
Além disso, $\cos\left(\frac{2\pi}{5}\right) = 2\cos^2(\pi/5) - 1 = \frac{2}{16}.(6+2\sqrt{5}) - 1 = \frac{1}{\not{2}.4}.\ \not{2}.(3+\sqrt{5}) - \frac{4}{4} = \frac{3+\sqrt{5}-4}{4} = \frac{\sqrt{5}-1}{4} \Rightarrow \cos\left(\frac{\pi}{5}\right) = \frac{\sqrt{5}+1}{4}$ *e* $\cos\left(\frac{2\pi}{5}\right) = \frac{\sqrt{5}-1}{4}$ *são números irracionais (algébricos) conjugados. O cálculo das demais funções trigonométricas do ângulo não notável igual a* $2\pi/5$ *podem ser calculadas como feito acima para o ângulo de* $\pi/5$ *e são deixadas para exercícios a cargo dos leitores.*

Exercício: Vimos no item acima que $\cos\left(\frac{2\pi}{5}\right) = \frac{\sqrt{5}-1}{4}$*. Determinem as demais funções trigonométricas de* $\frac{2\pi}{5}$*, i.e, calculem* $sen\left(\frac{2\pi}{5}\right)$*,* $tg\left(\frac{2\pi}{5}\right)$, $\sec\left(\frac{2\pi}{5}\right)$, $\csc\left(\frac{2\pi}{5}\right)$ *e* $\cot\left(\frac{2\pi}{5}\right)$.

9) (Energia da parametrização racional do círculo.) A energia da parametrização racional do círculo é igual a 2π*. Já estudamos essa parametrização no capítulo 2 desse presente texto quando falamos da parametrização racional de* S^1*. Lembramos que dada uma aplicação* $\varphi : I \to \mathbb{R}^2$ *definida e de classe, pelo menos* C^2*, no intervalo* I *da reta real, então sua energia, a qual depende da parametrização, é dada como sendo* $\int_I \|\varphi'(t)\|^2 dt$*. Assim, dada a parametrização racional de* S^1*, devemos, agora, determinar explicitamente a norma da derivada de* φ*,* $\|\varphi'(t)\|$ *e, para isso, vamos determinar as derivadas ordinárias de suas funções componentes. Temos que*

$$\left(\frac{t^2-1}{t^2+1}\right)' = \frac{4t}{(t^2+1)^2}, \left(\frac{2t}{1+t^2}\right)' = \frac{2(1-t^2)}{(1+t^2)^2}, \forall t \in \mathbb{R}.$$

Dessa forma, segue que $\|\varphi'(t)\|^2 = \frac{1}{(1+t^2)^4}(16t^2 + 4(1-t^2)^2) = \frac{4}{t^2+1}, \forall t \in \mathbb{R}$. *Por sua vez, a energia dessa parametrização será dada pela integral imprópria* $4\int_{-\infty}^{+\infty} \frac{1}{(1+t^2)^2}dt = 4\lim_{\epsilon\to+\infty} \int_{-\epsilon}^{\epsilon} \frac{1}{(1+t^2)^2}dt$. *A primitiva da função* $f : \mathbb{R} \to \mathbb{R}$ *dada por* $f(t) := \frac{1}{(1+t^2)^2}$ *é a função* $F : \mathbb{R} \to \mathbb{R}$ *dada por* $F(t) := \frac{1}{2}\left(\arctan(t) + \frac{t}{1+t^2}\right) + k$. *Logo, para calcular a energia dessa parametrização, devemos calcular o seguinte limite:*

$$\frac{4}{2}\lim_{\epsilon\to+\infty}\left(\arctan(t) + \frac{t}{1+t^2}\right)|_{-\epsilon}^{+\epsilon} = 2\lim_{\epsilon\to+\infty}\left(\arctan(\epsilon) + \frac{\epsilon}{\epsilon^2+1} - \left(\arctan(-\epsilon) - \frac{\epsilon}{\epsilon^2+1}\right)\right) =$$

$$2\lim_{\epsilon\to+\infty}\left(2\arctan(\epsilon) + \frac{2\epsilon}{\epsilon^2+1}\right) = 2.2.\arctan(+\infty) = 4.\frac{\pi}{2} = 2\pi.$$

Logo, o resultado segue.

Exercício: Considerem a aplicação $\varphi : [0, 2\pi] \to \mathbb{R}^2$ *dada por* $\varphi(t) := (a\cos(t), b\,sen(t))$, *onde* $a, b \in \mathbb{R}/\{0\}$. *Sua imagem é a elipse de equação cartesiana dada por* $\frac{x^2}{a^2} + \frac{y^2}{b^2} = 1$, *i.e, dada pelo conjunto dos pares ordenados do plano que satisfazem essa equação. Depois de analisaram o item anterior, determinem a energia dessa parametrização.*

10) Em matemática, tipicamente, temos diversas maneiras distintas (porém equivalentes) de se provar um dado fato. Como um exemplo, vamos provar a relação fundamental da trigonometria complexa de quatro modos, a saber:

Modo 1: Sendo $sen(z) := \frac{e^{iz} - e^{-iz}}{2i}, \cos(z) := \frac{e^{iz} + e^{-iz}}{2}, \forall z \in \mathbb{C}$, *deixamos a cargo dos leitores provarem que vale que* $\left(\frac{e^{iz} - e^{-iz}}{2i}\right)^2 + \left(\frac{e^{iz} + e^{-iz}}{2}\right)^2 = 1, \forall z \subset \mathbb{C}$.

Modo 2: Sendo $e^{iz} = \cos(z) + i\,sen(z), \forall z \in \mathbb{C}$, *deixamos a cargo dos leitores provarem que* $e^{-iz} = \frac{1}{e^{iz}}, \forall z \in \mathbb{C}$. *Desse modo, temos que* $e^{iz}.e^{-iz} = 1, \forall z \in \mathbb{C}$. *Mas, sendo* $e^{iz} = \cos(z) + i\,sen(z), \forall z \in \mathbb{C} \Rightarrow e^{-iz} = \cos(-z) + i\,sen(-z) = \cos(z) - i\,sen(z), \forall z \in \mathbb{C} \Rightarrow 1 = e^{iz}.e^{-iz} = (\cos(z) + i\,sen(z)(\cos(z) - i\,sen(z))) = \cos^2(z) + sen^2(z), \forall z \in \mathbb{C}$. *Aqui, usamos os fatos de que a função seno complexo é uma função ímpar, i.e,* $sen(-z) = -sen(z), \forall z \in \mathbb{C}$ *e que a função cosseno complexo é uma função par, i.e,* $\cos(-z) = \cos(z), \forall z \in \mathbb{C}$. *Deixamos a cargo dos leitores provarem esses fatos.*

Modo 3: A relação fundamental da trigonometria real diz que $sen^2(x) + \cos^2(x) = 1, \forall x \in \mathbb{R}$. *Usando o Princípio da Conservação das Propriedades Funcionais - PCPF (ver meu* *livro "Introdução ao Cálculo Numérico em Uma Única Variável Complexa via o Princípio da Conservação das Propriedades Funcionais"), podemos "trocar" x real por z complexo nessa última expresão e o resultado segue.*

Modo 4: Consideremos a função complexa de uma única variável complexa $f : \mathbb{C} \to \mathbb{C}$ dada por $f(z) := sen^2(z) + \cos^2(z)$. Deixamos a cargo dos leitores provarem que $(sen(z))' = \cos(z)$ e $(\cos(z))' = -sen(z)$ e, portanto, derivando a função f, vamos obter que $f'(z) = 2\,sen(z)\cos(z) + 2\cos(z).(-sen(z)) = sen(2z) - 2\,sen(z)\cos(z) = sen(2z) - sen(2z) = 0, \forall z \in \mathbb{C}$. Como o plano complexo $\mathbb{C}$ é um aberto conexo e a derivada de f se anula em $\mathbb{C}$, segue que f é constante. Em particular, $f(z) = f(0), \forall z \in \mathbb{C}$ e, assim, sendo $f(0) = \cos(0) + i\,sen(0) = 1$, segue que $f(z) = 1, \forall z \in \mathbb{C}$, i.e, vale que $sen^2(z) + \cos^2(z) = 1, \forall z \in \mathbb{C}$. Deixamos como exercício para que os leitores verifiquem que vale a fórmula da duplicação de arco complexo para a função seno complexo, i.e, vale que $sen(2z) = 2\,sen(z)\cos(z), \forall z \in \mathbb{C}$.

Exercício: Sabendo que $sen(z) = 2 + i$, determinem os possíveis valores para $\cos(z)$ usando a relação $sen^2(z) + \cos^2(z) = 1, \forall z \in \mathbb{C}$. Ainda, sabendo que $tg(z) = 1 + i$, determinem os possíveis valores de $\cos(z)$ e de $sen(z)$, sabendo-se que $tg(z) := \dfrac{sen(z)}{\cos(z)}, \forall z \neq \dfrac{\pi}{2} + k\pi, k \in \mathbb{Z}$ e também, novamente, usando a relação $sen^2(z) + \cos^2(z) = 1, \forall z \in \mathbb{C}$.

11) A recíproca do Teorema de Pitágoras é verdadeira? Resposta: Sim! O teorema de Pitágoras nos diz que se um triângulo é retângulo, i.e, se ele possui um ângulo reto (ou seja, um ângulo de magnitude igual a $\pi/2$), e se z é o comprimento de sua hipotenusa (ou seja, o lado que se opõe ao ângulo reto), x e y são os comprimentos dos outros lados (chamados de catetos), então vale a relação $z^2 = x^2 + y^2$. Resumindo: em um triângulo retângulo vale que o quadrado do comprimento da hipotenusa é igual a soma dos quadrados dos comprimentos dos catetos. A recípora é formulada do seguinte modo: Se um triângulo possui lados cujos comprimentos são dados por x, y, z e vale que $z^2 = x^2 + y^2$, então vale que esse triângulo é retângulo. De fato, inicialmente notamos que a relação $z^2 = x^2 + y^2$ nos informa que o maior lado desse triângulo é o lado que mede z. Seja θ o ângulo que se opõe a esse lado, o qual é o maior ângulo interno desse triângulo, pois o maior ângulo interno de um triângulo qualquer sempre se opõe ao maior lado. Mostremos que $\theta = \pi/2$. Para tal, vamos usar o teorema dos cossenos que, nesse caso, nos diz que $z^2 = x^2 + y^2 - 2xy\cos(\theta)$. Mas, como vale que $z^2 = x^2 + y^2$, então essas duas últimas equações nos dizem que $x^2 + y^2 - 2xy\cos(\theta) = x^2 + y^2 \Rightarrow$

$-2xy\cos(\theta) = 0 \Rightarrow 2xy\cos(\theta) = 0 \Rightarrow xy\cos(\theta) = 0 \Rightarrow \cos(\theta) = 0 = \cos(\pi/2) \Rightarrow \theta = \pi/2$, *já que, como x e y são comprimentos de lados de um triângulo, então vale que* $x, y > 0$. *Ainda, como* θ *é ângulo interno de um triângulo, então* $\theta \in (0, \pi)$, *e sendo* $\cos(\theta) = 0 = \cos(\pi)$, *então segue que* $\theta = \pi/2$.

12) Sabemos que todo número irracional é limite de uma sequência de números racionais. Podemos, portanto, nos perguntar se vale a recíproca, i.e: Todo número racional é limite de uma sequência de números irracionais? A resposta para essa pergunta é verdadeira como vamos provar adiante, mas ela não se dá verdadeira argumentando como no caso dos números racionais serem densos no conjunto dos números reais, pois se assim o fosse, o fecho do conjunto dos números irracionais na reta real seria o conjunto dos números racionais, mas isso não é verdade pois o fecho do conjunto dos números irracionais na reta real é, novamente, a própria reta real (mais do que isso, os irracionais sequer são subconjunto dos racionais, i.e, não é um subconjunto). Denotemos por $\mathbb{Q}$ *o conjunto constituído pelos números racionais e* $\mathcal{I}$ *o conjunto constituído pelos números irracionais. Em notação simbólica, vamos, então, mostrar que:* $\forall r \in \mathbb{Q}, \exists \{x_n\}_{n\in\mathbb{N}} \subseteq \mathcal{I} := \mathbb{R}/\mathbb{Q}; \lim_{n\to\infty} x_n = r$. *De fato, seja* $x \in \mathcal{I}$ *um número irracional qualquer, porém fixo, e* $r \in \mathbb{Q}$ *um número racional qualquer, porém fixo. Afirmamos que a sequência* $\{x_n\}_{n\in\mathbb{N}}, x_n := r + \dfrac{x}{n}$ *é uma sequência de números irracionais. De fato, como x é irracional e n é natural, então seu quociente é irracional, digamos,* $\dfrac{x}{n} = y$, *pois se não o fosse, i.e, se* $\dfrac{x}{n} = y$ *fosse racional, então* $x = ny$ *seria racional, já que o produto de racionais é, ainda, racional, contrariando o fato de que x é irracional, por hipótese. Ainda, a soma* $r + \dfrac{x}{n}$ *é irracional, pois a soma de um racional com um irracional é um número irracional. De fato, se não o fosse, digamos* $r + \dfrac{x}{n} = q$ *um número racional, então* $\dfrac{x}{n} = q - r$ *seria racional, pois a diferença de números racionais é, ainda, um racional, contrariando o fato de que, como vimos logo atrás,* $\dfrac{x}{n}$ *é um irracional. Por fim,* $\lim_{n\to+\infty} x_n = \lim_{n\to+\infty} r + \dfrac{x}{n} = r \in \mathcal{I}$. *Logo, todo número racional pode ser escrito como limite de uma sequência de números irracionais.*

Exercício: Escrevam o número racional $\dfrac{22}{17}$ *como limite de uma sequência (específica) de números irracionais algébricos (i.e, números irracionais que são raízes de polinômios com coeficientes inteiros).*

Exercício: Escrevam o número racional $\frac{101}{99}$ *como limite de uma sequência (específica) de números irracionais transcendentes (i.e, números irracionais que não são raízes de polinômios com coeficientes inteiros).*

13) (Sequência das médias de Cesàro). Seja $\{z_n\}_{n\in\mathbb{N}} \subseteq \mathbb{C}$ *uma sequência de números complexos (ou também pode ser de números reais estritamente falando). A sequência das médias de Cesàro associada à sequência* $\{z_n\}_{n\in\mathbb{N}} \subseteq \mathbb{C}$ *é também uma sequência de números complexos* $\{\sigma\}_{n\in\mathbb{N}} \subseteq \mathbb{C}$ *definida como* $\sigma_n := \frac{z_1 + z_2 + ... + z_n}{n}$*, i.e, é a sequência cujos elementos são médias aritiméticas dos n primeiros termos da sequência* $\{z_n\}_{n\in\mathbb{N}} \subseteq \mathbb{C}$*. É possível mostrar que as sequências de Cesàro "melhoram" as sequências, no sentido de que, as médias de Cesàros tem mais "chances" de convergirem do que as sequências originais. De fato, uma grande classe de sequências divergentes possuem médias de Cesàro convergentes. Ainda, se a sequência converge, então também converge sua média de Cesàro. Resumindo o que dissemos anteriormente e fornecendo um exemplo:*

(1) $\{z_n\}_{n\in\mathbb{N}} \subseteq \mathbb{C}; \exists \lim_{n\to\infty} z_n = z \in \mathbb{C} \Rightarrow \exists \lim_{n\to\infty} \sigma_n = z \in \mathbb{C}.$

(2) Mesmo que se uma sequência de números complexos for divergente sua sequência das médias de Cesàro pode ser convergente. De fato, $\{x_n\}_{n\in\mathbb{N}} := \{1, 0, 1, 0...\} \subsetneqq \mathbb{R} \Rightarrow \nexists \lim_{n\to\infty} x_n$*, mas* $\{\sigma\}_{n\in\mathbb{N}} \subseteq \mathbb{R}$, $\{\sigma\}_{n\in\mathbb{N}} = \left\{1, \frac{1}{2}, \frac{2}{3}, \frac{1}{2}, \frac{3}{5}, ...\right\} \Rightarrow \lim_{n\to\infty} \sigma_n = \frac{1}{2}$. *Podemos perceber que, de certa forma, as médias de Cesàro de uma sequência de números complexos "suaviza" essa mesma sequência de números complexos.*

Exercício: Ofereçam mais um exemplo de uma sequência de números reais ou complexos que seja divergente, porém sua sequência das médias de Cesàro seja convergente.

14) Seja $T : \mathbb{R}^2 \to \mathbb{R}^2$ *a aplicação linear dada por* $T(x, y) := (2x, 7y)$*. Vamos mostrar que ela mapeia o disco de centro na origem,* $(0, 0)$ *e raio igual a 1,* $D(0; 1) := \{(x, y) \in \mathbb{R}^2; x^2+y^2 = 1\} \subsetneqq \mathbb{R}^2$ *na elipse de centro, também na origem,* $(0, 0)$ *cujos semieixos medem 2 e 7, dada por* $E := \left\{(x, y) \in \mathbb{R}^2; \frac{x^2}{4} + \frac{y^2}{49} = 1\right\} \subsetneqq \mathbb{R}^2$*; em símbolos,* $T(D(0; 1)) = E$*. Inicialmente, mostremos que se* $(x, y) \in D(0; 1)$*, então vale que* $T(x, y) \in E$ *e, portanto, segue que* $T(D(0; 1)) \subseteq E$*. De fato, sendo* $T(x, y) := (2x, 7y) = (u, v) \in \mathbb{R}^2$*, então vale que* $u = 2x$ *e* $v = 7y$*. Logo, tem-se que* $x = \frac{u}{2}$ *e* $y = \frac{v}{7}$*. Desse modo, se* $x^2 + y^2 = 1 \Rightarrow \left(\frac{u}{2}\right)^2 + \left(\frac{v}{7}\right)^2 = 1 \Rightarrow \frac{u^2}{4} + \frac{v^2}{49} = 1$*. Agora, para se* *provar a inclusão oposta, i.e, que vale que* $E \subseteq T(D(0;1))$, *mostremos que dado* $(u,v) \in E$, *existe* $(x,y) \in D(0;1)$ *tal que* $T(x,y) = (u,v)$. *De fato, dado* $(u,v) \in E \Rightarrow \frac{u^2}{4} + \frac{v^2}{49} = 1$ *e, portanto,* $\exists_m x := \frac{u}{2}, y := \frac{v}{7}; x^2 + y^2 = \left(\frac{u}{2}\right)^2 + \left(\frac{v}{7}\right)^2 = \frac{u^2}{4} + \frac{v^2}{49} = 1.$

A aplicação T *é inversível e sua inversa é a aplicação, também linear,* $T^{-1} : \mathbb{R}^2 \to \mathbb{R}^2$ *dada por* $T^{-1}(x,y) := \left(\frac{x}{2}, \frac{y}{7}\right)$. *Ela, por sua vez, mapeia* E *em* $D(0;1)$, *i.e,* $T^{-1}(E) = D(0;1)$. *Logo, os subconjuntos do plano* $D(0;1)$ *e* E, *são difeomorfos, pois toda aplicação* $\mathbb{R}$*−linear é* $\mathbb{R}$*−diferenciável e, se inversível, a inversa também é* $\mathbb{R}$*−diferenciável, pois também é* $\mathbb{R}$*−linear. Em particular,* $D(0;1)$ *e* E *são homeomorfos.*

Exercício: Sejam $D(0;r) := \{(x,y) \in \mathbb{R}^2; x^2 + y^2 = r^2\}, E := \left\{(x,y) \in \mathbb{R}^2; \frac{x^2}{a^2} + \frac{y^2}{b^2} = 1\right\} \subsetneq \mathbb{R}^2$, *respectivamente, o disco de centro na origem,* $(0,0)$ *e raio igual a* r *e a elipse de centro, também na origem,* $(0,0)$ *cujos semi-eixos medem* a, b. *Mostem que estes subconjuntos do plano são difeomorfos via a aplicação* $T : \mathbb{R}^2 \to \mathbb{R}^2$ *dada por* $T(x,y) := \frac{1}{r}(ax, by)$. *Mostrem que se trata de uma aplicação linear, inversível, cuja inversa (também linear) é* $T^{-1} : \mathbb{R}^2 \to \mathbb{R}^2$ *dada por* $T^{-1}(x,y) := r\left(\frac{x}{a}, \frac{y}{b}\right)$. *Em símbolos:* $T(D(0;r)) = E$ *e* $T^{-1}(E) = D(0;r)$.

15) Exercício: Sejam V, W *e* E *três espaços vetoriais normados quaisquer. Seja* $B : V \times W \to E, V \times W \ni (x,y) \mapsto B(x,y) \in E$ *uma aplicação bilinear com norma* $||B|| = k \geq 0$. *Considerem as aplicações lineares, dadas por restrição, a saber,* $T_1 : V \to E, T_1(x) := B(x, y_0) = B_{y_0}(x)$ *e* $T_2 : W \to E, T_2(y) := B(x_0, y) = B_{x_0}(y)$. *Pergunta: É verdade que* $||B|| = \max\{||T_1||, ||T_2||\}$*? Justifiquem.*

16) (ITA-SP-1980-Adaptado). Seja z *um número complexo de módulo igual a* 1 *e de argumento igual a* θ. *Se* $n \in \mathbb{N}$ *é um número natural, então prove que* $z^n + \frac{1}{z^n} = 2\cos(n\theta)$. *De fato, se* z *tem módulo igual a* 1 *e argumento igual a* θ, *então* z *se escreve como sendo* $z = \cos(\theta) + i\,sen(\theta) = e^{i\theta}$ *e, portanto, temos que valem as seguintes condições, a saber:* $z^n = \cos(n\theta) + i\,sen(n\theta) = e^{ni\theta}$ *e* $\frac{1}{z^n} = z^{-n} = \cos(-n\theta) + i\,sen(-n\theta) = \cos(n\theta) - i\,sen(n\theta) = e^{-ni\theta} \Rightarrow z^n + \frac{1}{z^n} = z^n + z^{-n} = \cos(n\theta) + i\,sen(n\theta) + \cos(n\theta) - i\,sen(n\theta) = 2\cos(n\theta) = e^{ni\theta} + e^{-ni\theta}$.

17) (ITA-SP-1991-Adaptado). Se $z = \cos(t) + i\,sen(t)$, *onde* $0 < t < 2\pi$, *prove que* $w := \frac{1+z}{1-z}$ *é dado por* $w = i\cot\left(\frac{t}{2}\right)$. *De fato, inicialmente, temos que* $\frac{1+z}{1-z} = \frac{(1+z).\overline{(1-z)}}{(1-z).\overline{(1-z)}} =$

$\dfrac{(1+z).(1-\bar{z})}{|1-z|^2} = \dfrac{1-\bar{z}+z-z.\bar{z}}{|1-z|^2} = \dfrac{1+(z-\bar{z})-|z|^2}{|1-z|^2} = \dfrac{1+2iIm(z)-|z|^2}{|1-z|^2}$. *Podemos notar que a última expressão está bem definida, pois sendo* $t \in (0, 2\pi)$, *então, em particular,* $t \neq 0, 2\pi$ *e, portanto,* $z = \cos(t) + i\,sen(t) \neq \cos(0) + i\,sen(0) = \cos(2\pi) + i\,sen(2\pi) = 1 + 0i = 1$. *Agora, sendo* $z = \cos(t) + i\,sen(t)$, *então valem as seguintes propriedades, a saber:* $|z| = \sqrt{\cos^2(t) + sen^2(t)} = \sqrt{1} = 1, Im(z) = sen(t)$ *e* $|1-z|^2 = |1-(\cos(t)+i\,sen(t))|^2 = |(1-\cos(t))-i\,sen(t)|^2 = (1-\cos(t))^2 + sen^2(t) = 1-2\cos(t)+\cos^2(t)+sen^2(t) = 1-2\cos(t)+1 = 2-2\cos(t) = 2(1-\cos(t)), \forall t \in \mathbb{R}$. *Dessa forma, temos que* $\dfrac{1+z}{1-z} = \dfrac{1+2iIm(z)-|z|^2}{|1-z|^2} = \dfrac{\not{1}+2i\,sen(t)-\not{1}}{2(1-\cos(t))} = \dfrac{\not{2}i\,sen(t)}{\not{2}(1-\cos(t))} = \dfrac{i\,sen(t)}{1-\cos(t)}, \forall t \in (0, 2\pi)$. *Agora, para finalizar o exercício, devemos mostrar que* $\dfrac{i\,sen(t)}{1-\cos(t)} = i\cot\left(\dfrac{t}{2}\right), \forall t \in (0, 2\pi)$. *Para tal, é suficiente provar que* $\dfrac{sen(t)}{1-\cos(t)} = \cot\left(\dfrac{t}{2}\right), \forall t \in (0, 2\pi)$. *De fato, podemos escrever que* $\dfrac{sen(t)}{1-\cos(t)} = \dfrac{sen\left(2.\frac{t}{2}\right)}{1-\cos\left(2.\frac{t}{2}\right)} = \dfrac{2\,sen(t/2)\cos(t/2)}{1-(1-2\,sen^2(t/2))} = \dfrac{2\,sen(t/2)\cos(t/2)}{\not{1}-\not{1}-2\,sen^2(t/2))} = \dfrac{\not{2}\,sen(t/2)\cos(t/2)}{\not{2}\,sen^2(t/2))} = \dfrac{sen(t/2).\cos(t/2)}{sen(t/2).\,sen(t/2)} = \dfrac{\cos(t/2)}{sen(t/2)} = \cot\left(\dfrac{t}{2}\right), \forall t \in (0, 2\pi)$. *Como uma observação, podemos ver que a parte mais complicada desse exercício é a sua conclusão, a qual é mais sobre um "truque" de trigonometria do que números complexos propriamente dito.*

18) (ITA-SP-1996-Adaptado). Prove que o valor da potência $\left(\dfrac{\sqrt{2}}{1+i}\right)^{93}$ *é igual a* $\dfrac{-1+i}{\sqrt{2}}$.

Parar tal, inicialmente notamos que $\dfrac{\sqrt{2}}{1+i} = \dfrac{\sqrt{2}(1-i)}{(1+i)(1-i)} = \dfrac{\sqrt{2}(1-i)}{|1+i|^2} = \dfrac{\sqrt{2}(1-i)}{1^2+1^2} = \dfrac{\sqrt{2}(1-i)}{1+1} = \dfrac{\sqrt{2}(1-i)}{2} = \dfrac{1-i}{\sqrt{2}}$. *Logo,* $\left(\dfrac{\sqrt{2}}{1+i}\right)^{93} = \left(\dfrac{1-i}{\sqrt{2}}\right)^{93} = \dfrac{(1-i)^{93}}{\sqrt{2}^{93}} = \dfrac{(1-i)^{92}.(1-i)}{\sqrt{2}^{93}}$. *Mas,* $(1-i)^2 = \not{1}-2i-\not{1} = -2i \Rightarrow (1-i)^{92} = ((1-i)^2)^{46} = (-2i)^{46} = (2i)^{46} = 2^{46}.i^{46}$. *Portanto, segue que* $\left(\dfrac{\sqrt{2}}{1+i}\right)^{93} = \dfrac{(1-i)^{92}.(1-i)}{\sqrt{2}^{93}} = \dfrac{2^{46}.i^{46}.(1-i)}{\sqrt{2}^{93}} = \dfrac{2^{46}.i^{46}.(1-i)}{\sqrt{2}^{92}.\sqrt{2}} = \dfrac{2^{46}.i^{46}.(1-i)}{(2^{1/2})^{92}.\sqrt{2}} = \dfrac{2^{46}.i^{46}.(1-i)}{2^{92/2}.\sqrt{2}} = \dfrac{\not{2}^{46}.i^{46}.(1-i)}{\not{2}^{46}.\sqrt{2}} = \dfrac{i^{46}.(1-i)}{\sqrt{2}}$. *Porém, como* $i^0 = 1, i^1 = i, i^2 = -1, i^3 = -i, i^4 = 1, \ldots \Rightarrow i^{4k} = 1, \forall k \in \mathbb{N}, i^{4k+1} = i, \forall k \in \mathbb{N}, i^{4k+2} = -1, \forall k \in \mathbb{N}$ *e* $i^{4k+3} = -i, \forall k \in \mathbb{N}$. *Assim, sendo* $46 = 4.11+2 \Rightarrow \left(\dfrac{\sqrt{2}}{1+i}\right)^{93} = \dfrac{i^{46}.(1-i)}{\sqrt{2}} = \dfrac{i^{4.11+2}.(1-i)}{\sqrt{2}} = \dfrac{i^{4.11}.i^2.(1-i)}{\sqrt{2}} = \dfrac{1.(-1).(1-i)}{\sqrt{2}} = \dfrac{-(1-i)}{\sqrt{2}} = \dfrac{-1+i}{\sqrt{2}}$.

19) Vamos resolver as seguintes equações funcionais, i.e, encontrar funções que satisfaçam as seguintes equações, a saber:

(1) $f\left(\dfrac{x+1}{x-1}\right) = 2x+1.$

(2) $f(e^x + e^{-x}) = e^x.$

(3) $f(\,sen(x)) = \,tg(x).$

(1) $\dfrac{x+1}{x-1} = y \Rightarrow y(x-1) = x+1 \Rightarrow xy - y = x+1 \Rightarrow xy - x = y+1 \Rightarrow x(y-1) = y+1 \Rightarrow x = \dfrac{y+1}{y-1} \Rightarrow f(y) = 2.\dfrac{y+1}{y-1} + 1 = \dfrac{2(y+1)}{y-1} + \dfrac{y-1}{y-1} = \dfrac{2y+2+y-1}{y-1} = \dfrac{3y+1}{y-1} \Rightarrow f(x) = \dfrac{3x+1}{x-1}, \forall x \in \mathbb{R}/\{1\}$. *Fazemos, aqui, duas observações, a saber: em primeiro lugar, temos a interessante relação de "simetria",* $\dfrac{x+1}{x-1} = y \Leftrightarrow \dfrac{y+1}{y-1} = x$*; em segundo lugar, sendo a expressão "*$\dfrac{x+1}{x-1}$*" não definida para* $x = 1$*, tampouco estará definida nesse ponto a função* f.

(2) $e^x + e^{-x} = y \Rightarrow e^{2x} + 1 = ye^x \Rightarrow e^{2x} - ye^x + 1 = 0 \Rightarrow e^x = \dfrac{y \pm \sqrt{y^2-4}}{2} \Rightarrow x = \ln\left(\dfrac{y \pm \sqrt{y^2-4}}{2}\right) \Rightarrow f(y) = \exp\left(\ln\left(\dfrac{y \pm \sqrt{y^2-4}}{2}\right)\right) = \dfrac{y \pm \sqrt{y^2-4}}{2} \Rightarrow f(x) = \dfrac{x + \sqrt{x^2-4}}{2}, \forall x \in (-\infty, -2] \cup [2, +\infty)$ *ou* $f(x) = \dfrac{x - \sqrt{x^2-4}}{2}, \forall x \in (-\infty, -2] \cup [2, +\infty)$. *Podemos notar que essa equação funcional em particular possui duas soluções (distintas).*

(3) $sen(x) = y \Rightarrow sen^2(x) = y^2 \Rightarrow 1 = sen^2(x) + \cos^2(x) = y^2 + \cos^2(x) \Rightarrow \cos^2(x) = 1 - y^2 \Rightarrow \cos(x) = \pm\sqrt{1-y^2} \Rightarrow tg(x) = \dfrac{sen(x)}{\cos(x)} = \dfrac{\pm y}{\sqrt{1-y^2}} \Rightarrow f(y) = \dfrac{\pm y}{\sqrt{1-y^2}} \Rightarrow f(x) = \dfrac{x}{\sqrt{1-x^2}}, \forall x \in (-1,1)$ *ou* $f(x) = \dfrac{-x}{\sqrt{1-x^2}}, \forall x \in (-1,1)$. *Podemos notar que essa equação funcional em particular possui duas soluções (distintas).*

20) Os ângulos internos de um triângulo medem (em "radianos") $\theta, 2\theta$ *e* 3θ*. Prove que:*

a) Esse triângulo é escaleno.

b) Vale que $sen(\theta) + tg(2\theta) + \cos(3\theta) \in \left(\frac{3}{2}, \frac{5}{2}\right)$.

a) Como os ângulos internos desse triângulo são de medidas distintas, então os comprimentos dos lados, também, são distintos.

b) Temos que $\theta + 2\theta + 3\theta = \pi \Rightarrow 6\theta = \pi \Rightarrow \theta = \frac{\pi}{6} \Rightarrow sen(\theta) + tg(2\theta) + \cos(3\theta) = sen\left(\frac{\pi}{6}\right) + tg\left(2.\frac{\pi}{6}\right) + \cos\left(3.\frac{\pi}{6}\right) = sen\left(\frac{\pi}{6}\right) + tg\left(\frac{\pi}{3}\right) + \cos\left(\frac{\pi}{2}\right) = \frac{1}{2} + \sqrt{3} + 0 = \frac{1}{2} + \frac{2\sqrt{3}}{2} = \frac{1+2\sqrt{3}}{2}$. *Mas, como* $1 = 1^2 < 3 < 4 = 2^2 \Rightarrow 1 < \sqrt{3} < 2 \Rightarrow 2 < 2\sqrt{3} < 4 \Rightarrow 3 < 1 + 2\sqrt{3} < 5 \Rightarrow \frac{3}{2} < \frac{1+2\sqrt{3}}{2} < \frac{5}{2} \Rightarrow sen(\theta) + tg(2\theta) + \cos(3\theta) = \frac{1+2\sqrt{3}}{2} \in \left(\frac{3}{2}, \frac{5}{2}\right)$.

21) Um cilindro tem o raio da base medindo r e a altura medindo h. Uma esfera tem raio medindo R. Vamos supor que $3r \neq 2h$*. Sabendo que a área total do cilindro e a área da esfera são iguais, e que o volume do cilindro e o volume da esfera também são iguais, vamos provar que se tem a seguinte relação, a saber,* $\left(\frac{\sqrt{2}r}{h}\right)^2 = \frac{3r-2h}{r+3h}$*. Ao planificar o cilindro, obtemos duas circunferências de raio r e um retângulo cujos lados medem* $2\pi r$ *(comprimento da circunferência da base) e h. A área de cada circunferência é igual a* πr^2 *e a área do cilindro é dada por* $2\pi r.h$ *(produto entre o comprimento da base pelo comprimento da altura). Logo, a área total do cilindo é dada por* $A_c = 2\pi r^2 + 2\pi rh = 2\pi r(r+h)$*. O volume desse mesmo cilindo é dado pelo produto da área da base pela altura, i.e,* $V_c = \pi r^2$*. Ainda, sendo R o raio da esfera, então sua área e seu volume são, respectivamente, dados por* $A_e = 4\pi R^2$ *e* $V_e = \frac{4\pi R^3}{3}$*. Como temos, por hipótese, que* $A_c = A_e$ *e* $V_c = V_e$*, então segue que* $2\pi r(r+h) = 4\pi R^2$ *e* $\pi r^2 h = \frac{4\pi R^3}{3} \Leftrightarrow r(r+h) = 2R^2$ *e* $3r^2h = 4R^3 \Leftrightarrow r^3(r+h)^3 = 8R^6$ *e* $9r^4h^2 = 16R^6 \Leftrightarrow 2r^3(r+h)^3 = 16R^6$ *e* $9r^4h^2 = 16R^6 \Leftrightarrow 2r^3(r+h)^3 = 9r^4h^2 \Leftrightarrow 2(r+h)^3 = 9rh^2 \Leftrightarrow 2(r^3+3r^2h+3rh^2+h^3)-9rh^2 = 0 \Leftrightarrow 2r^3+2h^3+6r^2h-3rh^2 = 0 \Leftrightarrow (2r^3+6r^2h)+(2h^3-3rh^2) = 0 \Leftrightarrow 2r^2(r+3h)+h^2(2h-3r) = 0 \Leftrightarrow 2r^2(r+3h) = h^2(3r-2h) \Leftrightarrow \frac{2r^2}{h^2} = \frac{3r-2h}{r+3h} \Leftrightarrow \left(\frac{\sqrt{2}r}{h}\right)^2 = \frac{3r-2h}{r+3h}$.

22) Qual desses números é o maior?

a) 5^{30} *ou* 3^{50}*. Temos que* $5^{30} = (5^3)^{10}$ *e* $3^{50} = (3^5)^{10}$*, de modo que devemos ver quais dos dois números* 5^3 *ou* 3^5 *é o maior;* $5^3 = 125 < 243 = 3^5 \Rightarrow 5^{30} = (5^3)^{10} = (125)^{10} < (243)^{10} =$

$(3^5)^{10} = 3^{50}$. *Portanto, o maior dos números* 5^{30} *e* 3^{50} *é o número* 3^{50}.

b) 4^{25} *ou* 6^{15}. *Temos que* $4^{25} = (4^5)^5$ *e* $6^{15} = (6^3)^5$, *de modo que devemos ver quais dos dois números* 4^5 *ou* 6^3 *é o maior;* $4^5 = 1024 > 6^3 = 216 \Rightarrow 4^{25} = (4^5)^5 = (1024)^2 > (216)^5 = (6^3)^5 = 6^{15}$. *Portanto, o maior dos números* 4^{25} *e* 6^{15} *é o número* 4^{25}.

23) Provem que não existe paralelogramo cujas diagonais medem 5 *e* 7 *e cujo perímetro é igual a* 20.

24) Provem que não existe $\theta \in \mathbb{R}$ *de tal forma que ocorra* $sen(\theta) = \frac{t+1}{t-1}$ e $\cos(\theta) = \frac{t+2}{t-1}$, *onde* $t \in \mathbb{R}/\{1\}$ *é um número fixo.*

APÊNDICE 8

Exercícios Adicionais Resolvidos e Propostos

Aqui vamos resolver e propor mais alguns exercícios adicionais de geometria analítica no plano para reforçar o que foi visto anteriormente.

Exercício resolvido: Vamos encontrar o ponto do eixo x das abscissas que é equidistante (i.e, que possui a mesma distância) dos pontos $p_1 = (1,-2)$ e $p_2 = (-3,4)$. Recomendamos que os leitores façam um desenho da situação. O ponto procurado é um ponto da forma $(x,0)$. O quadrado da distância desse ponto até o ponto p_1 é dado por $d^2(p_1,(x,0)) = (x+3)^2+4^2 = x^2+6x+9+16 = x^2+6x+25$. Por sua vez, o quadrado da distância do ponto $(x,0)$ até o ponto p_2 será dado por $d^2(p_2,(x,0)) = (x-1)^2+2^2 = x^2-2x+1+4 = x^2-2x+5$. Logo, sendo a distância um número não negativo, então o ponto procurado satisfaz a equação $d^2(p_1,(x,0)) = d^2(p_2,(x,0)) \Leftrightarrow x^2+6x+25 = x^2-2x+5 \Leftrightarrow 6x+25 = -2x+5 \Leftrightarrow 6x+2x = 5-25 \Leftrightarrow 8x = -20 \Leftrightarrow 2x = -5 \Leftrightarrow x = \dfrac{-5}{2} \Leftrightarrow (x,0) = \left(\dfrac{-5}{2},0\right)$. Em particular, essa distância é dada por $d^2((-3,4),(-5/2,0)) = \left(3-\dfrac{5}{2}\right)^2+4^2 = \left(\dfrac{6}{2}-\dfrac{5}{2}\right)^2+16 = \left(\dfrac{6-5}{2}\right)^2+16 = \left(\dfrac{1}{2}\right)^2+16 = \dfrac{1}{4}+16 = \dfrac{1}{4}+\dfrac{64}{4} = \dfrac{1+64}{4} = \dfrac{65}{4} \Rightarrow d = \sqrt{\dfrac{65}{4}} = \dfrac{\sqrt{65}}{2}$. Fica como exercício aos leitores mostrarem que a distância entre os pontos $(1,-2)$ e $(-5/2,0)$ também vale $\dfrac{\sqrt{65}}{2}$

Exercício: Encontrem o ponto do eixo x das abscissas que é equidistante (i.e, que possui a mesma distância) dos pontos $p_1 = (-2,1)$ e $p_2 = (3,8)$. Recomendamos que os leitores façam um desenho da situação.

Exercício resolvido: Vamos encontrar o ponto do eixo y das ordenadas que é equidistante (i.e, que possui a mesma distância) dos pontos $p_1 = (1,1)$ e $p_2 = (2,-2)$. Recomendamos que os leitores façam um desenho da situação. Um ponto sobre o eixo y das ordenadas tem forma $(0,y)$. Assim, temos que $d^2(p_1,(0,y)) = 1^2+(y-1)^2 = 1+y^2-2y+1 = y^2-2y+2$. Ainda, temos que $d^2(p_2,(0,y)) = 2^2+(y+2)^2 = 4+y^2+4y+4 = y^2+4y+8$.

Sendo a distância um número não negativo, o ponto procurado deve satisfazer a equação $d^2(p_1,(0,y)) = d^2(p_2,(0,y)) \Leftrightarrow y^2 - 2y + 2 = y^2 + 4y + 8 \Leftrightarrow -2y + 2 = 4y + 8 \Leftrightarrow 6y = -6 \Leftrightarrow y = -1 \Leftrightarrow (0,y) = (0,-1)$. *Em particular, essa distância é dada por* $d^2(p_1,(0,-1)) = 1^2 + (-1-1)^2 = 1 + 2^2 = 1 + 4 = 5 \Rightarrow d(p_1,(0,-1)) = \sqrt{5}$. *Fica como exercício para que os leitores verifiquem que* $d(p_2,(0,-1)) = \sqrt{5}$.

Exercício: Encontrem o ponto do eixo y das ordenadas que é equidistante (i.e, que possui a mesma distância) dos pontos $p_1 = (2,2)$ *e* $p_2 = (-6,6)$. *Recomendamos que os leitores façam um desenho da situação.*

Exercício resolvido: Vamos provar que todos os pontos da bissectriz dos quadrantes ímpares são equidistantes dos pontos $p_1 = (1,2)$ *e* $p_2 = (2,1)$. *Temos que, a bissectriz dos quadrantes ímpares é o conjunto de pontos da forma* (x,x). *Desse modo, temos que* $d(p_1,(x,x)) = \sqrt{(x-1)^2 + (x-2)^2}$ *e* $d(p_2,(x,x)) = \sqrt{(x-2)^2 + (x-1)^2} = \sqrt{(x-1)^2 + (x-2)^2}$ *e, portanto, segue que* $d(p_1,(x,x)) = d(p_2,(x,x)), \forall x \in \mathbb{R}$.

Exercício: Generalizem o exercício resolvido acima, i.e, provem que todos os pontos da bissectriz dos quadrantes ímpares são equidistantes dos pontos $p_1 = (k,s)$ *e* $p_2 = (s,k)$, *onde* $s,k \in \mathbb{R}$ *são constantes reais.*

Exercício resolvido: Consideremos o triângulo no plano cartesiano cujos vértices estão situados nos pontos $p_1 = (1,2), p_2 = (2,3)$ *e* $p_3 = (x,y)$. *Vamos encontrar o(s) valor(es) de x e y que torna(m) este triângulo um triângulo equilátero. Para tal, devemos encontrar todos os pontos* (x,y) *do plano cartesiano real que estão à mesma distância dos pontos* $p_1 = (1,2)$ *e* $p_2 = (2,3)$, *e cuja distância seja exatamente a distância entre os pontos* p_1 *e* p_2, *a qual é dada por* $d^2(p_1,p_2) = (2-1)^2 + (3-2)^2 = 1^2 + 1^2 = 1 + 1 = 2 \Rightarrow d(p_1,p_2) = \sqrt{2}$. *Recomendamos aos leitores que façam um desenho da situação. Temos que* $d^2(p_1,p_2) = (x-1)^2 + (y-2)^2 = x^2 - 2x + 1 + y^2 - 4y + 4 = x^2 + y^2 - 2x - 4y + 5$ *e que* $d^2(p_2,p_3) = (x-2)^2 + (y-3)^2 = x^2 - 4x + 4 + y^2 - 6y + 9 = x^2 + y^2 - 4x - 6y + 13$. *Desse modo,* $d^2(p_1,p_2) = d^2(p_1,p_2) \Leftrightarrow x^2 + y^2 - 2x - 4y + 5 = x^2 + y^2 - 4x - 6y + 13 \Leftrightarrow -2x - 4y + 5 = -4x - 6y + 13 \Leftrightarrow 6x + 5 = -2y + 13 \Leftrightarrow 6x = -2y + 8 \Leftrightarrow 3x = -y + 4 \Leftrightarrow y = 4 - 3x$. *Isso significa o seguinte: os pontos* (x,y) *que estão à mesma distância dos pontos* $p_1 = (1,2)$ *e* $p_2 = (2,3)$, *estão sobre a reta cuja equação cartesiana é dada por* $y = 4 - 3x$. *Para concluir o exercício devemos, pois, resolver a equação* $d^2(p_1, p_3) = 2$ *(ou, então, a equação* $d^2(p_2, p_3) = 2$*) com a condição obtida anteriormente de que* $y = 4 - 3x$*. Temos que* $d^2(p_1, p_3) = 2$ *com* $y = 4 - 3x$ *se, e só se,* $x^2 - 2x + (4-3x)^2 - 4(4-3x) + 5 = 2 \Leftrightarrow x^2 - 2x + 16 - 24x + 3x^2 - 16 + 12x + 3 = 0 \Leftrightarrow 10x^2 - 14x + 3 = 0 \Leftrightarrow x = \frac{14 \pm \sqrt{14^2 - 4.10.3}}{2.10} = \frac{14 \pm \sqrt{196 - 120}}{20} = \frac{14 \pm \sqrt{76}}{20} = \frac{14 \pm \sqrt{2^2.19}}{20} = \frac{14 \pm 2\sqrt{19}}{20} = \frac{7 \pm \sqrt{19}}{10}$.

Logo, $y = 4 - 3x = 4 - 3.\left(\frac{7 \pm \sqrt{19}}{10}\right) = 4 - \frac{3(7 \pm \sqrt{19})}{10} = \frac{40}{10} - \frac{3(7 \pm \sqrt{19})}{10} = \frac{40 - 21 \mp 3\sqrt{19}}{10} = \frac{19 \mp 3\sqrt{19}}{10}$. *Portanto, o problema é solucionado por dois pontos (distintos), a saber,* $(x, y) = \left(\frac{7 + \sqrt{19}}{10}, \frac{19 - 3\sqrt{19}}{10}\right)$ *e* $(x, y) = \left(\frac{7 - \sqrt{19}}{10}, \frac{19 + 3\sqrt{19}}{10}\right)$.

Exercício parcialmente resolvido:

a) Prove que o maior ângulo de um triângulo retângulo é o ângulo reto.

b) Prove que todo triângulo equilátero é acutângulo.

c) Dê exemplo de um triângulo obtusângulo escaleno.

d) Dê exemplo de um triângulo obstusângulo isósceles.

e) Dê exemplo de um triângulo acutângulo isósceles.

f) Dê exemplo de um triângulo acutângulo escaleno.

a) A soma dos ângulos internos de um triângulo qualquer é igual a π*. Sendo um deles reto, i.e, igual a* $\pi/2$*, então a soma dos outros dois ângulos deve ser igual a* $\pi/2$*, e sendo as medidas desses ângulos maiores do que zero, segue que cada um desses dois ângulos estão no intervalo aberto* $(0, \pi/2)$ *e, portanto, o ângulo reto é o maior ângulo de um triângulo retângulo.*

b) Um triângulo equilátero possui os três lados com mesma medida e, portanto, os ângulos internos têm a mesma magnitude. Sendo a soma desses ângulos iguais a π*, segue que cada um deles mede* $\pi/6$*. Assim, sendo* $\pi/6 \in (0, \pi/2)$*, ou seja, todos os três ângulos desse* *triângulo são agudos e, então, segue que esse triângulo é acutângulo.*

c) Considerem um triângulo de lados medindo, por exemplo, $1, 2$ *e* $\sqrt{6}$ *(vejam o exercício resolvido seguinte para um método de se provar que dados três números reais positivos, então se existe ou não um triângulo cujas medidas são esses números). Esse triângulo é escaleno, pois seus três lados têm medidas distintas. Façam uso do teorema dos cossenos para provar que o maior ângulo desse triângulo (i.e, o ângulo que se opõe ao maior lado, nesse caso, o lado que mede* $\sqrt{6}$*) é obtuso. Uma maneira de se constuir esse exemplo é a seguinte: escolhemos* 1 *e* 2 *como medida dos lados, e consideramos um ângulo obtuso notável, por exemplo,* $\frac{2\pi}{3}$*, e usamos o teorema dos cossenos para encontrar a medida do outro lado.*

d) "Inspirados" pelo item anterior, c) considerem um triângulo de lados medindo $1, 1$ *e* $\sqrt{3}$*. Esse triângulo existe e é isósceles. Usem o teorema dos cossenos para provar que o maior ângulo desse triângulo (o que se opõe ao maior lado, no caso, o que mede* $\sqrt{3}$*), é um ângulo obtuso. A maneira de construir esse exemplo é análoga ao do item anterior. Consideramos dois lados iguais, no caso, medindo* 1 *e consideramos o ângulo entre esses dois lados medindo, por exemplo,* $\frac{2\pi}{3}$ *(poderíam ser, também,* $3\pi/4$ *ou* $5\pi/6$*) e usamos o teorema dos cossenos para se encontrar a medida do outro lado.*

e) Considerem o triângulo cujos lados medem $1, 1$ *e* $\sqrt{2-\sqrt{3}}$*. Esse triângulo existe e é isósceles. Usando o teorema dos cossenos, provem que o ângulo de menor magnitude (i.e, o ângulo que se opõe ao menor lado, no caso, o que mede* $\sqrt{2-\sqrt{3}}$*) mede* $\pi/6$*. Como os outros dois ângulos são iguais, pois o triângulo é isósceles, então provem que eles medem* $\frac{5\pi}{12} = (75^\circ)$ *e, portanto, esse triângulo é isósceles e acutângulo, ou seja, todos os ângulos são agudos. O raciocínio desse exemplo é igual o dos demais, a saber: consideramos um triângulo cujos (dois) lados iguais medem* 1 *e seja* $\pi/6$ *o ângulo entre eles. Pelo teorema dos cossenos, o outro lado mede* $\sqrt{2-\sqrt{3}}$*. O fato dele ser isósceles garante as medidas dos ângulos internos serem agudos.*

f) Consideremos um triângulo cujos lados medem $1, 2$ *e* $\sqrt{5-\sqrt{2}}$*. Ele é escaleno, pois as medidas dos lados são distintas. Usando o teorema dos cossenos, provem que o menor ângulo desse triângulo (o que se opõe ao lado que mede* $\sqrt{5-\sqrt{2}}$*) mede* $\pi/4$*. Para provar* *que os demais ângulos são agudos, os leitores podem fazer o seguinte, a saber: Seja* θ *o ângulo que se opõe ao lado que mede 2. Usando o teorema dos cossenos, mostrem que o cosseno desse ângulo é igual a* $\cos(\theta) = \dfrac{2-\sqrt{2}}{4}$. *Concluam que esse ângulo é agudo. Assim, certamente o ângulo que se opõe ao lado que mede 1 é, também, agudo, pois o maior ângulo desse triângulo, o qual se opõe ao lado que mede 2, é agudo.*

Exercício resolvido: Prove que existe um triângulo cujos comprimentos dos lados são iguais a $\sqrt{2}$, $\sqrt{3}$ *e 2. Além disso, determine seu maior ângulo interno e seu maior ângulo externo. Inicialmente, parar mostrar que existe um triângulo cujos comprimentos dos lados são dados por* $\sqrt{2}$, $\sqrt{3}$ *e 2, é suficiente provar que o comprimento do maior lado, no caso,* $2 = \sqrt{4}$ *é estritamente menor do que a soma dos comprimentos dos outros dois lados, no caso,* $\sqrt{2}+\sqrt{3}$. *Então, vamos mostrar que* $2 < \sqrt{2}+\sqrt{3}$. *Para tal, sendo esses números positivos, então é suficiente provar que* $4 = 2^2 < (\sqrt{2}+\sqrt{3})^2$. *Temos que* $(\sqrt{2}+\sqrt{3})^2 = 2 + 2.\sqrt{2}.\sqrt{3} + 3 = 5 + 2\sqrt{6} > 4$ *e, portanto, garantimos a existência de um triângulo com essas medidas. Agora, para se calcular o maior ângulo interno desse triângulo (o qual vamos chamar de* θ*) basta usar, convenientemente, o teorema dos cossenos. O maior ângulo se opõe ao maior lado, no caso, ao lado que tem comprimento igual a 2. Temos que* $2^2 = \sqrt{2}^2 + \sqrt{3}^2 - 2.\sqrt{2}.\sqrt{3}.\cos(\theta) \Rightarrow 4 = 2 + 3 - 2\sqrt{6}\cos(\theta) \Rightarrow 4 = 5 - 2\sqrt{6}\cos(\theta) \Rightarrow -1 = -2\sqrt{6}\cos(\theta) \Rightarrow 1 = 2\sqrt{6}\cos(\theta) \Rightarrow \cos(\theta) = \dfrac{1}{2\sqrt{6}} \Rightarrow \theta = \arccos\left(\dfrac{1}{2\sqrt{6}}\right)$. *Ainda, o maior ângulo externo desse triângulo (o qual vamos chamar de* β*) é exatamente o ângulo suplementado pelo menor ângulo interno desse triângulo (o qual vamos chamar de* γ*) que, por sua vez, se opõe ao menor lado desse triângulo, no caso, o lado que mede* $\sqrt{2}$. *Vamos usar o teorema dos cossenos para calcular* γ. *Temos que* $\sqrt{2}^2 = \sqrt{3}^2 + 2^2 - 2.\sqrt{3}.2.\cos(\gamma) \Rightarrow 2 = 3 + 4 - 4\sqrt{3}\cos(\gamma) \Rightarrow 2 - 7 - 4\sqrt{3}\cos(\gamma) \Rightarrow -5 = -4\sqrt{3}\cos(\gamma) \Rightarrow 5 = 4\sqrt{3}\cos(\gamma) \Rightarrow \cos(\gamma) = \dfrac{5}{4\sqrt{3}} \Rightarrow \gamma = \arccos\left(\dfrac{5}{4\sqrt{3}}\right)$. *Para finalizar o exercício, como* γ *e* β *são suplementares, i.e,* $\gamma+\beta = \pi \Rightarrow \beta = \pi - \gamma$, *então podemos calcular o valor do maior ângulo externo,* β *usando a fórmula de adição de arcos para o cosseno, a saber:* $\cos(\beta) = \cos(\pi-\gamma) = \cos(\pi).\cos(\gamma) + sen(\pi).sen(\gamma) = -1.\cos(\gamma) + 0.sen(\gamma) = -\cos(\gamma) + 0 = -\cos(\gamma) = \dfrac{-5}{4\sqrt{3}} \Rightarrow \beta = \arccos\left(\dfrac{-5}{4\sqrt{3}}\right)$.

Exercício: Provem que existe um triângulo cujos comprimentos dos lados são iguais a $\sqrt{3}$, $\sqrt{5}$ *e* $\sqrt{6}$. *Além disso, determinem seu menor ângulo interno e seu menor ângulo externo. Dica: Lembrem-se de que o menor ângulo interno de um triângulo é o ângulo que se opõe ao menor lado e o menor ângulo externo de um triângulo é exatamente aquele que é suplementado pelo maior ângulo interno desse triângulo, o qual se opõe ao maior lado desse triângulo.*

Exercício resolvido: Vamos calcular a área de um triângulo cujos lados medem $2, 3$ *e* 4*. Inicialmente, notamos que tal triângulo existe, pois* $4 < 2 + 3 = 5$*. Lembramos, agora, que a área de um triângulo pode ser calculada como sendo* $\frac{ab\,\mathrm{sen}(\theta)}{2}$*, onde* a *e* b *são os comprimentos de dois lados adjacentes quaisquer do triângulo e* θ *é o ângulo formado entre esses dois lados, o qual pode ser calculado via teorema dos cossenos. Temos que, sendo* $a = 2$ *e* $b = 3$ *e* θ *o ângulo formado pelos lados com essas medidas (i.e, o ângulo que se opõe ao maior lado, o qual mede 4), então* $4^2 = 2^2 + 3^2 - 2.2.3.\cos(\theta) \Rightarrow 16 = 4 + 9 - 12\cos(\theta) \Rightarrow 16 = 13 - 12\cos(\theta) \Rightarrow 3 = 12\cos(\theta) \Rightarrow \cos(\theta) = \frac{1}{4}$*. Logo, usando a relação fundamental da trigonometria, segue que* $\left(\frac{1}{4}\right)^2 + sen^2(\theta) = 1 \Rightarrow \frac{1}{16} + sen^2(\theta) = 1 \Rightarrow sen^2(\theta) = 1 - \frac{1}{16} = \frac{16}{16} - \frac{1}{16} = \frac{16-1}{16} = \frac{15}{16} \Rightarrow sen(\theta) = \sqrt{\frac{15}{16}} = \frac{\sqrt{15}}{\sqrt{16}} = \frac{\sqrt{15}}{4}$*. Portanto, a área procurada é dada por* $\cancel{2}.3.\frac{\sqrt{15}}{4}.\frac{1}{\cancel{2}} = \frac{3\sqrt{15}}{4}$*. Fica como exercício para que os leitores "verifiquem" o resultado, para tal, calculando-se a área desse triângulo de dois modos, a saber, a partir dos outros dois ângulos internos desse triângulo. Isso, por sua vez, constitui uma "boa maneira" de se "checar" o resultado em questão.*

Exercício: Calculem a área de um triângulo cujos lados medem $3, 4, 6$*. Façam isso de três maneiras, a saber, a partir dos três ângulos internos desse triângulo, assim como feito no item acima.*

Referências Bibliográficas

A seguir, apresentamos uma lista de textos sobre alguns dos tópicos que foram apresentados neste livro ou mesmo para aprofundamento e estudos posteriores. Ao todo são 22 itens.

[1] Bastarrica, Cleo., Geometria Analítica., Primeira Edição., DCL - D.C.Luzzatto Editores Ltda. (1973).

[2] E. Moise., Edwin., L. Downs, Floyd., Geometría Moderna (traduzido para o espanhol por Mariano García)., Addison-Wesley (1986).

[3] E. Taylor, Angus., C. Lay, David., Introduction to Functional Analysis., Second Edition., Robert E. Krieger Publishing Company (1980).

[4] Lay, Taylor., Linear Algebra and Its Applications., Fourth Edition., Addison-Wesley (2012).

[5] Pinto Lucas, João Francisco., Introdução ao Cálculo Numérico em Uma Única Variável Complexa via o Princípio da Conservação das Propriedades Funcionais., Ciência Moderna (2022).

[6] Pinto Lucas, João Francisco., Introdução à Teoria dos Campos Vetoriais Planares Holomorfos., Ciência Moderna (2023).

[7] Lang, Serge., Basic Mathematics., Springer (1988).

[8] Lang, Serge., Murrow, Gene., Geometry - A High School Course., Springer-Verlag (1983).

[9] Lang, Serge., Real Analysis., Addison-Wesley Publishing Company (1983).

[10] Lang, Serge., Álgebra Linear - Coleção Clássicos da Matemática., Editora Ciência Moderna (2003).

[11] Lang, Serge., Calculus of Several Variables., Second Edition., Addison-Wesley Publishing Company (1979).

[12] Lang, Serge., The Beauty of Doing Mathematics., Springer-Verlag Pod (1985).

[13] Lang, Serge., Complex Analysis., Editora Addison-Wesley (1977).

[14] Shokranian, Salahoddin., Introdução à Álgebra Linear., Editora UNB (2004).

[15] Zeidler, Eberhard., Applied Functional Analysis - Applications to Mathematical Physics., Springer-Verlag (1999).

[16] Veblen, Oswald., von Neumann, John., Geometry of Complex Domains - A Seminar Conducted by Professors Oswald Veblen and John von Neumann - 1935-1936 - First Term

Lectures by Professor Veblen, Second Term Lectutres by Mr. J. W. Givens, Notes by Dr. A. H. Taub and Mr. J. W. Givens., The Institute for Advanced Study - Princeton, New Jersey - Reissued with Corrections (1955).

[17] von Neumann, John., The Computer and the Brain - Siliman Milestones in Science., Editora Yale University Press (1986).

[18] Levy, Azriel., Basic Set Theory., Editoras Springer (1979) e Dover (1992).

[19] Seeley, Robert T., Cálculo de Uma Variável Vol.1., Livros Técnicos e Científicos Editora S.A. (1979).

[20] Shima, Hiroyuki., Functional Analysis for Physics and Engineering - An Introduction., CRC Press - Taylor and Francis Group (2016).

[21] Ponnusamy, S., Foundations of Functional Analysis., Alpha Science (2002).

[22] Carvalho, Olavo de., Visões de Descartes - Entre o Gênio Mau e o Espírito da Verdade., Vide Editorial - CEDET (2013).

Glossário

Impressão e acabamento
Gráfica da Editora Ciência Moderna Ltda.
Tel: (21) 2201-6662